建筑高强结构钢高温力学性能

High Temperature Mechanical Properties of High-Strength Structural Steel for Buildings

王卫永　周绪红　王子琦　著

科学出版社

北京

内 容 简 介

本书论述作者的课题组在建筑高强结构钢材料力学性能方面进行的研究工作和取得的科研成果，研究的钢材类型包含建筑高强结构钢系列产品中相对低强度的 Q460 结构钢、中等强度的 Q690 结构钢和较高强度的 Q960 结构钢。本书具体内容包括：高强结构钢高温下力学性能，高强结构钢高温后力学性能，考虑拉伸速率影响的高强结构钢高温下力学性能，考虑应力水平影响的高强结构钢高温后力学性能，高强结构钢高温下蠕变性能，高强结构钢高温下和高温后力学性能指标计算，高强结构钢高温下应力-应变关系及蠕变模型。本书内容新颖，系统实用，语言规范简练，是目前国内少有的一部涉及高强结构钢高温力学性能指标计算和设计的学术著作。

本书可供土木工程及相关领域的科技人员和高等院校相关专业的师生参考阅读。

图书在版编目(CIP)数据

建筑高强结构钢高温力学性能／王卫永，周绪红，王子琦著．--北京：科学出版社，2025.3．-- ISBN 978-7-03-080646-8

Ⅰ．TU391

中国国家版本馆 CIP 数据核字第 2024XQ1743 号

责任编辑：朱小刚／责任校对：陈书卿
责任印制：罗　科／封面设计：墨创文化

科 学 出 版 社 出版
北京东黄城根北街16号
邮政编码：100717
http://www.sciencep.com

成都锦瑞印刷有限责任公司 印刷
科学出版社发行　各地新华书店经销

*

2025 年 3 月第 一 版　　开本：B5（720×1000）
2025 年 3 月第一次印刷　印张：12 1/2
字数：252 000
定价：138.00 元
（如有印装质量问题，我社负责调换）

前 言

火灾严重威胁人们的生命和财产安全，会造成巨额经济损失。在所有火灾中，建筑火灾是最常见的一种，它除了危害建筑物中人员生命健康，还威胁建筑结构的稳定和安全。钢结构耐火性能差，在火灾高温下，无防火保护的钢构件温度急剧升高，造成其强度和刚度的急剧退化，在火灾持续一段时间后，建筑钢结构达到承载能力极限状态而破坏。高强结构钢因具有较高的强度和良好的可加工性能，近年来在建筑结构中得到了应用和推广。面对高强钢结构建筑火灾，人们需要掌握高强结构钢材料火灾下力学性能退化特点和规律，从而进行科学的防火设计，提高高强钢结构建筑的防火性能。

本书作者从 2008 年开始开展高强钢结构抗火性能研究，指导研究生完成了大量高强结构钢的高温力学性能试验和构件的耐火性能试验，本书主要介绍作者的课题组在建筑高强结构钢材料力学性能方面进行的研究工作和取得的科研成果。本书研究的钢材类型包含建筑高强结构钢系列产品中相对低强度的 Q460 结构钢、中等强度的 Q690 结构钢和较高强度的 Q960 结构钢。本书研究的内容包含高强结构钢高温下力学性能、拉伸应变速率对高强结构钢高温下力学性能的影响，应力水平对高强结构钢高温后力学性能的影响，高强结构钢高温下蠕变性能。研究的力学性能指标包含屈服强度、抗拉强度、弹性模量、蠕变应变和应力-应变关系。

全书共 8 章。第 1 章介绍高强结构钢的应用、建筑火灾的危害及建筑结构钢高温力学性能研究现状。第 2 章论述高强结构钢高温下力学性能试验及结果分析。第 3 章论述高强结构钢高温后力学性能试验及结果分析。第 4 章探讨拉伸速率对高强结构钢高温下力学性能的影响。第 5 章探讨应力水平对高强结构钢高温后力学性能的影响。第 6 章论述高强结构钢高温下蠕变试验及结果分析。第 7 章介绍高强结构钢高温下和高温后力学性能指标及其标准值的确定。第 8 章论述高强结构钢高温下应力-应变关系及蠕变模型。

本书的研究工作得到了国家重点研发计划(项目编号：2016YFC0701200)，国家自然科学基金面上项目(项目编号：51678090，51878086，52178110)，重庆市杰出青年科学基金项目(项目编号：cstc2021jcyj-jqX0021)，重庆市自然科学基金面上项目(项目编号：cstc2018jcyjAX0596)，中央高校基本科研业务费项目(项目编号：cqu2018CDHB1B02，2019CDQYTM027)等项目的资助，特此致谢！

本书大纲的制定和全书统稿由王卫永和周绪红负责，部分章节的撰写(第 1 章)和完善(第 8 章)以及图表的整理和绘制由王子琦负责。王卫永的研究生对本书论述的试验内容做出了重要贡献：刘兵开展了 Q460 钢材高温下力学性能试验(2.2 节)，刘天姿开展了 Q460 钢材高温后力学性能试验(3.2 节)，闫守海开展了 Q460 钢材高温下蠕变试验(6.2 节)，王康开展了 Q690 钢材高温下力学性能和蠕变试验(2.3 节，6.3 节)，张娟开展了 Q690 钢材高温后力学性能试验(3.3 节)，张艳红开展了 Q960 钢材高温下和高温后力学性能试验(2.4 节，3.4 节)，李翔开展了 Q960 钢材高温下蠕变试验(6.4 节)，严如开展了考虑拉伸应变速率影响的 Q460 钢材高温下力学性能试验(4.2 节)，王领军开展了考虑拉伸应变速率影响的 Q690 钢材高温下力学性能试验(4.3 节)，孙子杰开展了考虑拉伸应变速率影响的 Q960 钢材高温下力学性能试验(4.4 节)，白俊峰开展了不同应力水平下的 Q460 钢材高温后力学性能试验(5.2 节)，黄丹开展了不同应力水平下的 Q690 钢材高温后力学性能试验(5.3 节)，李卓帆开展了不同应力水平下的 Q960 钢材高温后力学性能试验(5.4 节)。

重庆大学石宇教授和刘界鹏教授，同济大学李国强教授，加拿大滑铁卢大学的 Lei Xu 教授，美国密歇根州立大学的 Venkatesh Kodur 教授等对本书的研究工作给予了无私的帮助和支持，在此谨向他们致以诚挚的谢意。

高强结构钢材料种类繁多，力学性能指标涉及很广，本书仅结合作者所熟悉的领域和取得的阶段性成果进行论述，内容远非全面和具体。本书开展的研究工作旨在期望解决高强钢结构抗火设计中材料力学性能指标的取值问题，并能为有关领域的深入研究提供参考。随着作者研究工作的不断深入，作者期待能对本书内容进行充实和完善。由于作者的水平有限，书中不足之处在所难免，敬请读者批评指正。

目 录

第1章 绪论 … 1
1.1 高强结构钢的应用 … 1
1.2 建筑火灾及危害 … 3
1.3 建筑结构钢高温力学性能研究现状 … 5
1.3.1 高温下力学性能 … 5
1.3.2 高温下应力-应变关系 … 10
1.3.3 高温后力学性能 … 12
1.3.4 高温下蠕变性能 … 13
1.4 本书的研究意义、研究内容和目的 … 16
1.4.1 研究意义 … 16
1.4.2 研究内容和目的 … 16

第2章 高强结构钢高温下力学性能 … 18
2.1 引言 … 18
2.2 高强Q460钢高温下拉伸试验 … 18
2.2.1 试件设计 … 18
2.2.2 试验装置及程序 … 19
2.2.3 试验结果及分析 … 23
2.3 高强Q690钢高温下拉伸试验 … 26
2.3.1 试件设计 … 26
2.3.2 试验装置及程序 … 27
2.3.3 试验结果及分析 … 28
2.4 高强Q960钢高温下拉伸试验 … 32
2.4.1 试件设计 … 32
2.4.2 试验装置及程序 … 33
2.4.3 试验结果及分析 … 34
2.5 小结 … 37

第3章 高强结构钢高温后力学性能 … 39
3.1 引言 … 39

3.2 高强 Q460 钢高温后拉伸试验 ·· 39
　　3.2.1 试件设计 ·· 39
　　3.2.2 试验装置及程序 ·· 40
　　3.2.3 试验结果及分析 ·· 43
3.3 高强 Q690 钢高温后拉伸试验 ·· 52
　　3.3.1 试件设计 ·· 52
　　3.3.2 试验装置及程序 ·· 53
　　3.3.3 试验结果及分析 ·· 54
3.4 高强 Q960 钢高温后拉伸试验 ·· 60
　　3.4.1 试件设计 ·· 60
　　3.4.2 试验装置及程序 ·· 61
　　3.4.3 试验结果及分析 ·· 62
3.5 小结 ··· 67

第 4 章 拉伸速率对高强结构钢高温下力学性能的影响 ············· 68
4.1 引言 ··· 68
4.2 不同拉伸速率的 Q460 钢高温下拉伸试验 ···························· 68
　　4.2.1 试件设计 ·· 68
　　4.2.2 试验装置及程序 ·· 69
　　4.2.3 试验结果及分析 ·· 70
4.3 不同拉伸速率的 Q690 钢高温下拉伸试验 ···························· 76
　　4.3.1 试件设计 ·· 76
　　4.3.2 试验装置及程序 ·· 77
　　4.3.3 试验结果及分析 ·· 78
4.4 不同拉伸速率的 Q960 钢高温下拉伸试验 ···························· 84
　　4.4.1 试件设计 ·· 84
　　4.4.2 试验装置及程序 ·· 84
　　4.4.3 试验结果及分析 ·· 85
　　4.4.4 高强钢不同拉伸速率下高温力学性能对比 ················ 91
4.5 小结 ··· 93

第 5 章 应力水平对高强结构钢高温后力学性能的影响 ············· 94
5.1 引言 ··· 94
5.2 不同应力水平下 Q460 钢高温后拉伸试验 ···························· 94
　　5.2.1 试件设计 ·· 94
　　5.2.2 试验装置及程序 ·· 95
　　5.2.3 高温下拉伸试验结果 ·· 96

		5.2.4 高温后拉伸试验结果	98
	5.3	不同应力水平下 Q690 钢高温后拉伸试验	103
		5.3.1 试件设计	103
		5.3.2 试验装置及程序	104
		5.3.3 高温下拉伸试验结果	104
		5.3.4 高温后拉伸试验结果	107
	5.4	不同应力水平下 Q960 钢高温后拉伸试验	111
		5.4.1 试件设计	111
		5.4.2 试验装置及程序	112
		5.4.3 高温下拉伸试验结果	114
		5.4.4 高温后拉伸试验结果	116
	5.5	小结	120
第6章	高强结构钢高温下蠕变性能		122
	6.1	引言	122
	6.2	高强 Q460 钢高温下蠕变试验	122
		6.2.1 试件设计	122
		6.2.2 试验装置及程序	124
		6.2.3 试验结果及分析	125
	6.3	高强 Q690 钢高温下蠕变试验	129
		6.3.1 试件设计	129
		6.3.2 试验装置及程序	130
		6.3.3 试验结果及分析	130
	6.4	高强 Q960 钢高温下蠕变试验	134
		6.4.1 试件设计	134
		6.4.2 试验装置及程序	136
		6.4.3 试验结果及分析	136
	6.5	小结	140
第7章	高强结构钢高温下和高温后力学性能指标		141
	7.1	引言	141
	7.2	高强结构钢高温下力学性能指标	141
		7.2.1 Q460 钢	141
		7.2.2 Q690 钢	142
		7.2.3 Q960 钢	143
	7.3	高强结构钢高温后力学性能指标	144
		7.3.1 Q460 钢	144

  7.3.2 Q690 钢 ·· 145

  7.3.3 Q960 钢 ·· 147

 7.4 高强结构钢高温下力学性能指标标准值 ··· 149

  7.4.1 试验概况 ·· 149

  7.4.2 屈服强度 ·· 150

  7.4.3 弹性模量 ·· 152

  7.4.4 高温下力学性能指标标准值 ·· 155

 7.5 高强结构钢高温后力学性能指标标准值 ··· 159

  7.5.1 试验概况 ·· 159

  7.5.2 屈服强度 ·· 160

  7.5.3 弹性模量 ·· 162

  7.5.4 高温后力学性能指标标准值 ·· 165

 7.6 小结 ·· 169

第 8 章 高强结构钢高温下应力-应变关系及蠕变模型 ···································· 170

 8.1 引言 ·· 170

 8.2 高强 Q460 钢高温下应力-应变关系 ··· 170

 8.3 高强 Q690 钢高温下应力-应变关系 ··· 172

 8.4 高强 Q960 钢高温下应力-应变关系 ··· 176

 8.5 高强 Q460 钢高温下蠕变模型 ··· 176

 8.6 高强 Q690 钢高温下蠕变模型 ··· 181

 8.7 高强 Q960 钢高温下蠕变模型 ··· 182

 8.8 小结 ·· 184

参考文献 ··· 185

主要符号表

E——钢材的常温下弹性模量；
E_T——钢材的高温下弹性模量；
E_T'——钢材的高温后弹性模量；
f_0——预加应力；
$f_{0.2}$——钢材 0.2%塑性变形对应的应力；
$f_{0.5}$——钢材 0.5%应变对应的应力；
$f_{1.0}$——钢材 1.0%应变对应的应力；
$f_{1.5}$——钢材 1.5%应变对应的应力；
$f_{2.0}$——钢材 2.0%应变对应的应力；
$f_{0.2,T}$——钢材高温下 0.2%塑性变形对应的应力；
$f_{0.5,T}$——钢材高温下 0.5%应变对应的应力；
$f_{1.0,T}$——钢材高温下 1.0%应变对应的应力；
$f_{1.5,T}$——钢材高温下 1.5%应变对应的应力；
$f_{2.0,T}$——钢材高温下 2.0%应变对应的应力；
f_y——钢材的常温下屈服强度；
$f_{y,T}$——钢材的高温下屈服强度；
$f_{y,T}'$——钢材的高温后屈服强度；
f_u——钢材的常温下抗拉强度；
$f_{u,T}$——钢材的高温下抗拉强度；
$f_{u,T}'$——钢材的高温后抗拉强度；
R——钢材蠕变试验的应力比；
δ——钢材的断后伸长率；
δ_T——钢材的高温下断后伸长率；
δ_T'——钢材的高温后断后伸长率；
γ——钢材高温后拉伸试验的应力比；
η_E——钢材的高温下弹性模量折减系数；
η_E'——钢材的高温后弹性模量折减系数；
η_y——钢材的高温下屈服强度折减系数；
η_y'——钢材的高温后屈服强度折减系数；

η_u——钢材的高温下抗拉强度折减系数;
η'_u——钢材的高温后抗拉强度折减系数;
η_δ——钢材的高温下断后伸长率折减系数;
η'_δ——钢材的高温后断后伸长率折减系数;
σ——钢材的应力。

第1章 绪　　论

1.1　高强结构钢的应用

2022年6月30日，住房和城乡建设部、国家发展改革委印发《城乡建设领域碳达峰实施方案》，明确提出大力发展装配式建筑，推广钢结构住宅。钢结构具有天然优势，在建造阶段，钢构件质量远轻于钢筋混凝土构件，其运输碳排放量比钢筋混凝土构件更小，同时在拆除阶段，钢构件可以回收利用，也为减少二氧化碳排放做出贡献，所以推动实行钢结构装配式绿色建筑，对减少我国建筑业碳排放有着重要意义。但钢构件在工程应用中存在诸多亟待解决的问题，如目前工程中采用的主流钢材强度偏低，普通钢结构方案存在钢材用量大、结构厚重，进而带来吨钢碳排放量高、焊接技术和质量控制难等问题。

随着加工、生产和制造技术的不断发展与进步，钢材的强度上限不断提高。国际上一般把屈服强度高于460MPa的钢材划分为高强钢。目前国内外已经研制出多种强度的高强钢，如澳大利亚的BISPLATE 80钢，欧洲牌号为S460、S690和S960的高强钢，以及我国牌号为Q460、Q690和Q960等系列的高强钢[1]。高强钢结构具有高承载性能和轻量化设计的优点，可以实现高效使用、可靠设计和绿色低碳的目标，并在运输和安装、材料成本、连接方式和涂层消耗等方面具有相对显著的经济效益。高强钢最早在国外的建筑结构中得到应用，如图1-1所示，日本的横滨陆标大厦(Landmark Tower)采用了600MPa级的高强钢，德国的索尼中心大楼(Sony Center)和澳大利亚的星港城(Star City)均采用了S690级的高强钢，法国的米约(Millau)高架桥采用了高强S460钢材，它们都取得了良好的经济和社会效益。近年来，高强钢在我国建筑结构中也逐步得到了应用，如图1-2所示，其最早应用于桥梁工程中。坐落于上海的南浦大桥采用了标准屈服强度为460MPa的高强度钢材(StE460)，2008年北京奥运会主体育馆"鸟巢"局部受力大的部位中用了400余吨高强Q460钢，2012年竣工的中央电视台总部大楼的主楼结构中用了2600吨高强Q460钢，凤凰国际传媒中心中使用了高强Q460钢，深圳国际会展中心在屋面桁架中使用了高强Q550钢和Q460钢，2020年7月通车的沪苏通长江公铁大桥采用了500MPa级的高强钢[2-7]。

我国对于高强钢结构的设计标准也在进一步完善。2017 年发布的《钢结构设计标准》GB 50017—2017[8]推荐的钢材牌号增加了 Q460 钢，2019 年由同济大学等单位编制的协会标准《高性能建筑钢结构应用技术规程》T/CECS 599—2019[9]和 2020 年由清华大学等单位编制的行业标准《高强钢结构设计标准》JGJ/T 483—2020[10]相继开始实施，这意味着未来高强钢在我国建筑结构中的应用必然会越来越多。

(a) 横滨陆标大厦

(b) 索尼中心大楼

(c) 星港城

(d) 米约高架桥

图 1-1　国外高强钢的应用案例

(a) 上海南浦大桥

(b) 国家体育馆("鸟巢")

第1章 绪论　　3

(c) 中央电视台总部大楼

(d) 凤凰国际传媒中心

(e) 深圳国际会展中心

(f) 沪苏通长江公铁大桥

图 1-2　我国高强钢的应用案例

1.2　建筑火灾及危害

火灾对建筑结构来说是可能面临的最为严重的灾害之一。我国 2014~2023 年火灾发生次数及火灾直接财产损失统计数据如图 1-3 所示。在 2020 年之前，我国的火灾情况总体上呈现出相对稳定的趋势。然而，近年来，我国火灾的发生次数及直接财产损失都呈现出显著增长的趋势。与此同时，随着新能源汽车的推广，储能电站、光伏、氢能等新能源产业的快速发展，相关领域积累的火灾安全风险也变得越发显著。尤其值得关注的是，居民住宅火灾和高层建筑火灾发生的次数和比例明显上升，且人员密集场所的人员伤亡概率相对较高[11,12]。

钢结构耐热但不耐火的特性是制约其在工程领域发展的一个重要因素。《建筑钢结构防火技术规范》GB 51249—2017[13]中给出了材料特性参数，20℃时钢材的比热容为 600J/(kg·℃)，热传导系数为 45W/(m·℃)，而普通混凝土的比热容为 901.1J/(kg·℃)，热传导系数为 1.64W/(m·℃)。与混凝土相比，钢材的比热容较小、热传导系数较大，因而表现出吸热差和导热快的特点。在火灾中，钢材的温度会迅速升高，钢材的内部微观结构在温度变化下会发生相应变化，因此火灾对钢材的力学性能造成显著的影响。一旦温度超过 600℃，钢材的强度和刚度将急剧降低，甚至降至常温时的一半以下[14]，使得结构更容易发生变形和破坏。因此，一旦钢结构建筑发生火灾，可能引发结构局部破坏甚至整体倒塌[15]，严重威胁人们的生命和财产安全。近年来，国内外已有多起由火灾导致的钢结构建筑破坏或倒塌事故。国外方面，2001 年美国"9·11"事件中，美国纽约的世贸中心大楼[图 1-4(a)]因恐怖袭击燃起大火，导致结构整体倒塌，造成大量人员伤亡和巨额经济损失；2005 年，西班牙马德里温莎大厦[图 1-4(b)]发生严重火灾，导致结构部分倒塌；2006 年，比利时布鲁塞尔国际机场飞机维修库[图 1-4(c)]发生火灾，钢结构屋顶坍塌，造成多名人员受伤和严重经济损失。而在国内，同样难以幸免。2008 年，济南奥体中心[图 1-4(d)]在建球类场馆发生火灾，钢结构屋盖受火时间超过 4 小时；2013 年，温州某海绵厂[图 1-4(e)]在一场火灾中发生倒塌，导致 5 人遇难；2013 年，杭州某公司厂房[图 1-4(f)]发生火灾，导致钢结构整体倒塌，3 名消防救援人员遇难；2023 年，盘锦某公司发生爆炸着火事故，造成 13 人死亡，35 人受伤。

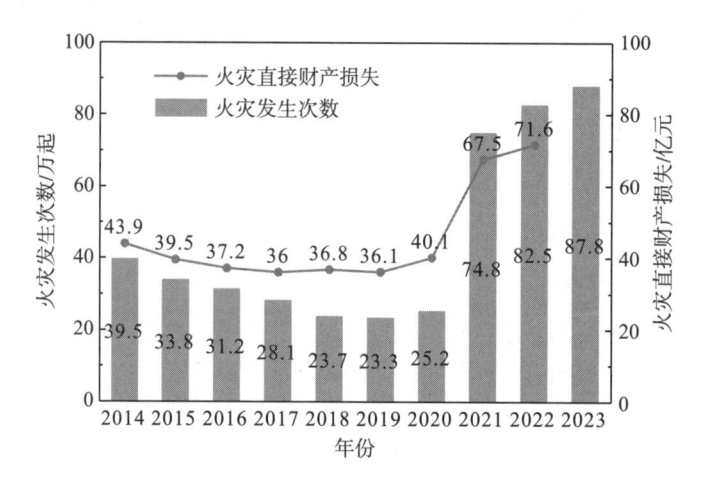

图 1-3　我国 2014～2023 年火灾发生次数及火灾直接财产损失统计数据

(a) 纽约世贸中心大楼火灾　　　　　　(b) 马德里温莎大厦火灾

第 1 章 绪论 5

(c) 布鲁塞尔国际机场飞机维修库火灾

(d) 济南奥体中心火灾

(e) 温州某海绵厂火灾

(f) 杭州某公司厂房火灾

图 1-4 钢结构火灾下倒塌案例

1.3 建筑结构钢高温力学性能研究现状

1.3.1 高温下力学性能

钢结构在火灾条件下的反应受到钢材的物理性能、力学性能和变形性能的限制。物理性能涵盖了热传导系数、比热容和密度等，这些因素决定了钢构件在火灾中的温度变化曲线；力学性能包括弹性模量、屈服强度和应力-应变关系等，影响着钢构件在火灾中的强度和刚度损失程度；变形性能涉及热膨胀和高温蠕变等因素，决定了钢构件的变形程度。这些特性随着温度的升高而发生变化，并且受到钢材成分和加工工艺的影响。为了评估钢结构的抗火性能，国内外许多学者已经对高强结构钢的高温下力学性能进行了深入研究。

钢材的高温下力学性能试验方法主要有两种：稳态试验和瞬态试验。稳态试验是指先将试件加热到指定温度，待温度稳定后进行拉伸试验，直至试件破坏。瞬态试验则是先对试件施加一个恒定的应力水平，随后在这个恒定的应力水平下对试件进行加热，直至试件破坏。瞬态试验更贴近实际情况，而稳态试验的优点在于操作简单，且通过高温下拉伸试验可以获得应力-应变关系及力学性能参数，如弹性模量、屈服强度和抗拉强度等。

Lange 和 Wohlfeil[16]采用瞬态试验方法测量了热机械轧制高强 S460M 钢和正火轧制高强 S460N 钢的高温下力学性能，发现 S460M 钢的高温力学性能优于 S460N 钢。

Qiang 等[17-20]选择高强 S460N 钢和 S690 钢为研究对象，通过稳态和瞬态拉伸试验测得其高温下力学性能，经比较后发现现行规范对这两种高强钢而言并不适用。

王卫永等[21]采用稳态试验方法和振动法测量得到高强 Q460 钢高温下的材料强度和弹性模量，并将其与普通钢进行了对比。结果表明，Q460 钢的强度和刚度会随着温度的升高不断降低，但当温度处于 200～450℃时，Q460 钢的屈服强度有明显提高，试件表面呈浅蓝色。与普通钢相比，高强 Q460 钢具有更好的抗火性能[22]。

Wang 等[23]采用三种拉伸应变速率对高强 Q460 钢进行了高温下稳态拉伸试验，发现 Q460 钢的强度和弹性模量在温度低于 500℃时能够保持 80%，拉伸应变速率越高，钢材的强度和弹性模量越低；钢材的强度和弹性模量在温度超过 500℃时迅速下降，拉伸应变速率越高，钢材的强度和弹性模量越高。

范圣刚等[24]和李国强等[25]对高强 Q550 钢进行了高温下稳态拉伸试验。结果表明，不同温度下试件破坏时表面及断口形貌区别明显，与规范的推荐取值相比，Q550 钢高温下的力学性能折减系数较低，现行规范和现有钢材高温下力学性能参数模型并不适用于 Q550 钢。李国强等[25]基于试验数据，拟合得到了高强 Q550 钢高温下力学性能参数的数学模型。

李国强等[26]对国产高强 Q690 钢开展了稳态试验研究，得到了 Q690 钢高温下的应力-应变关系和力学性能参数。结果表明，在不同高温条件下破坏后的 Q690 钢表面和断口形貌有明显的差异，应力-应变关系曲线的初始线弹性段缩短、极限应力对应应变减小、下降段趋于平缓。已有钢材高温下力学性能模型并不适用于 Q690 钢，通过试验结果拟合得到了高温下 Q690 钢力学性能模型。

Chen 等[27]对高强 BISPLATE 80 钢进行了高温下拉伸试验，分别通过稳态和瞬态拉伸试验测得高强 BISPLATE 80 钢高温下力学性能，并提出适用于高温下高强 BISPLATE 80 钢的强度和弹性模量计算公式。

Chiew 等[28]采用稳态方法测得了高强 RQT-S690 钢高温下力学性能，发现经淬火、回火和加热的钢材具有良好的耐火性能。当温度在 400℃以下时，钢材力学性能折减不大；当温度在 400℃以上时，钢材强度会随着温度的升高不断降低。

Wang 等[29]采用高温拉伸试验方法测得了高强 Q690 钢高温下力学性能，并将其与现行规范进行对比，根据试验结果拟合得到高温下 Q690 钢力学性能的计算公式。

Wang 等[30]采用高温拉伸试验方法测得了高强 Q460D 钢和 Q690D 钢的高温

下力学性能，考察二者在相同试验条件下的差异性，并建立了高温下高强Q460D钢和Q690D钢力学性能的计算公式。

Xiong和Liew[31]采用稳态和瞬态试验方法分别测得高强RQT 701钢高温下的屈服强度和弹性模量，发现与低碳钢相比，高强RQT 701钢高温下力学性能折减较大。

Xiong和Liew[32]还研究了不同制造工艺对高强S690钢高温下力学性能的影响，并在微观层面进行探讨，发现采用热机械控制工艺(thermomechanical control process，TMCP)和淬火回火(QT)工艺生产的S690钢高温下的微观组织有所不同，从而导致力学性能有所不同。TMCP-S690钢与QT-S690钢的弹性模量在高温下区别不大，但当温度达到400℃以上时，TMCP-S690钢的屈服强度下降得更快。此外，受热蠕变效应的影响，TMCP-S690钢通过瞬态试验测得的弹性模量和屈服强度比通过稳态试验测得的弹性模量和屈服强度下降得更快。

李国强等[33]通过稳态拉伸试验方法对国产超高强Q890钢在不同高温条件下的力学性能进行了试验研究。结果表明，不同温度条件下的Q890钢应力-应变关系曲线基本形状差异较大，当温度大于500℃时，Q890钢的弹性模量和强度下降速率明显加快，断后伸长率急剧增大。基于试验数据，对Q890钢高温下力学性能折减系数进行拟合，建立了适用的数学模型。

Qiang等[34]和Wang等[35]采用高温拉伸试验方法分别测得了高强S960钢和Q960钢的高温下力学性能，并提出了相应的高温下弹性模量和强度折减系数计算公式。

Heidarpour等[36]采用高温拉伸试验方法测得了1400MPa的超高强度(VHS)钢高温下力学性能，发现美国规范和澳大利亚规范中推荐的力学性能折减系数计算公式并不适用于VHS钢，最后提出了当温度在600℃以下时VHS钢的强度折减系数计算公式。

图1-5给出了一些试验得出的高强钢高温下力学性能折减系数。由图1-5可以看出，随着温度的升高，不同钢种的高温下力学性能折减系数均呈减小趋势。但Q690钢和Q960钢的弹性模量在800~900℃时略有增加[29,35]。Wang等[35]指出，这可能是由于在900℃左右时高强钢中产生了奥氏体，使得钢材的微观组织更加均匀。Q460钢的屈服强度在200~450℃时也出现了明显的增大，这是由于在试验过程中出现了蓝脆现象，试样表面就会呈现浅蓝色[21]。蓝脆现象主要是由碳和氮间隙原子的形变时效引起的，一般发生在180~370℃，会导致钢材强度的提高和延展性的下降[31]。此外还可以看出，具有相同名义屈服强度的不同钢种的高温下弹性模量折减系数不同，这是加工工艺不同导致的微观结构差异造成的。Lange和Wohlfeil[16]发现，经热机械轧制的钢材内部产生了扭曲的不规则晶粒，这些不规则晶粒具有更高的滑移密度，从而导致热机械轧制S460M钢的弹性模量大于正火轧制S460N钢。

(a) 弹性模量

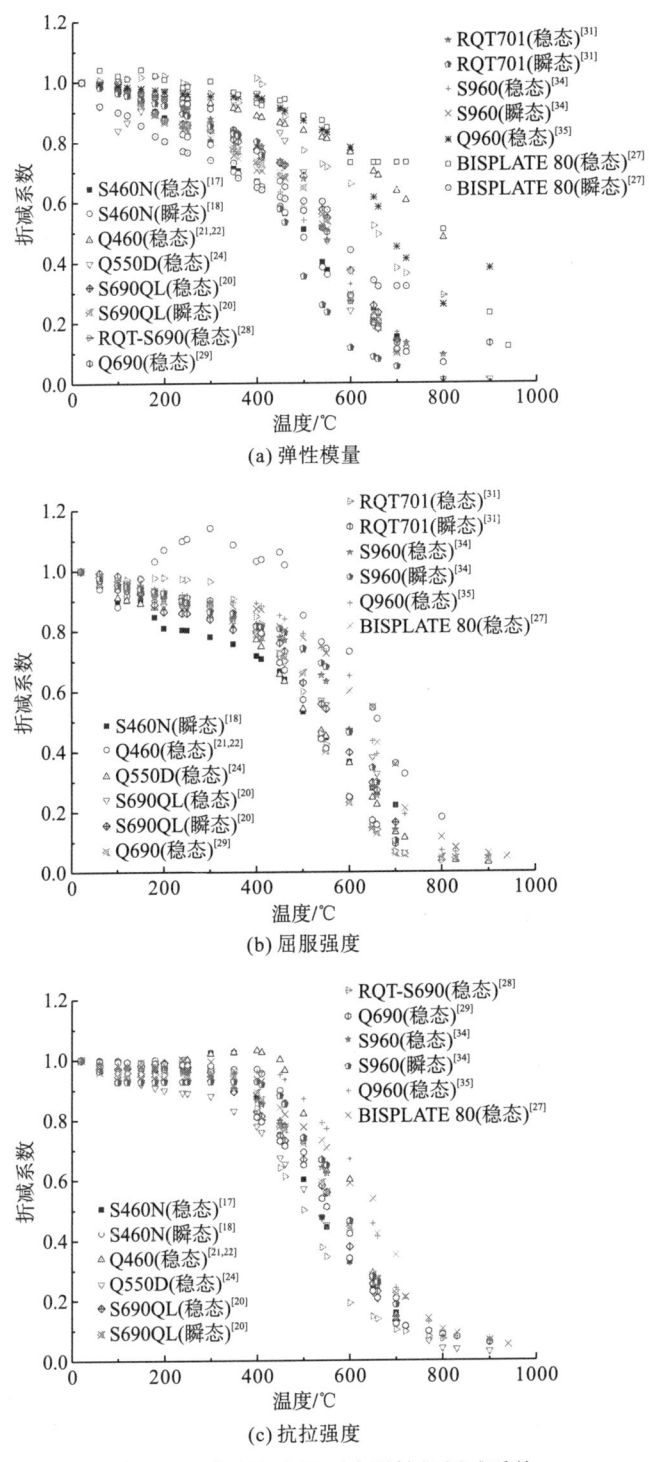

(b) 屈服强度

(c) 抗拉强度

图 1-5　高强钢高温下力学性能折减系数

试验方法也会对弹性模量的测量产生影响。图 1-6 给出了在不同试验方法下高强钢的高温下弹性模量折减系数,可以看出采用不同试验方法测得的钢材高温下弹性模量折减系数有所不同,这是因为高温蠕变会减小测得的应力-应变曲线的斜率[37],使得经瞬态试验方法得到的弹性模量折减系数小于稳态试验方法的结果,这也与 Xiong 和 Liew[32]的研究结论相同。图 1-7 给出了名义屈服强度 960MPa 钢材高温下强度折减系数。由图 1-7 可以看出,具有相同名义屈服强度的不同钢种的高温下屈服强度折减系数比较相近,但也存在一些差异。

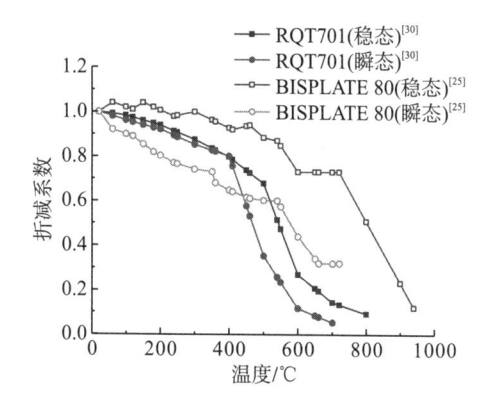

图 1-6 在不同试验方法下高强钢高温下弹性模量折减系数

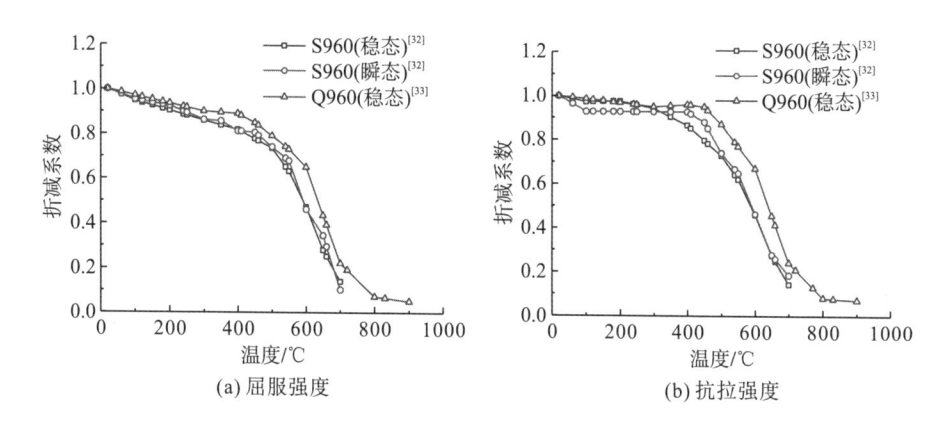

(a) 屈服强度

(b) 抗拉强度

图 1-7 名义屈服强度 960MPa 钢材高温下强度折减系数

综上所述,目前国内外学者对多种高强钢在高温下的力学性能已有一定的研究进展。这些研究涵盖了不同类型高强钢在高温环境下的屈服强度、抗拉强度和弹性模量等关键力学性能参数。然而,针对国产高强钢在高温条件下的力学行为,研究仍存在不足之处。具体而言,国内相关研究较为零散,对高温环境中不同类型国产高强钢的性能变化规律等关键问题尚未进行系统性研究,研究中也鲜有考虑拉伸应变速率的影响，有必要对国产高强钢进行进一步的深入研究。

1.3.2 高温下应力-应变关系

Ramberg 和 Osgood[38]于 1943 年首次提出了一个非线性应力-应变关系连续模型，称为 R-O 模型[式(1-3)]。R-O 模型被广泛用于描述铝合金、不锈钢和低碳钢的应力-应变关系。

$$\varepsilon = \frac{\sigma}{E_0} + p\left(\frac{\sigma}{\sigma_p}\right)^n \tag{1-1}$$

式中，ε 为钢材的工程应变；σ 为工程应力；E_0 为初始弹性模量；σ_p 为塑性应变为 p%时的应力；n 为应力-应变曲线的硬化指数。

R-O 模型主要适用于模拟 0.2%塑性应变之前的非线性应力-应变关系。因此，Hill[39]在 R-O 模型的基础上进行了修改，以 0.2%塑性变形应力和对应的应变作为关键点，提出了一个改进的表达式，如式(1-2)所示。经验证，在达到 0.2%塑性变形应力之前，该方程与试验得到的不锈钢应力-应变关系吻合良好。然而该模型高估了材料屈服后的强度[40-42]。

$$\varepsilon = \frac{\sigma}{E_0} + 0.002\left(\frac{\sigma}{\sigma_{0.2}}\right)^n \tag{1-2}$$

式中，$\sigma_{0.2}$ 为 0.2%塑性变形应力，即残余应变为 0.2%对应的应力。

Mirambell 和 Real[40]在 Hill 模型[39]的基础上，通过将横纵坐标从原点移动到 0.2%塑性变形应力对应的应力-应变曲线上的点，然后使用新坐标系中的 R-O 公式提出了一种修正的两阶段 R-O 模型。

Gardner 和 Nethercot[41]、Rasmussen[42]、Li 和 Young[43]、Quach 和 Huang[44]、Ma 等[45]也应用两阶段 R-O 模型对钢材的应力-应变关系进行了进一步研究。Gardner 和 Nethercot[41]通过以 1%塑性变形应力代替极限应力的方法，将两阶段 R-O 模型更好地用于不锈钢的应力-应变关系的模拟。Rasmussen[42]将两阶段 R-O 模型拓展至钢材达到极限应变之前全阶段应力-应变曲线的模拟。Li 和 Young[43]将两阶段 R-O 模型应用于高强冷弯薄壁型钢应力-应变关系的模拟。Ma 等[45]将两阶段 R-O 模型中应力-应变曲线的硬化指数 n 表示为关于塑性应变的函数，并提出了一组根据材料力学性能参数确定的隐式应力-应变关系方程。

Shi 等[46]在已有的国产高强钢拉伸试验结果和数据的基础上，采用 Rasmussen[42]修正后的两阶段 R-O 模型进行参数拟合，对高强钢应力-应变关系模型的参数进行了修正，给出了适用于多种国产高强钢的非线性应力-应变关系模型。

钢材的应力-应变关系在高温下表现出显著的非线性，且应力-应变曲线的屈服平台在高温下通常不明显。因此，钢材高温下应力-应变关系的模拟也广泛应用了 R-O 模型。高温下修正的 R-O 模型如式(1-3)所示。

$$\varepsilon_\mathrm{T} = \frac{\sigma_\mathrm{T}}{E_{0,\mathrm{T}}} + \beta\left(\frac{\sigma_{0.2,\mathrm{T}}}{E_{0,\mathrm{T}}}\right)\left(\frac{\sigma_\mathrm{T}}{\sigma_{0.2,\mathrm{T}}}\right)^n \tag{1-3}$$

式中，ε_T 为温度 T 下的应变；σ_T 为温度 T 下的应力；$E_{0,\mathrm{T}}$ 为温度 T 下的弹性模量；$\sigma_{0.2,\mathrm{T}}$ 为温度 T 下的 0.2%塑性变形应力；β 和 n 为参数。

Olawale 和 Plank[47]研究了热轧钢的高温下应力-应变关系，提出应用 R-O 模型时参数 β 取为常数 3/7，参数 n 为温度的函数。Outinen 等[48]研究了 S355 钢的高温下力学性能，认为参数 β 应取为常数 6/7，参数 n 与温度有关。Lee 等[49]对冷弯型钢进行了高温拉伸试验，并建议对冷弯型钢的应力-应变关系应用 R-O 模型时，参数 n 取为常数 15，同时考虑 β 是温度的函数。Ranawaka 和 Mahendran[50]则建议对于冷弯型钢，R-O 模型中参数 β 取定值 0.86，并认为 n 是温度的函数。

Lee 等[51]对 ASTM A992 钢进行了高温下拉伸试验，并采用曲线拟合的方法建立了 ASTM A992 钢的应力-应变关系模型。他们提出的模型分为四个阶段，提供了应力-应变曲线从初始线弹性阶段到拉伸断裂的整个范围的预测。该模型适用的温度范围为 20~1000℃。

Jiang 等[52,53]和 Wang 等[54,55]针对 Q355 钢、Q460 钢和 Q690 钢在高温降温段的力学性能开展了试验研究，并将 Lee 等[51]提出的四段式应力-应变关系模型简化为三段式和两段式模型，用以模拟 Q355 钢、Q460 钢和 Q690 钢在高温降温段的应力-应变关系。

Wang 等[29,35]开展了高强 Q690 钢和 Q960 钢高温下拉伸试验，分别采用 Ma 等[45]和 Hill[39]提出的应力-应变关系模型进行拟合，给出了应力-应变关系模型中参数在不同温度下相应的拟合值。结果表明，拟合得到的模型可以准确地描述 Q690 钢和 Q960 钢在高温下的应力-应变关系。

Ban 等[56]对一种超高强度钢进行了高温拉伸试验，得到了其应力-应变关系，并采用了 Li 和 Young[43]提出的两阶段 R-O 模型对试验数据进行拟合，确定了不同温度下应力-应变模型中的系数。结果表明，拟合得到的模型可以准确描述超高强度钢在高温下的应力-应变关系，直至应力达到最大值。

综上所述，目前对钢材高温下应力-应变关系的研究已取得一定的进展，尤其是在不锈钢、冷弯型钢和低碳钢等材料中，广泛应用了 R-O 模型及其修正模型来模拟钢材的非线性应力-应变行为。然而，对于高强钢，尤其是国产高强钢的高温力学性能的研究仍不够深入和系统。现有的研究多集中在低温或常温条件下，高温环境下的力学行为研究则相对零散，缺乏系统性和全面性，有必要进一步探索和完善国产高强钢在高温条件下的应力-应变关系。

1.3.3 高温后力学性能

丁发兴等[57]、曾杰等[58]和张有桔等[59]对 Q235 钢材在自然冷却和浸水冷却条件下高温后的力学性能进行了试验研究。结果显示，随着受热温度的增加，自然冷却条件下钢材的屈服强度和抗拉强度整体呈现下降趋势，而弹性模量和泊松比基本保持不变；恒温时间对力学性能的影响不显著。对于浸水冷却，其对 Q235 钢高温后弹性模量的影响较小。当过火温度不超过 600℃时，浸水冷却后 Q235 钢试件的屈服强度、抗拉强度和伸长率的变化幅度均较小；而在 600~900℃的过火温度范围内时，试件的屈服强度和抗拉强度均显著增大，而伸长率显著降低。研究还建立了 Q235 钢在自然冷却和浸水冷却条件下高温后力学性能的预测公式。

目前，一些学者对高强钢的高温后残余力学性能开展了试验研究。Qiang 等[60,61]通过拉伸试验对高强 S460、S690 和 S960 钢经历高温并自然冷却后的力学性能进行研究。试验结果表明，钢材牌号对高强钢的高温后残余力学性能有重大影响。S460 和 S690 钢的屈服强度和抗拉强度随着温度的升高而降低，S690 钢相比于 S460 钢在受火后强度下降的幅度更大。对于 S960 钢，其屈服强度也随着温度的升高而降低，而在 600℃及以下温度范围内，抗拉强度基本保持不变。在 600℃及以下温度范围内，这三种钢材的弹性模量基本保持不变。然而，当温度超过 600℃时，S690 钢和 S960 钢的弹性模量下降幅度比 S460 钢更大。最后，他们提出了一系列公式用以预测高强钢高温后的力学性能。

Gunalan 和 Mahendran[62]对 G300、G500 和 G550 三种冷弯型钢进行了高温后拉伸试验。结果表明，当过火温度超过 300℃时，冷弯型钢的火灾后力学性能会明显恶化，低于常温水平，这与 Qiang 等[60,61]对 S460、S690 和 S960 钢的研究结果不同。此外，具有较高屈服强度的冷成型钢在过火后，其强度和弹性模量损失会比较低屈服强度的钢材更大。

Chiew 等[28]研究了再加热、淬火和回火(RQT)处理的高强 S690 钢的残余力学性能。结果表明，RQT-S690 钢高温后强度发生明显损失的临界温度为 600℃。RQT-S690 钢的屈服强度下降幅度比未经 RQT 处理的 S690 钢略小。然而，随着再加热温度的增加，RQT-S690 钢的弹性模量几乎没有变化，这与未经 RQT 处理的 S690 钢的观察结果不同，后者在过火温度超过 600℃时弹性模量明显下降。

Wang 等[63]对高强 Q460 钢高温后力学性能进行了试验研究，试验考虑了自然冷却和浸水冷却两种方法。结果表明，不同的冷却方法对 Q460 钢的高温后屈服强度和抗拉强度有显著影响，但对其高温后弹性模量几乎没有影响。

Li 等[64]对经过 300~900℃高温处理的 Q690 钢在自然冷却和浸水冷却条件下的力学性能进行了试验研究。结果显示,当过火温度超过 500℃时,Q690 钢的高温后弹性模量变化较小,而强度和断后伸长率的变化较为显著。当过火温度小于 700℃时,Q690 钢的高温后强度和断后伸长率在两种冷却方式下基本呈现相同的变化规律。然而,当过火温度达到 700~800℃时,冷却方式对高强 Q690 钢的高温后强度和断后伸长率的影响变得显著。

Zhou 等[65]比较了高温后不同厚度的高强 Q690 钢板的力学性能,发现较厚的钢板表现出更明显的强度恶化。当高强 Q690 钢暴露在高温下时,不论采用哪种冷却方法,在温度不超过 600℃时,强度的退化都不显著,高温和冷却方法对高强 Q690 钢的弹性模量的影响可以忽略不计。与其他低强度钢(如 Q235 钢和 Q460 钢)相比,高强 Q690 钢在超过 600℃的温度暴露情况下,采用空气冷却时屈服强度和抗拉强度的退化更严重。

Li 和 Young[66]从名义屈服应力为 700MPa 和 900MPa 的冷弯管截面中提取了 41 个拉伸试件进行高温后拉伸试验。结果表明,冷成型高强钢的高温后残余力学性能与冷成型普通钢和热轧高强钢不同。他们根据试验结果提出了屈服强度和弹性模量的预测公式,用于预测冷成型高强钢的高温后力学性能。

张佳慧和盛孝耀[67]对经历不同持续时间(15min 和 60min)高温的高强度双相钢板进行拉伸试验,结果表明,试样过火时间越长,钢材的材料损坏越严重。冷成型双相钢的火灾后力学性能随着加热温度的增加而降低,当过火温度为 700~800℃时,过火温度为 800℃的残余力学性能可以恢复到比过火温度为 700℃更高的值。

王卫永等[68]对高强 Q960 钢进行了高温后拉伸试验,发现当过火温度低于 600℃时,Q960 钢的高温后力学性能略有变化,之后随着过火温度的提高而迅速下降。

综上所述,目前对钢材高温后力学性能的研究已经涵盖了多种钢材类型和试验条件。研究表明,Q235 钢在自然冷却和浸水冷却条件下的高温后力学性能有所差异,但总体上屈服强度和抗拉强度随温度增加而下降,而弹性模量基本保持不变。对于高强钢,如 S460、S690 和 S960 等,不同冷却方法和温度对其高温后残余力学性能影响显著,其中 S690 和 S960 在高温后表现出更大的强度和弹性模量下降幅度。尽管已有一些针对高强钢的研究,但总体上仍显不足,特别是关于国产高强钢在高温后的系统性研究不够深入。

1.3.4 高温下蠕变性能

蠕变是指材料所处温度和所受应力不变,但材料的应变随时间延续逐渐增加的现象。蠕变效应会加大结构的塑性变形,导致结构提前破坏。常温下钢材的蠕变导致的结构变形微小,通常可以忽略,但高温下蠕变效应会加速构件的塑性变形,导致结构变形较大,需要考虑其影响。高温下钢材的应变增量由热膨胀应变、应力产生的瞬时应变和蠕变应变组成,其中热膨胀应变是钢材温度的函数,应力产生的瞬时应变是应力和温度的函数,蠕变则是温度、时间和应力的函数。当钢材的温度达到熔点的 1/2 时,蠕变效应将十分明显[69]。描述金属蠕变的理论有很多,如应变硬化理论、时间硬化理论、肯尼迪(Kennedy)理论、应变恢复理论、寿命消耗理论、多恩(Dorn)理论等。由于蠕变与应力历史和温度历史有关,到目前为止,仍然没有一种理论能够全面描述和解释蠕变。对于结构钢高温蠕变的研究,目前主要是在蠕变试验的基础上,通过统计分析得到适用的回归公式。

  国外学者较早对钢材高温蠕变效应开展研究。平修二[70]系统研究了钢材的蠕变机理。Dorn 蠕变理论[71]提出金属短期蠕变与应力和应变无关,将温度和时间耦合成"温度补偿时间"这一个变量,以描述钢材高温蠕变现象。Harmathy 和 Stanzak[72,73]在 Dorn 理论基础上进行推广,将 Dorn 理论推广到较低的温度范围,并不再区分等效应力和实际应力的差别,给出了描述蠕变曲线形状的显式表达式,得到一个更广泛的蠕变模型,即哈马西(Harmathy)模型。该模型认为金属材料的全过程蠕变曲线由两个与应力有关的参数即 ε_{t0} 和 Z 确定。Harmathy 模型可以满足工程应用允许的精度。对 ASTM A36 和 CSA G40.12 两种结构钢以及预应力钢 ASTM A421 进行蠕变试验,发现 Harmathy 模型较好地吻合了这三种钢材的试验结果。Findley 等[74]提出了伯格斯(Burgers)模型,将这种流变和黏弹性特征的模型分为弹性阶段、初始蠕变阶段、稳态蠕变阶段,并给出微分方程及其通解,指出材料的材性参数决定曲线形状。Burgers 模型可以用来描述初始和稳定状态的蠕变,即蠕变的第一阶段和第二阶段,但是不适用第三阶段(加速蠕变阶段)。Fields 和 Fields[75]在等效时间概念的基础上提出了一个蠕变模型(Fields & Fields 蠕变模型),该模型蠕变方程简单且计算方便,得到了广泛的应用。Fields & Fields 蠕变模型方程表达式为

$$\varepsilon_{cr} = at^b \sigma^c \tag{1-4}$$

式中,ε_{cr} 为蠕变应变;a、b、c 为与温度有关的参数,根据试验数据拟合得到;t 为时间(min);σ 为应力。

  Kodur 和 Aziz[76]对 ASTM A572 钢,Lange 和 Wohlfeil[16]对 S460M、S460N 钢分别进行了高温蠕变试验,得到了高强钢高温下的蠕变试验数据。Schneider 和 Lange[77]对 S460 钢进行了高温蠕变试验,得到了蠕变时间曲线的三个阶段,基于温度补偿时间的概念推导出了经验蠕变公式。Brnic 等[78,79]对 ASTM A618 和 ASTM A709 Gr50 等钢材开展了高温蠕变试验研究,基于得到的试验数据,采用 Burgers 蠕变模型进行拟合,得到了适用的高温蠕变模型。Morovat 等[80]将

ASTM A992M 钢高温蠕变数据与现有的 Harmathy 蠕变模型和 Fields & Fields 蠕变模型进行了对比，结果表明，试验曲线在不同蠕变模型之间差异较大，火灾下忽略蠕变效应会导致钢柱强度计算结果偏于不安全。

与国外相比，国内对钢材高温蠕变性能的研究起步较晚。目前一些学者对高强钢高温下的蠕变性能已经开展了部分试验研究。Wang 等[81]以高强 Q460 钢为研究对象，通过试验方法获取了其高温蠕变应变-时间曲线，并基于 ANSYS 复合时间强化模型、Norton 模型和 Fields & Fields 模型三种蠕变模型对试验数据进行了拟合，对比了这三种模型的拟合结果，提出了适用于 Q460 钢的修正蠕变模型。

Liu 等[82]对 G550 冷弯型钢的高温蠕变行为进行了试验研究，给出了 G550 冷弯型钢试件在不同应力比下开始经历第三阶段蠕变的临界温度。结果表明，当应力比小于 0.7 时，第三阶段蠕变临界温度低于高温屈服强度对应的温度，表明蠕变可能导致钢构件在火灾中提前失效。同时，他们提出了适用于 G550 冷弯型钢的稳态蠕变速率预测公式。

王欣欣等[83]对 Q550D、Q690D 和 Q890D 三种高强钢开展了高温蠕变试验，结果表明，钢材的蠕变发展受温度和应力水平的影响，且影响极为显著。当温度与应力水平较低时，蠕变发展缓慢，而当二者较高时，蠕变迅速，且总蠕变应变较大。在高温、高应力条件下，蠕变速率曲线表现为三阶段特征：首先下降，然后基本保持恒定，最后迅速升高。而在较低温度下，蠕变速率曲线仅呈现前两个阶段。

Jiang 等[84]针对 Q690CFD 钢进行了高温蠕变试验，以研究其高温下的蠕变性能，研究了温度和应力水平对 TMCP 高强钢蠕变行为的影响，提出了一个蠕变模型来描述 TMCP Q690CFD 钢在火灾中的蠕变行为，与其他限制在主要和次要阶段的模型相比，该模型对第三阶段蠕变给出了更好的预测。

Wang 等[29]开展了高强 Q690 钢高温蠕变试验，得到了高温下 Q690 钢的蠕变应变-时间曲线，并基于试验数据和 Fields & Fields 模型拟合得到适用于高强 Q690 钢的蠕变模型参数。

李翔等[85]对高强 Q960 钢高温蠕变效应进行研究，基于试验数据和 Fields & Fields 模型拟合得到适用于高强 Q960 钢的蠕变模型参数。此外，他们还采用有限元分析的方法考察了高温蠕变对 Q960 钢柱抗火性能的影响，分析结果表明，蠕变效应会明显降低轴心受压钢柱的临界温度，因此蠕变效应对钢柱临界温度的影响不可忽略。

综上所述，目前，国外学者较早对钢材高温蠕变效应进行了系统研究，提出了诸如 Dorn 理论、Harmathy 模型、Burgers 模型和 Fields & Fields 模型等一系列蠕变模型，这些模型在不同类型钢材的高温蠕变行为研究中得到了验证和应用。国内对高温蠕变性能的研究起步较晚，总体上对钢材高温蠕变行为研究仍不够深入，缺乏对高强钢在各种高温及应力条件下蠕变性能的研究，因此有必要进一步开展深入研究。

1.4 本书的研究意义、研究内容和目的

1.4.1 研究意义

本书系统地探讨了高强结构钢在高温下的力学性能，为解决建筑火灾中高强钢结构的抗火设计问题提供了依据。高强结构钢因具有较高的强度和良好的可加工性能，近年来在建筑结构中得到了广泛的应用和推广。然而，钢结构的耐火性能较差，在火灾高温下，无防火保护的钢构件温度会迅速升高，导致其强度和刚度急剧退化，最终在火灾持续一段时间后，建筑钢结构可能达到承载能力的极限状态而发生破坏。因此，高强钢材料的高温力学性能研究显得尤为重要。

面对近年来火灾频发及火灾风险增加的趋势，深入研究高强钢材料在高温下的力学性能不仅具有重要的理论价值，更具备较高的实际应用价值。本书通过对 Q460、Q690 和 Q960 三种高强钢的详细研究，为建筑结构防火设计提供了可靠的数据支持和模型参考。

1.4.2 研究内容和目的

本书内容涵盖了高强结构钢在高温条件下的力学性能研究，包括以下几个方面。

(1) 高温下力学性能：探讨高强钢在高温下的屈服强度、抗拉强度和弹性模量等力学性能的变化规律。

(2) 高温后力学性能：分析高强钢经历高温后的力学性能变化。

(3) 拉伸应变速率影响：探讨拉伸应变速率对高强钢高温下的力学性能的影响。

(4) 应力水平影响：探讨应力水平对高强钢高温后力学性能的影响。

(5) 高温下蠕变性能：研究高强钢在高温下的蠕变行为。

(6) 力学性能指标计算：总结高强钢在高温下及高温后的力学性能指标及其计算方法。

(7) 高温下应力-应变关系模型：建立高强钢高温下的应力-应变关系模型。

(8) 高温下蠕变模型：建立高强钢高温下的蠕变模型。

本书共分八章，详细介绍了各项研究内容和试验结果，提供了高强结构钢在不同工况下的力学性能数据和模型。

本书旨在系统总结和展示作者课题组在高强结构钢高温力学性能方面的研究成果，通过对高强结构钢在火灾条件下力学性能的深入研究，期望为建筑防火设计提供一定的试验和理论依据，进而推动高强结构钢在工程中的应用，提升高强钢结构在火灾中的安全性。此外，也希望本书通过展示研究成果，激发相关领域的进一步研究和探讨，推动高强钢结构抗火性能研究的不断深入。

第 2 章　高强结构钢高温下力学性能

2.1　引　言

本章首先对 Q460、Q690 和 Q960 三种高强结构钢进行了高温下拉伸试验，以研究其在 20～900℃高温条件下的力学性能变化规律。研究重点关注高强结构钢的应力-应变关系、破坏模式及弹性模量、屈服强度和抗拉强度等主要力学性能指标在不同温度条件下的变化情况。

2.2　高强 Q460 钢高温下拉伸试验

2.2.1　试件设计

Q460 钢高温下拉伸试验的试件选用 11mm 厚的 Q460 钢板，试件的具体尺寸详见图 2-1。试件尺寸满足《金属材料　拉伸试验　第 1 部分：室温试验方法》GB/T 228.1—2021[86]和《金属材料　拉伸试验　第 2 部分：高温试验方法》GB/T 228.2—2015[87]的要求。试件的实际尺寸采用游标卡尺进行测量。总共进行了 23 次高温下拉伸试验，每个温度下进行 2～3 次试验(具体次数根据试验数据之间的差异确定)。

Q460 钢高温下的弹性模量采用动态法进行测量，试件取自与高温下拉伸试验相同的 11mm 厚 Q460 钢板。试件尺寸和加工精度等符合《金属材料　弹性模量和泊松比试验方法》GB/T 22315—2008[88]的要求，试件为棒状，长度为 160mm，直径为 7mm。在实际试验中，除了需要确保试件长度符合加热炉口大小及符合细长杆的条件外，最主要的考虑因素之一是试件质量的控制。规范规定试件的最小质量应不小于 5g，这是为了确保试件具有足够的质量能够使悬丝张紧，从而减小在测量过程中出现假共振峰的可能性。此外，还需要控制试件的最大质量。由于较大的质量需要采用更大的激振能量，而过大的激振能量可能使本来较弱的虚假信号变得稍强，从而影响试验中对共振峰的判别。因此，在试验设计中需要综合考虑试件质量的最小值和最大值，以确保试验的准确性和可靠性。

采用游标卡尺、千分尺和电子天平，分别对各试件的长度、直径和质量进行测量，以满足标准中对试件物理参数的精度要求。对于试件的直径，沿长度方向均匀测量10个断面，并取平均值。共进行6根试件的试验，具体尺寸见表2-1。

图 2-1 Q460钢高温下拉伸试验试件尺寸(单位：mm)

表 2-1 动态法测弹性模量试件实际测量尺寸表

试件编号	试件长度/mm	试件质量/g	试件直径/mm
S-1	159.96	47.874	6.997
S-2	159.98	48.126	6.930
S-3	160.04	48.038	6.912
S-4	160.02	48.115	6.922
S-5	160.03	48.032	6.932
S-6	160.04	47.899	6.900

2.2.2 试验装置及程序

1. 高温下拉伸试验

高温下拉伸试验装置主要包括加载加热系统、温度控制系统和数据采集系统等。试验采用微机控制电液伺服万能试验机加载(图 2-2)，该试验机的最大加载力为1000kN，加载力控制精度达到±1%。试件的加热过程采用筒式高温试验炉进行(图 2-2)。高温试验炉通过供电方式由内嵌电阻丝进行发热，最高温度可达1200℃。温度测量由伸入试验炉炉膛内的三对热电偶完成，这些热电偶与温度控制系统相连接，采用上海新三思 SANS DCS-300 全数字闭环测控系统对炉膛内的温度进行精确控制和调节，温度控制精度为±1℃。数据采集系统对试验过程中的加载力、变形和温度进行采集。试件加载力由万能试验机采集，试件变形则通过万能试验机内置的液压夹头间位移进行测量。在试验过程中，测得的变形包括炉内试件段的高温变形、炉外试件段的变形及夹头滑移等。尽管这种测量方式相比于在试验段采用外接引伸计进行测量存在一定误差，但总体而言两者之间的差异并不显著。试验所用温度控制系统和数据采集系统见图2-3。

图 2-2　Q460 钢高温下拉伸试验加载加热系统

图 2-3　Q460 钢高温下拉伸试验温度控制系统和数据采集系统

高温下拉伸试验采用恒温加载试验方法(又称稳态试验方法)。该方法的步骤是首先将试件升温至特定的温度水平，保持恒温一段时间(20min)，以确保试件内部温度趋于一致，随后进行加载以测定钢材的强度。试验温度水平预选包括 20℃、100℃、200℃、300℃、400℃、500℃、600℃、700℃和 800℃，并根据试验结果在差别显著的温度范围内增加了 450℃和 550℃。在试验中，采用恒定的拉伸速率符合《金属材料　拉伸试验　第 1 部分：室温试验方法》GB/T 228.1—2021[86]和《金属材料　拉伸试验　第 2 部分：高温试验方法》GB/T 228.2—2015[87]的规定，设定为 0.5kN/s。加热速率通常在 5～50℃/min 中选择，试验中选取为 10℃/min[69]。

2. 动态法测弹性模量

动态法测弹性模量试验采用 DCY-3 型动态弹性模量测定仪。该仪器可以测量多种材料在室温及高温(甚至高达 1200℃)下的弹性模量，其主要组成部分包括加热炉、热电偶、数显变温装置、悬挂式和支撑式两种测定支架(支座)、一对换能器、专用功率函数信号发生器和信号转换器等部件，试验装置见图 2-4。加热炉可以提供最高温度为 1200℃的高温条件，并与数显变温装置相连，以控制和显示加热炉内的温度。换能器则实现振动信号和电信号之间的相互转换。专用功率函数信号发生器能够发送频率范围为 5～500kHz 的正弦波、三角波和方波等波形，为试验提供输入信号。信号转换器可以实现计算机对数据的采集，它能够将拾振信号转换成数字信号，使计算机可以有效地处理和记录试验数据。在信号处理方面，使用商业软件 Multi-Instrument 3.0 对采集的数字信号进行处理。试验中采用两种信号处理方法，即传统示波器和快速傅里叶变换(FFT)频谱分析，以寻找共振峰。在 FFT 频谱分析中，可以获取每个激振频率下采集到的信号功率谱。当试件发生共振时，其能量达到最大，因此可以将采集到的振动信号的能量值作为判定标准，从而确定试件的共振频率。这两种处理方法可以相互印证，准确地得到共振频率。在进行试验前，连接好试验设备，如图 2-5 所示。

图 2-4　Q460 钢动态法测弹性模量试验装置

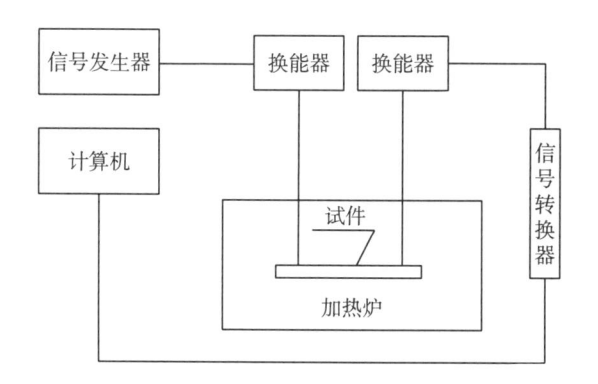

图 2-5　动态法测弹性模量试验装置连接示意图

在进行试验时，首先对试件进行室温下弹性模量和高温下弹性模量的测试。高温下试验的预选温度为 100℃、200℃、250℃、300℃、350℃、400℃、450℃、500℃、550℃、600℃、700℃和 800℃。在高温下测试中，将试件加热至指定的温度，并保持温度 15~20min，以确保试件均匀受热。通过信号发生器调节信号频率，使共振图像呈现如图 2-6 所示的形状，此时对应的信号频率即共振频率。根据式(2-1)可以计算出此时试件的弹性模量。

$$E = 1.6067 \times 10^{-9} \cdot \frac{ml^3}{d^4} f_1^2 T_1 \tag{2-1}$$

式中，E 为试件的弹性模量(MPa)；m 为试件质量(g)；l 为试件长度(mm)；d 为试件直径(mm)；f_1 为基频共振频率(Hz)；T_1 为修正系数，其取值见《金属材料 弹性模量和泊松比试验方法》GB/T 22315—2008[88]。

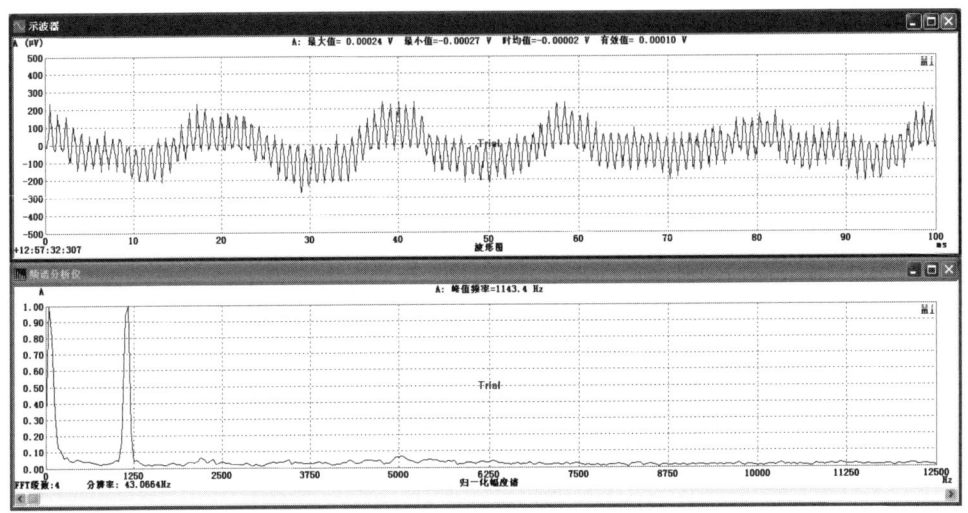

(a) 试件没有共振

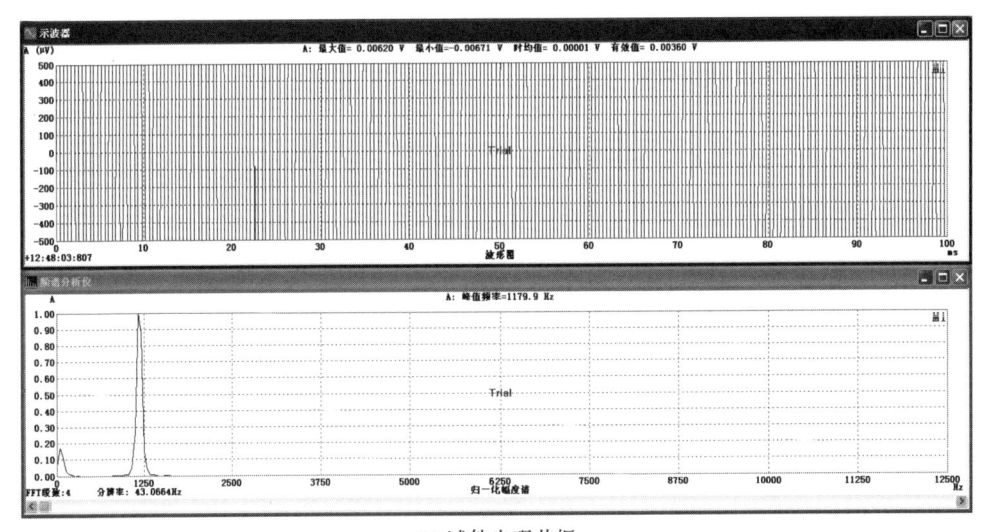

(b) 试件出现共振

图 2-6　动态法在计算机上显示的共振图像

2.2.3 试验结果及分析

1. 高温下拉伸试验结果

高温下钢材的应力-应变关系曲线没有明显的屈服平台，通常需指定名义应变对应的应力值作为名义屈服强度。国内外不同规范对于高温下名义应变的取值也不尽相同。欧洲钢结构规范 EC3[89]采用 2.0%应变对应的应力值作为钢材高温下的名义屈服强度。我国规范未对钢材高温下的屈服强度给出明确取值。有文献建议，将 0.2%塑性变形对应的应力 $f_{0.2}$ 和应变为 0.5%、1.0%、1.5%和2.0%对应的应力 $f_{0.5}$、$f_{1.0}$、$f_{1.5}$ 和 $f_{2.0}$ 作为屈服强度（图 2-7）。此处取 1.0%应变对应的应力为名义屈服强度。根据 Q460 钢高温下拉伸试验结果，通过换算荷载-位移曲线得到高温下应力-应变关系曲线，如图 2-8(a)所示。当温度为 200~450℃时，蓝脆现象导致试件破坏位置出现在端部，使得应变计对试件中部应变的测量并不准确，因此采用应力-位移关系曲线[图 2-8(b)]确定屈服强度和抗拉强度，曲线转折点的应力被取为屈服强度。表 2-2 列出了钢材的高温下屈服强度、抗拉强度及对应的高温下折减系数。其中，f_y 为常温下屈服强度；f_u 为常温下抗拉强度；$f_{y,T}$ 为在温度 T 下的屈服强度；$f_{u,T}$ 为在温度 T 下的抗拉强度。屈服强度折减系数 ($f_{y,T}/f_y$) 和抗拉强度折减系数 ($f_{u,T}/f_u$) 分别为高温下屈服强度和抗拉强度与常温下屈服强度和抗拉强度的比值。

根据试验结果，钢材的屈服强度和抗拉强度总体趋势是随着温度的升高而降低。然而，当温度为 200~450℃时，钢材的屈服强度和抗拉强度相对于常温有一定幅度的提高，表现出蓝脆现象。在这个温度区段内，抗拉强度提高的程度不是很显著。当温度达到 600℃时，屈服强度和抗拉强度分别约降至常温下的 73%和 60%。与以往普通钢的试验数据相比，Q460 钢在这个温度下仍然具有较好的力学性能。然而，当温度超过 600℃时，屈服强度和抗拉强度显著下降，特别是在温度为 700℃时，屈服强度和抗拉强度分别约为常温下的 36%和 29%。当温度达到 800℃时，屈服强度和抗拉强度都降至常温下的 20%以下。

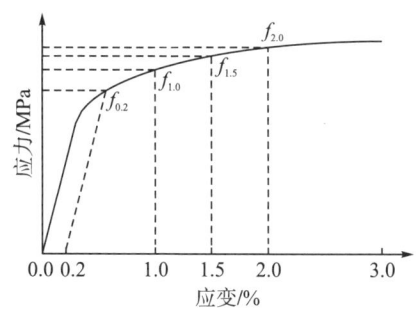

图 2-7 高温下屈服强度取值示意图

(a) 应力-应变关系

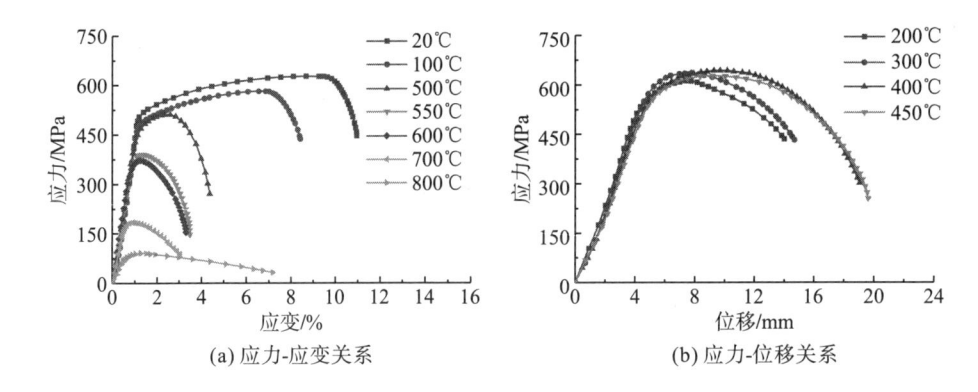

(b) 应力-位移关系

图 2-8　Q460 钢高温下应力-应变关系和应力-位移关系曲线

表 2-2　Q460 钢的高温下力学性能

$T/℃$	$f_{y,T}$/MPa	$f_{u,T}$/MPa	$f_{y,T}/f_y$	$f_{u,T}/f_u$
20	503	626	1.00	1.00
100	442	580	0.88	0.93
200	539	614	1.07	0.98
300	575	637	1.14	1.02
400	518	643	1.03	1.03
450	532	628	1.06	1.00
500	430	512	0.85	0.82
550	374	392	0.74	0.63
600	367	373	0.73	0.60
700	182	184	0.36	0.29
800	89	91	0.18	0.15

将 Q460 钢的屈服强度折减系数与 BISPLATE 80 钢(屈服强度为 690MPa)的屈服强度折减系数[27]进行对比，如图 2-9(a)所示。可以观察到以下趋势：Q460 钢的屈服强度折减系数与 BISPLATE 80 钢的屈服强度 $f_{0.2}$ 的折减系数有一定差别，而与 $f_{1.5}$、$f_{2.0}$ 及高温区段的 $f_{0.5}$ 的折减系数比较接近。当温度为 200~450℃ 时，BISPLATE 80 钢的屈服强度 $f_{0.2}$ 折减系数低于 Q460 钢。然而，当温度为 600~800℃ 时，BISPLATE 80 钢的屈服强度 $f_{0.2}$ 折减系数比 Q460 钢高。当温度为 300~450℃ 时，BISPLATE 80 钢的屈服强度 $f_{0.5}$ 折减系数相对于 Q460 钢更低。而在其他温度范围内，两者相对接近。

将 Q460 钢的抗拉强度折减系数与 BISPLATE 80 钢的抗拉强度折减系数[27]进行比较，如图 2-9(b)所示。可以观察到，随着温度的升高，两者的抗拉强度折减系数总体趋势及同一温度下的差别很小。

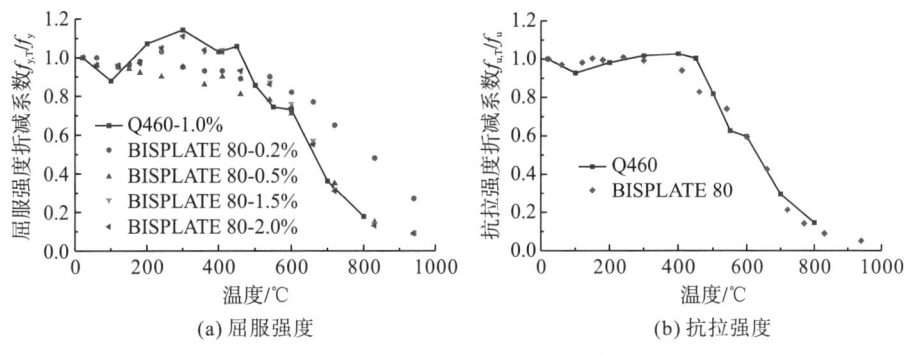

图 2-9 屈服强度和抗拉强度折减系数对比

2. 动态法测弹性模量结果

动态法试验根据式(2-1)计算得到 Q460 钢的高温下弹性模量,其结果列于表 2-3 中。高温下 Q460 钢与 BISPLATE 80 钢的弹性模量折减系数对比如图 2-10 所示。通过观察 Q460 钢弹性模量随温度升高的变化趋势可以看出,在常温至 600℃的温度范围内,Q460 钢的弹性模量变化很小,仍然保持在常温下的 75%左右。这表明在此温度范围内,Q460 钢的弹性模量相对稳定。当温度达到 700℃时,其弹性模量下降到常温下的 65%左右,而在 800℃时大约为常温下的 50%。尽管有下降趋势,但下降较为缓慢,表明在更高的温度范围内,Q460 钢仍然保持较好的力学性能。通过 Q460 钢与 BISPLATE 80 钢弹性模量折减系数的比较可以看出,在常温到 600℃之间,两者的弹性模量折减系数较为接近。Q460 钢相对略低,且在更高温度时下降较慢。

表 2-3　Q460 钢高温下弹性模量测量结果

温度/℃	弹性模量/GPa					
	S-1	S-2	S-3	S-4	S-5	S-6
20	209.16	210.62	209.19	209.66	208.32	211.05
100	205.71	206.99	205.83	205.91	204.55	207.04
250	198.01	197.80	198.29	198.04	197.36	199.15
300	194.62	194.24	195.05	194.80	193.17	195.59
350	191.41	190.09	191.52	190.96	190.62	191.09
400	187.92	185.34	187.39	185.89	180.88	185.39
450	182.89	180.04	182.37	180.58	177.18	181.02
500	178.25	174.82	178.03	174.74	170.19	176.09
550	173.96	169.37	172.53	169.60	163.05	169.71
600	168.23	162.83	156.25	159.24	156.93	157.90
700	141.84	141.22	131.10	130.41	127.04	128.66
800	111.53	101.68	108.39	99.09	86.50	97.11

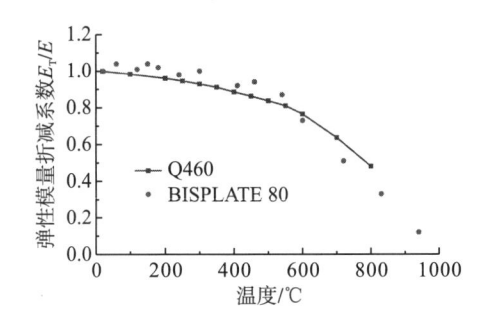

图 2-10　Q460 钢与 BISPLATE 80 钢的弹性模量折减系数对比

2.3　高强 Q690 钢高温下拉伸试验

2.3.1　试件设计

高强 Q690 钢常温和高温下拉伸试验的试件均取自同一批 20mm 厚的高强度 Q690 建筑用钢板。常温和高温下试验试件尺寸分别依据《金属材料　拉伸试验　第 1 部分：室温试验方法》GB/T 228.1—2021[86]和《金属材料　拉伸试验　第 2 部分：高温试验方法》GB/T 228.2—2015[87]进行设计，同时为确保试件拉伸断裂在标距范围内，试件凸缘向端部方向的平行段直径设定为 10.5mm。Q690 钢常温和高温下试验试件的详细尺寸分别见图 2-11 和图 2-12。试件取样位置和加工精度均符合《钢及钢产品　力学性能试验取样位置及试样制备》GB/T 2975—2018[90]的要求。

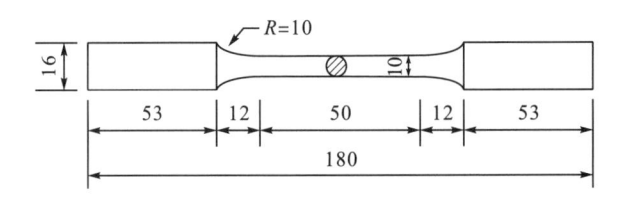

图 2-11　Q690 钢常温下拉伸试验试件尺寸(单位：mm)

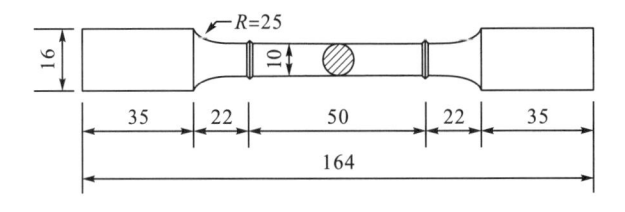

图 2-12　Q690 钢高温下拉伸试验试件尺寸(单位：mm)

2.3.2 试验装置及程序

在常温和高温下拉伸试验中，采用 CMT5305 微机控制电子万能试验机[图 2-13(a)]，其加载量程达到 300kN，控制精度为±1%，横梁位移示值相对误差在±0.5%以内，横梁最大行程达到 1200mm。在高温下拉伸试验中，试件加热采用筒式高温加热炉，加热炉由内嵌电阻丝通过供电发热，最高加热温度为 1200℃，温度控制精度为±3℃。加热炉分为上、中、下三个加热区，通过伸入加热炉中的 3 对热电偶进行温度测量，并根据得到的温度对三个加热区的加热功率进行调节，以调节加热炉内的温度。采用配套的位移引伸计来精确获取试件标距段的位移。位移引伸计安装在试件的凸缘上，当试件受拉力作用时，位移引伸计的连杆随着试件的变形而移动，将试件标距段的变形传递至加热炉外部。应变引伸计通过夹具安装在位移引伸计的不受热部分[图 2-13(b)]，以采集试件拉伸过程中的应变。位移引伸计的初始长度和试件的标距均为 50mm，应变引伸计的量程为 30%。

(a) 拉伸试验机及高温加热炉　　(b) 应变引伸计

图 2-13　Q690 钢高温下拉伸试验装置

高温下拉伸试验采用恒温加载试验方法(又称稳态试验方法)，试件被加热至预定温度(300℃，400℃，500℃，550℃，600℃，700℃，800℃，900℃)，并在该温度下保持一定时间(20min)，以保证试件内部温度分布均匀。加载制度满足《金属材料　拉伸试验　第 2 部分：高温试验方法》GB/T 228.2—2015[87]的规定。在应变 $\varepsilon \leqslant 1\%$ 阶段，拉伸速率取 0.003min^{-1}；在应变 $1\% < \varepsilon < 2\%$ 阶段，拉伸速率均匀增加至 0.02min^{-1}；在应变 $\varepsilon \geqslant 2\%$ 阶段，拉伸速率保持在 0.02min^{-1}。

2.3.3 试验结果及分析

1. 常温力学性能

Q690 钢常温应力-应变曲线见图 2-14，常温力学性能指标（屈服强度 f_y、抗拉强度 f_u、弹性模量 E）列于表 2-4 中。三组常温拉伸试验结果展现出较好的一致性，得到的力学性能指标均符合《高强度结构用调质钢板》GB/T 16270—2009[91]中关于 Q690 钢材的规定。Q690 钢在常温下有较为明显的屈服平台，屈服强度和抗拉强度之比为 0.93，断后伸长率 δ 为 16% 左右。

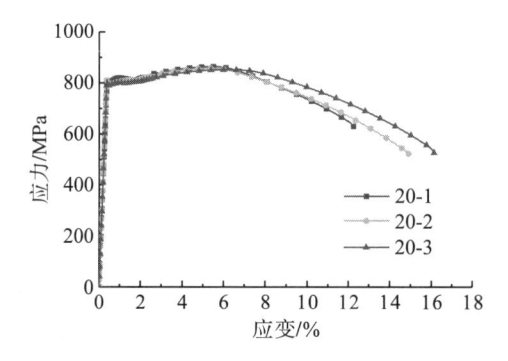

图 2-14 Q690 钢常温应力-应变曲线

表 2-4 Q690 钢常温拉伸试验结果

试件编号	f_y/MPa	f_u/MPa	E/GPa	δ/%
20-1	805.0	865.0	206.2	15.9
20-2	795.0	860.0	208.9	15.7
20-3	792.4	852.5	217.1	16.6
平均值	797.5	859.2	210.7	16.1

2. 破坏模式

Q690 钢高温下拉伸试验试件破坏模式见图 2-15。在不同预定温度下，试件均呈现出明显的颈缩现象。随着温度的升高，试件的断后伸长长度也呈现增长的趋势。这一现象表明，在高温条件下，Q690 钢材的塑性随着温度的升高而显著增强。

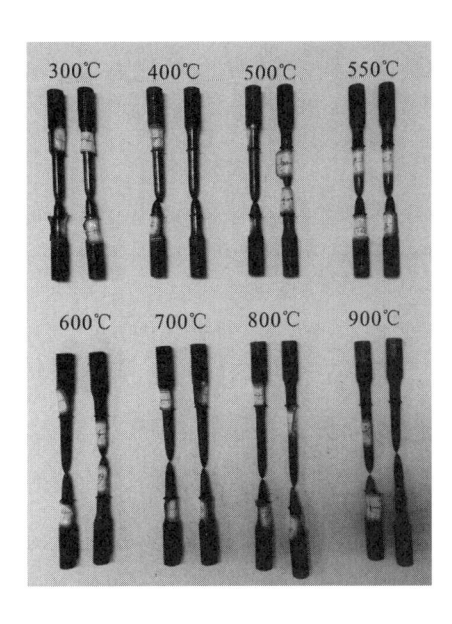

图 2-15　Q690 钢高温下拉伸试验试件破坏模式

3. 应力-应变曲线

各预定温度下 Q690 钢的应力-应变曲线如图 2-16 所示。可以看出，在高温下应力-应变曲线的屈服平台消失。当温度小于 550℃时，试件拉断时的应变均未达到引伸计的量程。然而，在温度达到 600℃之后，即使在应变达到量程时试件仍未拉断，但为防止测量仪器受损，也要取下应变引伸计，仅记录应变量程内的曲线。在 300～500℃的温度范围内，改变试验拉伸速率对应力-应变曲线的影响相对较小。然而，当温度大于 550℃时，随着拉伸速率的增大，应力-应变曲线呈现明显的陡升趋势。同时，抗拉强度对应的应变随着温度的升高而增加。这一现象表明，高温和拉伸速率对 Q690 钢的力学性能有较大影响。

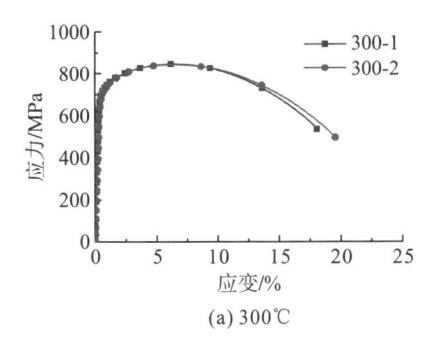

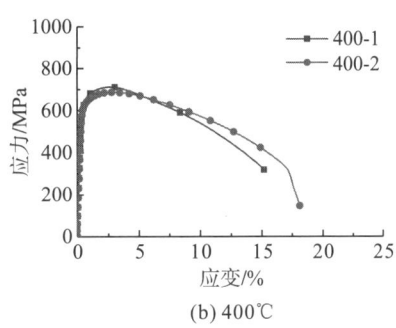

(a) 300℃

(b) 400℃

(c) 500℃

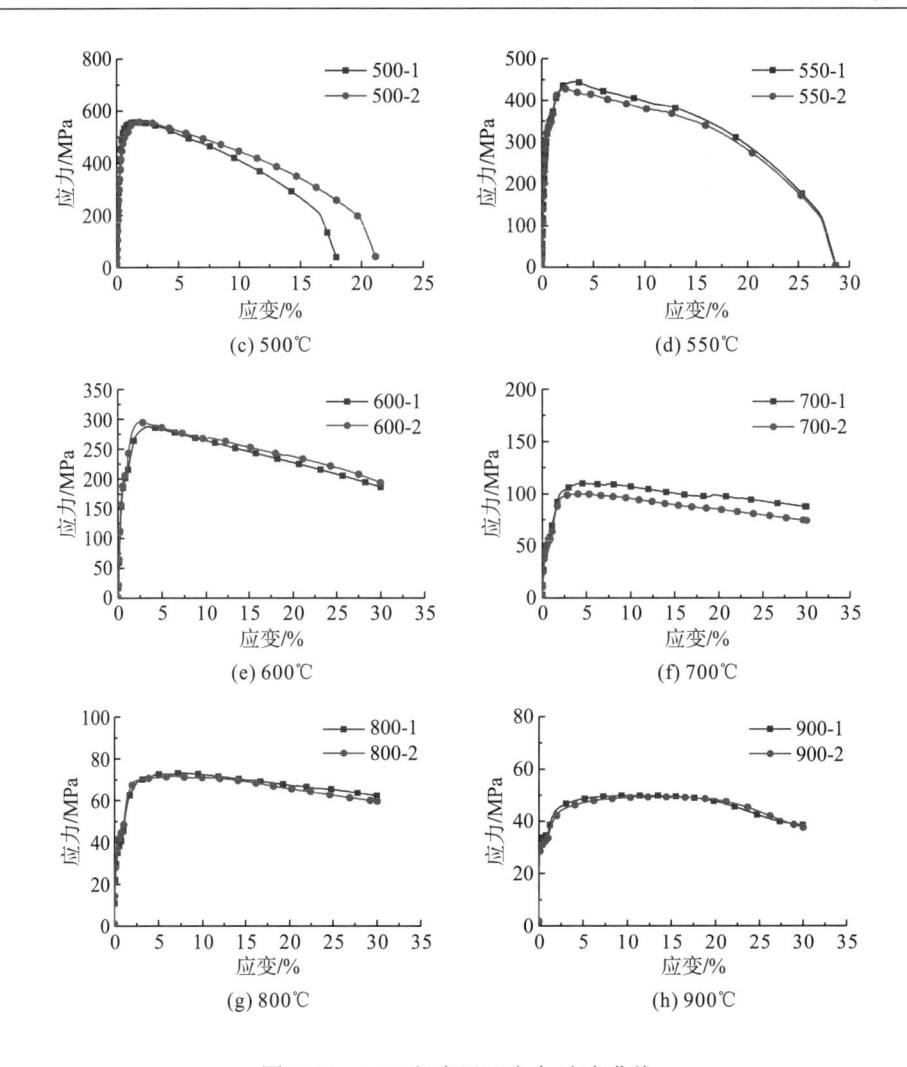

(d) 550℃

(e) 600℃

(f) 700℃

(g) 800℃

(h) 900℃

图 2-16 Q690 钢高温下应力-应变曲线

4. 弹性模量

对 Q690 钢在各预定温度下的应力-应变曲线初始弹性段的斜率进行计算，得到相应的高温下弹性模量，见表 2-5。弹性模量折减系数为高温下弹性模量与常温下弹性模量的比值，Q690 钢高温下弹性模量折减系数见表 2-6 和图 2-17。随着温度的升高，Q690 钢弹性模量的降低速度呈现出先加剧后减缓的趋势。在 500~700℃，弹性模量退化较为显著，折减系数从 500℃时的 0.57 降至 700℃时的 0.11。在 800℃时，弹性模量达到最小值，为 14.0GPa，其相应的折减系数为 0.07。在 900℃时，弹性模量稍有增大，这可能是由于在 900℃左右时高强钢中产生了奥氏体，使得钢材的微观组织更加均匀[35]。

表 2-5 Q690 钢高温下力学性能指标

温度/℃	E_T/GPa	$f_{0.2,T}$/MPa	$f_{1.0,T}$/MPa	$f_{2.0,T}$/MPa	$f_{u,T}$/MPa
300	191.0	706.4	746.4	790.0	845.2
400	162.5	627.7	666.8	695.0	699.7
500	120.5	506.4	536.0	556.5	558.1
550	104.0	318.9	355.8	429.5	436.6
600	61.0	179.9	208.6	279.5	291.3
700	22.5	47.9	58.3	97.5	104.9
800	14.0	36.8	44.0	66.1	72.7
900	26.8	31.7	34.1	43.4	49.7

表 2-6 Q690 钢高温下力学性能折减系数

温度/℃	E_T/E	$f_{0.2,T}/f_y$	$f_{1.0,T}/f_y$	$f_{2.0,T}/f_y$	$f_{u,T}/f_u$
300	0.91	0.88	0.94	0.99	0.98
400	0.77	0.79	0.84	0.87	0.81
500	0.57	0.66	0.67	0.70	0.65
550	0.5	0.40	0.45	0.54	0.51
600	0.29	0.23	0.26	0.35	0.34
700	0.11	0.06	0.07	0.12	0.12
800	0.07	0.05	0.06	0.08	0.09
900	0.13	0.04	0.04	0.05	0.06

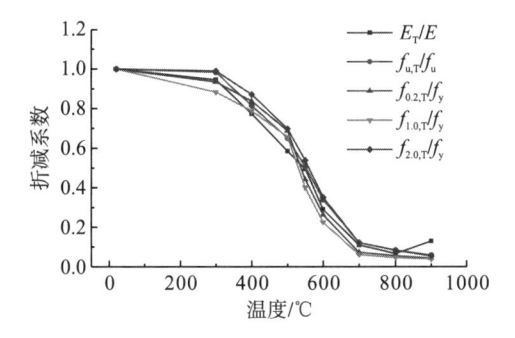

图 2-17 Q690 钢高温下力学性能折减系数

5. 屈服强度

Q690 钢在各预定温度下不同应变对应的三种屈服强度 $f_{0.2,T}$、$f_{1.0,T}$ 和 $f_{2.0,T}$ 见表 2-5。屈服强度折减系数见表 2-6 和图 2-17。屈服强度折减系数为高温下屈服强度与常温下屈服强度的比值。需要指出的是，在 2.0%应变水平下的应力 $f_{2.0}$ 是在改变拉伸速率后得到的，这导致在某些温度下，三种屈服强度之间的差异较大。例如，在 300℃时，$f_{0.2,T}$ 折减系数为 0.88，而 $f_{2.0,T}$ 与常温屈服强度基本相当。在 700℃时，$f_{1.0,T}$ 折减系数为 0.07，而 $f_{2.0,T}$ 折减系数为 0.12，二者相差近一倍。在 500～700℃，屈服强度显著降低。以 $f_{0.2,T}$ 为例，在 500℃时，其折减系数为 0.66，而在 700℃时为 0.06，屈服强度降幅达到 60%。当温度达到 800℃时，三种屈服强度均降至常温下的 10%以下。

6. 抗拉强度

Q690 钢在各预定温度下的抗拉强度见表 2-5。抗拉强度折减系数为高温下抗拉强度与常温下抗拉强度的比值，Q690 钢高温下抗拉强度折减系数见表 2-6 和图 2-17。在试验的温度范围内，抗拉强度折减系数随温度的升高而下降。在 300℃时，抗拉强度仍能保持在常温下的 98%左右，400℃时能保持在常温下的 80%以上。在 500～700℃，抗拉强度退化较为显著，其折减系数由 500℃时的 0.65 降至 700℃时的 0.12。在温度达到 800℃以后，抗拉强度折减系数已降至 0.1 以下。

2.4 高强 Q960 钢高温下拉伸试验

2.4.1 试件设计

拉伸试验试件取自厚度为 12mm 的国产 Q960 钢板，该钢板除铁之外的主要化学成分见表 2-7。按照《金属材料 拉伸试验 第 1 部分：室温试验方法》GB/T 228.1—2021[86]和《金属材料 拉伸试验 第 2 部分：高温试验方法》GB/T 228.2—2015[87]的相关规定和要求设计拉伸试件，试件取样位置和加工精度符合《钢及钢产品 力学性能试验取样位置及试样制备》GB/T 2975—2018[90]的要求。图 2-18(a)为 500～900℃温度范围内试件的尺寸图，标距段直径为 5mm，长度为 40mm。试验中发现，在 300～500℃的温度范围内，由于蓝脆现象，试件中间段的强度较高，导致试件断裂位置发生在引伸计测量范围之外。因此，为了准确测量试件在拉伸过程中的应变，将 20～450℃温度范围内的试件标距段长度缩短至 20mm，其他尺寸保持不变，如图 2-18(b)所示。

表2-7 高温下拉伸试验中 Q960 钢板除铁之外的主要化学成分

成分	C	Si	Mn	P	S	Cu	Cr	Ni	Mo	Nb	V	Ti
含量/%	≤0.2	≤0.8	≤2.0	≤0.02	≤0.01	≤0.5	≤1.5	≤2.0	≤0.7	≤0.06	≤0.12	≤0.05

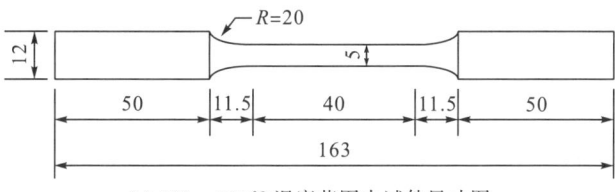

(a) 500～900℃温度范围内试件尺寸图

(b) 20～450℃温度范围内试件尺寸图

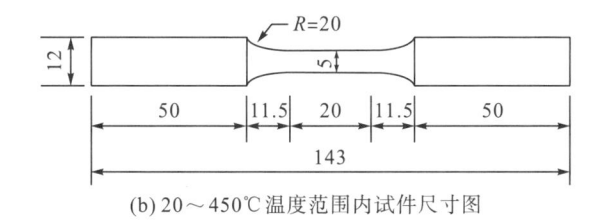

图 2-18　Q960 钢拉伸试验试件尺寸(单位：mm)

2.4.2　试验装置及程序

在常温和高温下拉伸试验中，采用 MTS 电液伺服材料试验机[图 2-19(a)]进行加载，试验机最大加载量程为 100kN，控制精度为±1%。采用试验机自带型号为 MTS 653 的加热炉[图 2-19(b)]对试件进行加热，其最大加热温度为 1200℃，温度控制精度为±3℃。使用耐火石棉丝将 2 个热电偶固定在试件中段测量试件的温度，根据热电偶反馈的温度来控制加热炉的加热功率，引伸计型号为 MTS632.53F-11。

(a) MTS电液伺服材料试验机　　　(b) 加热炉和引伸计

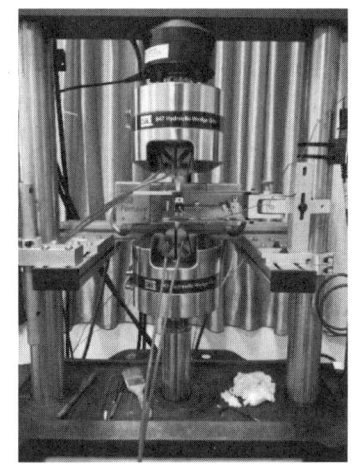

图 2-19　Q960 钢拉伸试验装置

高温下拉伸试验采用恒温加载试验方法(又称稳态试验方法),试件被加热至预定温度(300℃、400℃、450℃、500℃、550℃、600℃、700℃、800℃、900℃),并在该温度下保持一定时间(10min),以保证试件内部温度分布均匀,然后按照 0.00025s^{-1} 的加载速率进行加载。加载制度满足《金属材料 拉伸试验 第 2 部分:高温试验方法》GB/T 228.2—2015[87]的相关规定。

2.4.3 试验结果及分析

1. 常温力学性能

Q960 钢常温应力-应变曲线见图 2-20,常温力学性能指标列于表 2-8 中,数据为两个试件测量结果的平均值。其中,f_y 为屈服强度,f_u 为抗拉强度,E 为弹性模量。Q960 钢在常温下具有较明显的屈服平台,屈服强度和抗拉强度之比为 0.96。

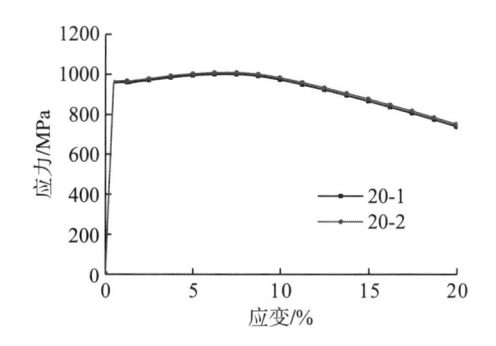

图 2-20 Q960 钢常温应力-应变曲线

表 2-8 Q960 钢常温力学性能指标

力学性能指标	f_y/MPa	f_u/MPa	E/GPa
平均值	965.0	1005.4	204.0

2. 破坏模式

在试验过程中,Q960 钢试件发生破坏时能够听到非常清脆的断裂声。拉断后试件的破坏模式如图 2-21 所示。随着温度的升高,断口颜色由棕色逐渐变为黑色。所有试件均出现了明显的颈缩现象,并且温度越高,断口表面越光滑和平整。在 20~400℃的温度范围内,试件的断裂位置位于标距段的末端,在 450~900℃的温度范围内,试件的断裂位置位于标距段的中部。

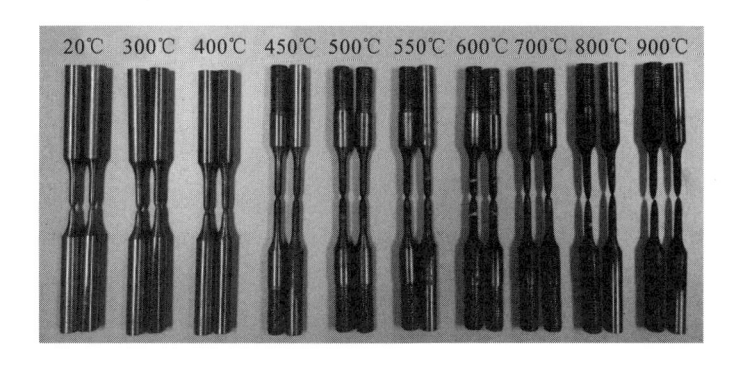

图 2-21 Q960 钢高温下拉伸试验试件破坏模式

3. 应力-应变曲线

Q960 钢在各预定温度下应变 20%(应变引伸计最大量程)以内的应力-应变曲线如图 2-22 所示。在温度达到 300℃后，屈服平台变得越来越不明显。在 300～400℃温度条件下，极限应变分别为 14%和 16%，这说明 Q960 钢在此温度范围内的塑性较差。需要指出的是，在 400℃温度条件下进行了 5 次拉伸试验，仅获得了一条完整的应力-应变曲线，其余 4 个试件的断裂位置均位于引伸计测量范围以外，应力-应变曲线如图 2-22(b)所示。

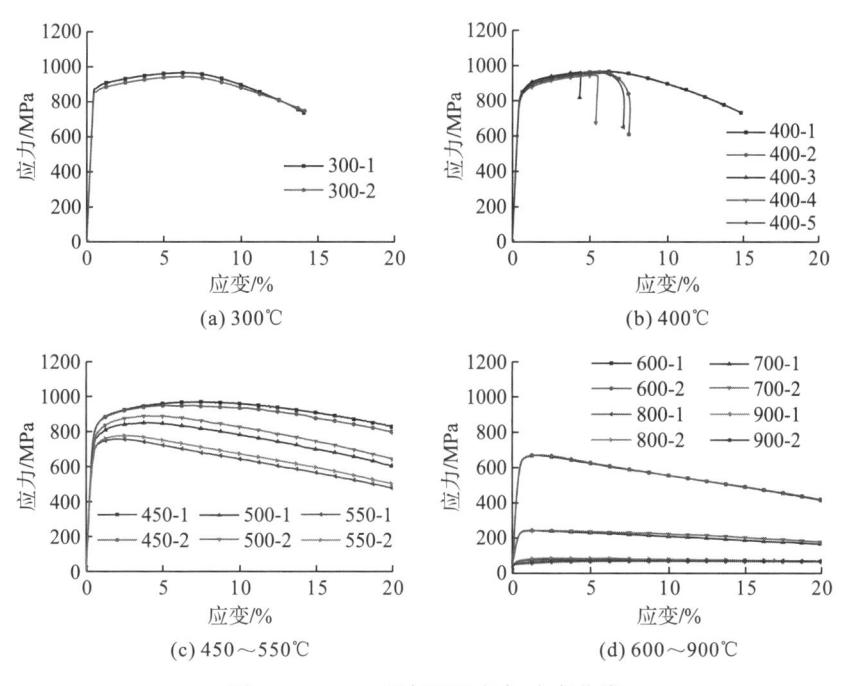

图 2-22 Q960 钢高温下应力-应变曲线

4. 弹性模量

对 Q960 钢在各预定温度下的应力-应变曲线初始弹性段的斜率进行计算，得到相应的高温下弹性模量，见表 2-9。弹性模量折减系数为高温下弹性模量与常温下弹性模量的比值，Q960 钢高温下弹性模量折减系数见表 2-10 和图 2-23。随着温度的升高，Q960 钢的弹性模量的降低速度呈现出先加剧后减缓的趋势。当温度达到 450℃时，弹性模量折减系数仍在 0.9 以上。在 600~800℃的温度范围内，弹性模量退化较为显著，折减系数从 600℃时的 0.78 降至 800℃时的 0.26。在 800℃时，弹性模量达到最小值，为 52.9GPa，其相应的折减系数为 0.26。在 900℃时，Q960 钢弹性模量稍有增大，这一现象与 Q690 钢相同。

表 2-9 Q960 钢高温下力学性能指标

温度/℃	E_T/GPa	$f_{0.2,T}$/MPa	$f_{1.0,T}$/MPa	$f_{1.5,T}$/MPa	$f_{2.0,T}$/MPa	$f_{u,T}$/MPa
300	193.1	870.6	890.2	902.3	911.4	956.9
400	194.5	854.8	887.5	909.4	924.1	967.1
450	186.5	821.7	878.4	894.6	908.2	958.9
500	177.2	759.7	804.8	832.6	848.8	877.3
550	170.0	701.5	745.4	759.7	765.7	770.5
600	159.8	631.1	663.5	668.4	668.3	673.4
700	92.5	215.8	240.7	241.4	240.7	243.2
800	52.9	67.1	76.5	80.0	80.9	81.2
900	78.0	52.2	57.2	58.9	61.9	72.3

表 2-10 Q960 钢高温下力学性能折减系数

温度/℃	E_T/E	$f_{0.2,T}/f_y$	$f_{1.0,T}/f_y$	$f_{1.5,T}/f_y$	$f_{2.0,T}/f_y$	$f_{u,T}/f_u$
300	0.95	0.90	0.92	0.94	0.94	0.95
400	0.95	0.89	0.92	0.94	0.96	0.96
450	0.91	0.85	0.91	0.93	0.94	0.95
500	0.87	0.79	0.83	0.86	0.88	0.87
550	0.83	0.73	0.77	0.79	0.79	0.77
600	0.78	0.65	0.69	0.69	0.69	0.67
700	0.45	0.22	0.25	0.25	0.25	0.24
800	0.26	0.07	0.08	0.08	0.08	0.08
900	0.38	0.05	0.06	0.06	0.06	0.07

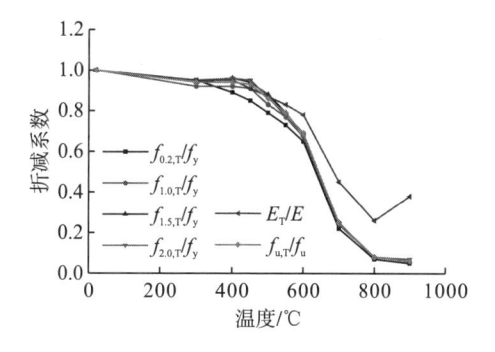

图 2-23 Q960 钢高温下力学性能折减系数

5. 屈服强度

根据 Q960 钢各预定温度下的应力-应变曲线，计算得到 0.2%残余应变和应变 1.0%、1.5%、2.0%对应的名义屈服强度 $f_{0.2,T}$、$f_{1.0,T}$、$f_{1.5,T}$ 和 $f_{2.0,T}$（表 2-9）。将高温下和常温下的力学性能指标之比定义为其折减系数，Q960 钢高温下力学性能折减系数见表 2-10 和图 2-23。可以观察到，随着温度的升高，屈服强度逐渐降低，$f_{1.0,T}$、$f_{1.5,T}$ 和 $f_{2.0,T}$ 折减系数的变化趋势基本一致，而 $f_{0.2,T}$ 折减系数更低。当温度达到 450℃时，屈服强度仍保持在常温下的 85%以上。在 450~600℃的温度范围内，屈服强度降低速度开始加快。在 600~700℃的温度范围内，屈服强度显著降低，600℃时折减系数约为 0.7，而 700℃时折减系数约为 0.25，800℃时折减系数已不足 0.1。

6. 抗拉强度

Q960 钢在各预定温度下的抗拉强度见表 2-9。抗拉强度折减系数为高温下抗拉强度与常温下抗拉强度的比值，Q960 钢高温下抗拉强度折减系数见表 2-10 和图 2-23。在试验的温度范围内，抗拉强度基本呈现出随温度的升高而下降的趋势。在 450℃时，抗拉强度仍能保持在常温下的 95%左右，500℃时能保持在常温下的 80%以上。在 600~800℃，强度退化较为显著，折减系数由 600℃时的 0.67 降至 800℃时的 0.08。在温度达到 800℃以后，抗拉强度折减系数已降至 0.1 以下。

2.5 小 结

本章针对高强 Q460、Q690 和 Q960 钢进行了高温下拉伸试验，得到了高强钢在高温下的破坏模式、应力-应变曲线，以及弹性模量、屈服强度和抗拉强度等力学性能指标。随着温度的升高，高强钢应力-应变曲线的屈服平台逐渐消失。当温度达到 400℃时，高强钢的弹性模量、屈服强度和抗拉强度通常可以保持在常温下的 80%以上。随着温度进一步升高，高强钢的力学性能急剧退化，当温度达到 800℃时，强度降至常温下的 10%左右。

第3章 高强结构钢高温后力学性能

3.1 引 言

本章首先对 Q460、Q690 和 Q960 三种高强钢进行了高温后拉伸试验,以研究其在不同受火温度和不同冷却方式(自然冷却和浸水冷却)下的力学性能变化规律。研究重点为高强钢的应力-应变关系、破坏模式及弹性模量、屈服强度和抗拉强度等主要力学性能指标在不同受火温度和不同冷却方式条件下的变化情况。

3.2 高强 Q460 钢高温后拉伸试验

3.2.1 试件设计

拉伸试验试件取自一块名义厚度为 8mm 的高强 Q460 建筑结构钢板。试件尺寸按照《金属材料 拉伸试验 第 1 部分:室温试验方法》GB/T 228.1—2021[86]进行设计。试件取样位置和加工精度均符合《钢及钢产品 力学性能试验取样位置及试样制备》GB/T 2975—2018[90]的要求。共加工 45 个试件,具体尺寸见表 3-1 和图 3-1(a)。实际加工试件如图 3-1(b)所示。

表 3-1 试件尺寸和数量

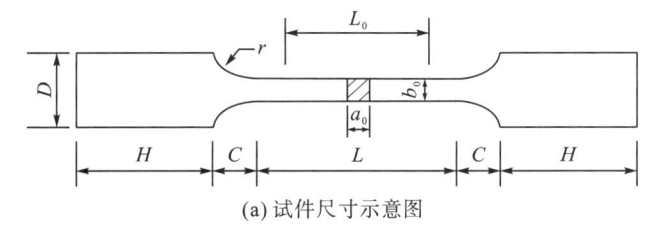

钢材型号	尺寸参数/mm									数量/个
	L	L_0	D	H	C	r	a_0	b_0	
Q460	100	60	39	63	12	12	8	15	45

(a)试件尺寸示意图

(b) 实际加工试件

图 3-1 Q460 钢高温后拉伸试验试件尺寸示意图及实际加工试件

3.2.2 试验装置及程序

高强 Q460 钢高温后拉伸试验采用型号为 CMT5305 的 SANS 微机控制电子万能试验机[图 3-2(a)]进行加载，最大加载量程为 300kN，控制精度为±1%。试验装置包括数据采集系统，可以对试验数据进行实时采集，并可以实时动态显示。通过引伸计[图 3-2(b)]测量试件标距段的变形，以获得试件拉伸过程中的应变。试验均在试件拉断后停止，以得到试件的伸长率。试验中加载制度如下：弹性阶段采用应力控制，加载速率为 10MPa/s；屈服阶段采用应变控制，加载速率为 $0.001s^{-1}$；强化阶段采用位移控制，加载速率为 10mm/min。拉伸时应力和应变自动采集，弹性模量根据应力和试件标距范围内测得的应变计算得到，通过电子游标卡尺测量拉断后的断后伸长率。

(a) 拉伸试验机   (b) 引伸计

图 3-2 Q460 钢高温后拉伸试验装置

试件加热装置选用型号为 RX3-25-5 的自动控温电阻式电炉，该电炉具备设置升温速率和目标温度的功能。高温试验电炉和电炉控制器见图 3-3。电炉呈圆柱形，高度为 1.5m，外径为 1.2m，内径为 0.6m。电炉上下端各有直径为 0.45m 的圆形孔，以便试件能够从上端进入内部。炉内的温度信号由布置在炉腔内部的热电偶转换成电信号，通过补偿导线输入控制柜。温度控制柜根据电炉传回的电信号控制电炉的升温速率，在达到预定温度后自动断开，并保持温度恒定。电炉最高工作温度为 1000℃，为防止升温速率过快导致钢材受热不均匀，将升温速率控制在 45℃/min 左右。本试验预定 Q460 钢的受火温度分别为 300℃、400℃、500℃、600℃、700℃、800℃、900℃。鉴于恒温时间对钢材力学性能的影响较小[92]，试件达到目标温度后保持温度恒定 20min，随后将试件取出进行降温。

(a) 试验电炉　　　　(b) 电炉控制器

图 3-3　高温试验电炉及电炉控制器

在火灾发生时，灭火方式可分为消防浸水灭火和无法实施消防灭火或者燃料燃烧殆尽的自然灭火两种。考虑到试验温度和冷却方式的因素，本试验采用两种冷却方式，即自然冷却和浸水冷却。每种受火温度和冷却方式均进行一组试验，每组包含三个试件。同时，为了进行对比分析，设计了一组(3 个)试件进行常温下的拉伸试验。

在加热前，首先将试件分别用两端均带有弯钩的钢筋钩住，一端悬挂于一根较粗的钢筋上。每组有三个试件，同时悬挂两组。在此之前，选择其中三个试件布置热电偶，以便测定钢材表面的温度。测试方法是使用钻头在试件端部钻直径为 2mm 的小孔，然后将热电偶插入小孔中，将其固定。试件加热至预定温度后，保持温度恒定 20min。随后，取出两组试件，其中一组直接放置在空气中进行自然冷却，另一组放置在预先装满水的铁桶中进行浸水冷却。试件冷却后放置三天，观察并记录试件的表观特征，随后进行拉伸试验。经过自然冷却和浸水冷却后 Q460 钢试件的截面尺寸分别见表 3-2 和表 3-3。

表 3-2　Q460 钢自然冷却后试件宽度和厚度测量结果

试件编号	a_1/mm	a_2/mm	a_3/mm	$\bar{a}$/mm	b_1/mm	b_2/mm	b_3/mm	$\bar{b}$/mm
A-0-1	8.02	8.00	8.01	8.01	15.10	15.08	15.06	15.08
A-0-2	7.98	7.98	8.00	7.99	15.05	15.05	15.06	15.05
A-0-3	7.97	7.98	7.97	7.97	15.03	15.00	15.01	15.01
N-1-1	8.02	8.02	8.00	8.01	15.01	15.00	15.02	15.01
N-1-2	7.96	7.97	7.96	7.96	15.00	15.00	14.98	14.99
N-1-3	7.97	7.97	7.96	7.97	14.99	15.00	14.99	14.99
N-2-1	8.02	8.04	8.04	8.03	15.00	15.00	14.99	15.00
N-2-2	7.99	8.02	8.00	8.00	14.98	15.00	15.00	14.99
N-2-3	7.97	7.94	8.00	7.97	14.97	14.99	14.98	14.98
N-3-1	8.00	7.96	7.99	7.98	14.97	14.99	14.96	14.97
N-3-2	8.01	7.99	8.00	8.00	15.00	15.01	15.00	15.00
N-3-3	7.97	8.00	8.00	7.99	14.98	14.97	14.99	14.98
N-4-1	8.00	8.01	8.00	8.00	14.99	15.00	15.00	15.00
N-4-2	7.97	8.00	8.01	7.99	14.97	15.00	14.99	14.99
N-4-3	8.00	8.01	8.00	8.00	14.99	15.00	14.99	14.99
N-5-1	7.99	7.99	7.99	7.99	14.99	15.00	15.00	15.00
N-5-2	7.97	8.00	7.98	7.98	14.97	14.98	14.99	14.98
N-5-3	8.06	8.06	8.04	8.05	14.99	15.00	14.99	14.99
N-6-1	8.01	8.03	8.01	8.02	15.01	14.99	15.01	15.00
N-6-2	8.01	8.01	8.01	8.01	14.99	15.01	15.01	15.00
N-6-3	8.01	7.99	8.00	8.00	15.01	15.04	15.02	15.02
N-7-1	7.93	7.94	7.98	7.95	14.96	14.94	14.97	14.96
N-7-2	8.05	8.04	8.03	8.04	14.92	14.95	14.93	14.93
N-7-3	8.06	8.05	8.06	8.06	15.07	15.07	15.06	15.07

注：a 代表厚度；$\bar{a}$ 代表平均厚度；b 代表宽度；$\bar{b}$ 代表平均宽度；A 代表常温下试件，如 A-0-1 代表常温下试件 1；N 表示自然冷却；字母后第一个数字代表所经历的最高温度，数字 0 表示常温 20℃，数字 1~7 分别表示受火温度以 100℃为间隔，由 300℃依次至 900℃；字母后第二个数字代表试件编号，如 N-7-1 代表自然冷却方式下，经历的最高温度为 900℃时的试件 1 的相关数据。

表 3-3　Q460 钢浸水冷却后试件宽度和厚度测量结果

试件编号	a_1/mm	a_2/mm	a_3/mm	$\bar{a}$/mm	b_1/mm	b_2/mm	b_3/mm	$\bar{b}$/mm
A-0-1	8.02	8.00	8.01	8.01	15.10	15.08	15.06	15.08
A-0-2	7.98	7.98	8.00	7.99	15.05	15.05	15.06	15.05
A-0-3	7.97	7.98	7.97	7.97	15.03	15.00	15.01	15.01
W-1-1	7.99	8.01	7.99	8.00	14.96	14.94	14.95	14.95
W-1-2	7.99	8.01	8.01	8.00	14.97	14.97	14.99	14.98
W-1-3	8.01	7.98	7.99	7.99	15.00	15.03	15.00	15.01

续表

试件编号	a_1/mm	a_2/mm	a_3/mm	$\bar{a}$/mm	b_1/mm	b_2/mm	b_3/mm	$\bar{b}$/mm
W-2-1	8.02	8.02	8.04	8.03	14.98	14.98	15.01	14.99
W-2-2	8.03	8.02	8.02	8.02	14.97	14.95	15.00	14.97
W-2-3	7.94	7.97	8.01	7.97	14.99	14.94	14.96	14.96
W-3-1	7.99	7.96	7.94	7.96	14.99	14.96	14.96	14.97
W-3-2	7.95	7.96	7.96	7.96	14.98	14.96	14.98	14.97
W-3-3	7.97	8.00	7.99	7.99	14.98	14.99	15.00	14.99
W-4-1	8.00	7.99	7.99	7.99	14.97	14.96	14.94	14.96
W-4-2	7.99	7.98	7.98	7.98	14.98	14.99	14.98	14.98
W-4-3	8.00	7.99	7.99	7.99	15.00	15.01	15.02	15.01
W-5-1	8.00	7.96	7.98	7.98	14.99	14.97	14.96	14.97
W-5-2	7.98	7.99	7.98	7.98	14.98	14.96	15.00	14.98
W-5-3	7.97	7.98	7.99	7.98	14.99	14.98	14.97	14.98
W-6-1	7.98	7.96	7.96	7.97	14.95	14.95	14.96	14.95
W-6-2	7.83	7.86	7.80	7.83	14.97	14.95	14.95	14.96
W-6-3	7.91	7.86	7.87	7.88	14.98	14.98	15.01	14.99
W-7-1	7.95	7.93	7.96	7.95	14.88	14.86	14.88	14.87
W-7-2	7.94	7.95	7.94	7.94	14.90	14.91	14.92	14.91
W-7-3	7.98	7.94	7.96	7.96	14.93	14.94	14.96	14.94

注：W 表示浸水冷却，其余符号含义与表 3-2 一致。

3.2.3 试验结果及分析

1. 常温力学性能

测量得到的 Q460 钢常温力学性能指标列于表 3-4，表中数据为 3 个试件测量结果的平均值。其中，f_y 为屈服强度，f_u 为抗拉强度，E 为弹性模量，δ 为断后伸长率。可以看出，Q460 钢的屈服强度、抗拉强度和断后伸长率均满足《低合金高强度结构钢》GB/T 1591—2018[93]中的相关规定。

表 3-4 Q460 钢常温力学性能指标平均值

力学性能指标	f_y/MPa	f_u/MPa	E/GPa	δ/%
平均值	513.3	586.7	214.3	25.8

2. 试件表观特征和破坏模式

Q460 钢经过高温并冷却后，钢材表面颜色出现明显变化。图 3-4 为一组

Q460 钢自然冷却和浸水冷却后表观特征图，试件从左至右的受火温度依次为 20℃、300℃、400℃、500℃、600℃、700℃、800℃、900℃，可以看出钢材表面颜色随所经历的最高温度的升高而逐渐加深。此外，试件的碳化程度和剥落程度也随受火温度的升高而逐渐加重。Q460 钢高温后试件详细表观特征和试验现象见表 3-5。

(a) 自然冷却　　　　　　　　　(b) 浸水冷却

图 3-4　Q460 钢高温冷却后表观特征

表 3-5　Q460 钢高温后试件详细表观特征和试验现象

冷却方式	温度/℃	试件颜色	腐蚀情况	断口形状	颈缩现象
常温冷却	20	金属光泽	无	较平整，断面有分层	有
自然冷却	300	青蓝色	无	较平整，断面有分层	有
	400	灰色	无	平整，断面有分层，边缘线为直线	有
	500	深灰色	无	粗糙，略有分层，边缘呈 45°左右断裂	有
	600	灰黑色	无	粗糙，边缘呈 45°左右断裂，中心不平	有
	700	蓝黑色	无	粗糙，边缘呈 45°左右断裂	有
	800	蓝黑色	无	粗糙，边缘呈 45°左右断裂	有
	900	深蓝黑色	无	平整，边缘近似为直线，中心较平整	有
浸水冷却	300	浅蓝色	表面锈蚀	较平整，断面有分层	有
	400	浅灰色	表面锈蚀	较平整，断面有分层	有
	500	灰色	表面锈蚀	粗糙，边缘呈 45°左右断裂	有
	600	灰黑色	表面锈蚀	粗糙，边缘呈 45°左右断裂	有
	700	蓝黑色	表面锈蚀	粗糙，边缘呈 45°左右断裂	有
	800	蓝黑色	表面锈蚀	边缘平整，中心粗糙，断面边缘略有倾斜	有
	900	蓝黑色	表面锈蚀	粗糙，边缘呈 45°左右断裂，中心较平整	有

钢材经过高温和冷却后的颜色变化对于判定火灾后构件所经历的最高温度有一定的参考价值。本次 Q460 钢高温后拉伸试验的试件直接暴露在高温下，而实

际结构构件的表面往往涂有防火涂料，因此有防火保护的实际结构所经历的最高温度与本次试验结果可能存在一定的偏差，有待进一步研究。

图 3-5 为 Q460 钢高温后试件破坏模式，其中符号*代表编号由 1 至 7（余同）。试件破坏后可以观察到明显的颈缩现象，断裂位置基本位于标距范围内。在受火温度达到 400℃之前，构件的表面比较光滑；在受火温度超过 400℃后，钢材表面开始变粗糙；而当受火温度达到 900℃时，两种冷却方式下均出现断裂截面中心变平整的现象。

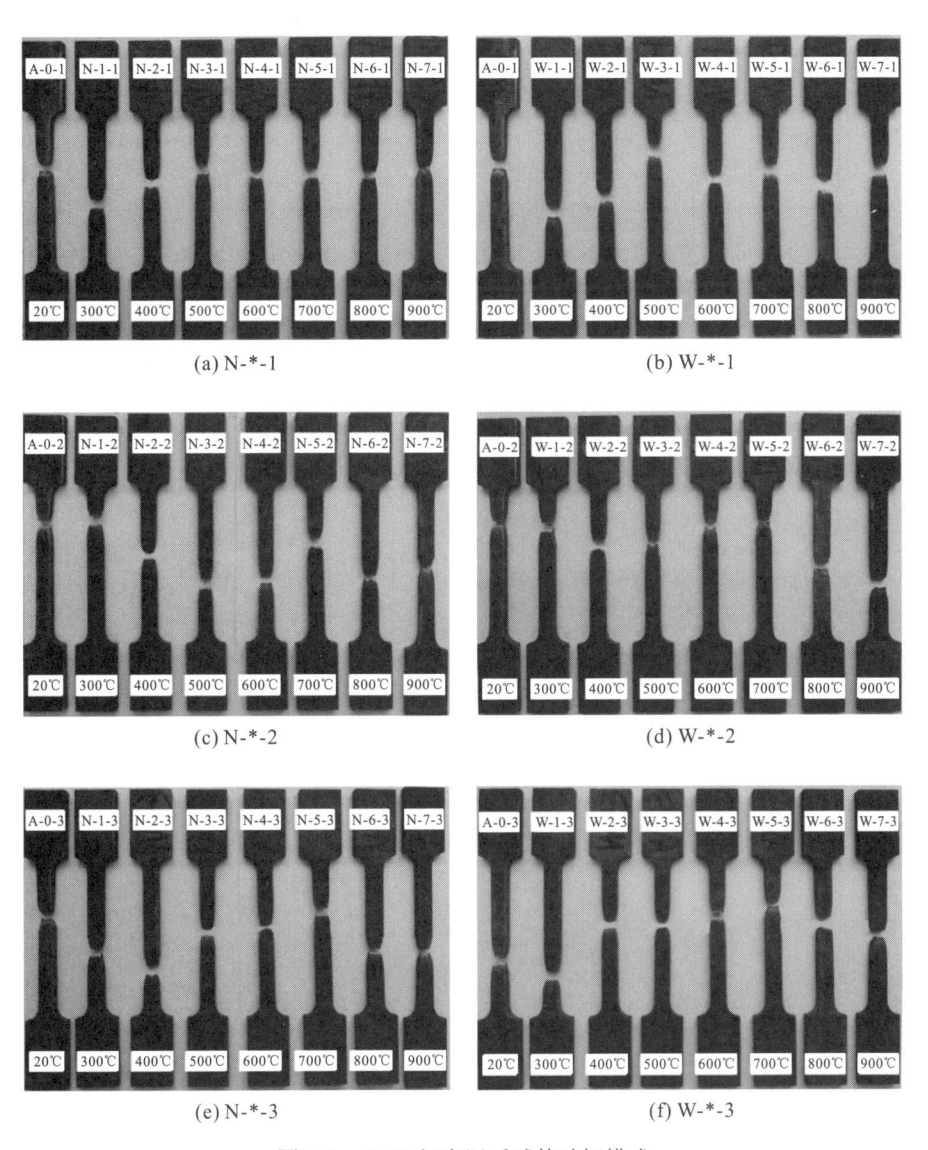

(a) N-*-1

(b) W-*-1

(c) N-*-2

(d) W-*-2

(e) N-*-3

(f) W-*-3

图 3-5　Q460 钢高温后试件破坏模式

3. 应力-应变曲线

不同受火温度和不同冷却方式下 Q460 钢高温后与常温下应力-应变曲线如图 3-6 所示，其中符号*代表编号由 1 至 7(余同)。

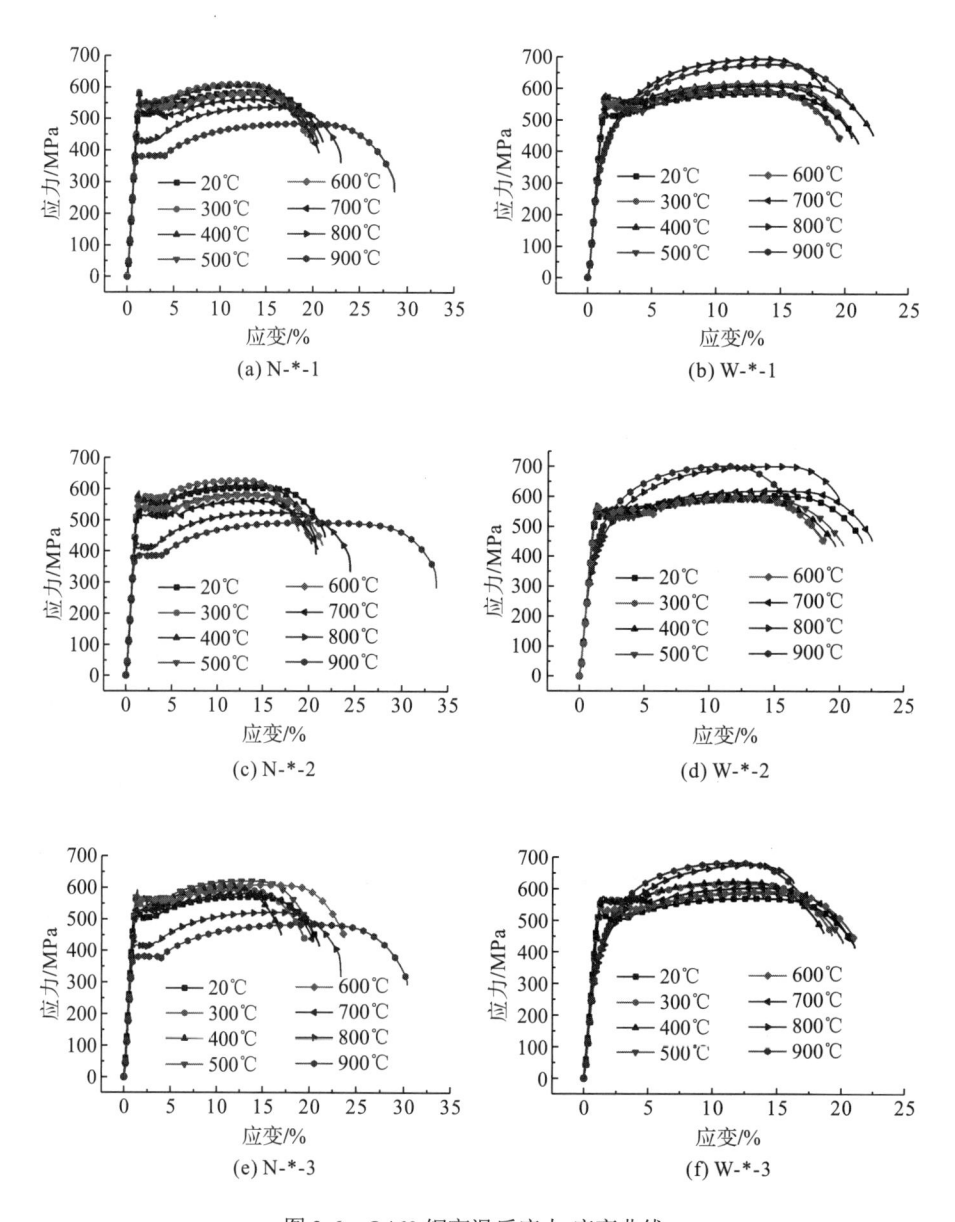

(a) N-*-1

(b) W-*-1

(c) N-*-2

(d) W-*-2

(e) N-*-3

(f) W-*-3

图 3-6　Q460 钢高温后应力-应变曲线

由图 3-6 可以看出，受火温度和冷却方式对 Q460 钢的应力-应变曲线的影响较大。冷却方式为自然冷却时，不同受火温度下 Q460 钢高温后应力-应变曲线均有明显的屈服阶段和强化阶段。在 300～400℃时，Q460 钢高温后应力-应变曲线略高于常温下的曲线。随着温度升高，曲线整体逐渐降低。在温度达到 700℃后，屈服阶段和强化阶段发生明显下降，同时延性增大。冷却方式为浸水冷却时，在温度达到 700℃以前，Q460 钢高温后应力-应变曲线整体普遍高于常温下的曲线，且有明显的屈服平台。在温度达到 800℃以后，屈服平台消失，而强化阶段有明显提高。这是由于试件被加热到临界温度并经过一段时间的保温后，试件部分或全部发生奥氏体转变，然后通过快速冷却形成马氏体，这个过程也称为"淬火"。由于浸水冷却条件下的快速冷却效果，钢材在高温后的强度相对较高，与自然冷却条件下的强度形成对比。文献[94]和文献[95]表明，在温度小于 1000℃时，随着淬火温度升高，钢材强度逐渐增加，反映在应力-应变曲线上表现为曲线整体有一定的升高。

4. 弹性模量

弹性模量折减系数定义为高温后弹性模量 E'_T 和常温下弹性模量 E 的比值，Q460 钢高温后弹性模量折减系数见表 3-6 和图 3-7。不同受火温度和不同冷却方式下的 Q460 钢高温后弹性模量见表 3-7。可以看出，受火温度和冷却方式对 Q460 钢高温后弹性模量的影响较小。在受火温度为 900℃时，Q460 钢高温后弹性模量比常温下降低 5%左右；在受火温度为 400℃时，浸水冷却方式下的高温后弹性模量比常温下提高 8%左右；在受火温度为 700℃时，浸水冷却方式下的高温后弹性模量比常温下提高 5%左右；其余受火温度下的高温后弹性模量与常温下基本一致。

表 3-6 Q460 钢高温后力学性能折减系数

温度/℃	$f'_{y,T}/f_y$		$f'_{u,T}/f_u$		E'_T/E		δ'_T/δ	
	自然冷却	浸水冷却	自然冷却	浸水冷却	自然冷却	浸水冷却	自然冷却	浸水冷却
20	1.00	1.00	1.00	1.00	1.00	1.00	1.00	1.00
300	1.06	1.05	1.04	1.02	1.02	0.99	0.89	0.91
400	1.05	1.06	1.03	1.04	1.00	1.08	0.88	0.90
500	1.05	1.02	1.01	1.01	1.01	1.01	0.92	0.90
600	1.04	1.04	1.00	1.03	1.01	1.02	0.96	0.90
700	1.00	1.08	0.97	1.04	1.00	1.04	0.96	0.97
800	0.80	0.70	0.90	1.18	1.01	1.00	1.09	0.74
900	0.73	0.72	0.83	1.17	0.95	0.95	1.32	0.81

(a) 自然冷却 (b) 浸水冷却

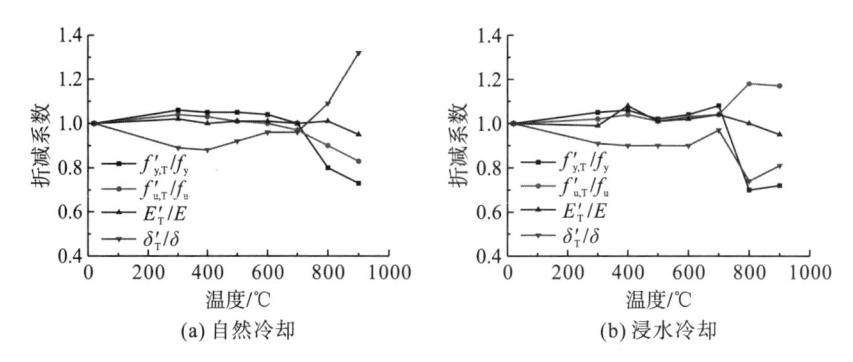

图 3-7　Q460 钢高温后力学性能折减系数

表 3-7　Q460 钢高温后弹性模量

温度/℃	\multicolumn{5}{c}{E'_T/GPa}
	自然冷却			浸水冷却		
	试件编号	试验值	平均值	试件编号	试验值	平均值
20	A-0-1	216.86	214.3	A-0-1	216.86	214.3
	A-0-2	212.05		A-0-2	212.05	
	A-0-3	214.07		A-0-3	214.07	
300	N-1-1	217.36	218.4	W-1-1	210.80	211.7
	N-1-2	224.22		W-1-2	206.93	
	N-1-3	213.60		W-1-3	217.42	
400	N-2-1	212.66	214.2	W-2-1	230.70	220.7
	N-2-2	217.98		W-2-2	231.98	
	N-2-3	212.05		W-2-3	199.43	
500	N-3-1	213.24	216.3	W-3-1	218.21	217.3
	N-3-2	216.75		W-3-2	219.05	
	N-3-3	218.76		W-3-3	214.65	
600	N-4-1	222.36	215.7	W-4-1	217.39	217.9
	N-4-2	213.11		W-4-2	212.92	
	N-4-3	211.74		W-4-3	223.39	
700	N-5-1	221.16	215.0	W-5-1	224.88	223.5
	N-5-2	210.91		W-5-2	225.93	
	N-5-3	212.84		W-5-3	219.78	
800	N-6-1	219.37	215.6	W-6-1	219.22	213.9
	N-6-2	207.01		W-6-2	217.49	
	N-6-3	220.55		W-6-3	205.08	
900	N-7-1	207.75	203.9	W-7-1	203.67	203.5
	N-7-2	211.57		W-7-2	195.90	
	N-7-3	192.24		W-7-3	210.96	

5. 屈服强度

关于屈服强度的定义，应力-应变曲线有明显屈服平台时，取屈服平台下限对应的应力值作为屈服强度；应力-应变曲线没有明显屈服平台时，取 0.2%塑性变形应力作为屈服强度。屈服强度折减系数定义为高温后屈服强度 $f'_{y,T}$ 和常温下屈服强度 f_y 的比值，Q460 钢高温后屈服强度折减系数见表 3-6 和图 3-7。不同受火温度和不同冷却方式下的 Q460 钢高温后屈服强度见表 3-8。可以看出，在受火温度达到 700℃之前，不同受火温度下屈服强度的差异比较小，且均不低于常温下的屈服强度。在受火温度达到 800℃以后，屈服强度逐渐下降，900℃时屈服强度为常温下的 72%左右。不同冷却方式对 Q460 钢高温后的屈服强度影响不大，受火温度为 800℃时两者差别最大，相差 10%左右。

表 3-8 Q460 钢高温后屈服强度

温度/℃	$f'_{y,T}$/MPa					
	自然冷却			浸水冷却		
	试件编号	试验值	平均值	试件编号	试验值	平均值
20	A-0-1	510		A-0-1	510	
	A-0-2	525	513.3	A-0-2	525	513.3
	A-0-3	505		A-0-3	505	
300	N-1-1	545		W-1-1	535	
	N-1-2	560	545.0	W-1-2	535	540.0
	N-1-3	530		W-1-3	550	
400	N-2-1	540		W-2-1	535	
	N-2-2	535	538.3	W-2-2	540	543.3
	N-2-3	540		W-2-3	555	
500	N-3-1	530		W-3-1	525	
	N-3-2	525	538.3	W-3-2	525	521.7
	N-3-3	560		W-3-3	515	
600	N-4-1	525		W-4-1	530	
	N-4-2	530	531.7	W-4-2	540	535.0
	N-4-3	540		W-4-3	535	
700	N-5-1	505		W-5-1	555	
	N-5-2	510	513.3	W-5-2	550	553.3
	N-5-3	525		W-5-3	555	
800	N-6-1	420		W-6-1	370	
	N-6-2	405	411.7	W-6-2	365	361.7
	N-6-3	410		W-6-3	350	

续表

温度/℃	$f'_{y,T}$/MPa					
	自然冷却			浸水冷却		
	试件编号	试验值	平均值	试件编号	试验值	平均值
900	N-7-1	375		W-7-1	355	
	N-7-2	380	376.7	W-7-2	390	370.0
	N-7-3	375		W-7-3	365	

6. 抗拉强度

抗拉强度折减系数定义为高温后抗拉强度 $f'_{u,T}$ 和常温下抗拉强度 f_u 的比值，Q460 钢高温后抗拉强度折减系数见表 3-6 和图 3-7。不同受火温度和不同冷却方式下的 Q460 钢高温后抗拉强度见表 3-9。可以看出，受火温度和冷却方式对抗拉强度都有影响，而冷却方式的影响更显著。在受火温度达到 700℃ 之前，不同受火温度下的抗拉强度基本保持不变。受火温度达到 800℃ 以后，随着受火温度的升高，自然冷却下的 Q460 钢高温后抗拉强度逐渐降低；而浸水冷却下的 Q460 钢高温后抗拉强度逐渐提高。两种冷却方式下的 Q460 钢高温后抗拉强度差值基本上随着受火温度的升高逐渐增大，受火温度为 900℃ 时，浸水冷却比自然冷却的抗拉强度折减系数提高 0.34。这是由于浸水冷却的过程相当于钢材经历淬火过程，从而导致钢材的抗拉强度出现明显的提高。

表 3-9 Q460 钢高温后抗拉强度

温度/℃	$f'_{u,T}$/MPa					
	自然冷却			浸水冷却		
	试件编号	试验值	平均值	试件编号	试验值	平均值
20	A-0-1	585		A-0-1	585	
	A-0-2	605	586.7	A-0-2	605	586.7
	A-0-3	570		A-0-3	570	
300	N-1-1	610		W-1-1	595	
	N-1-2	625	608.3	W-1-2	590	600.0
	N-1-3	590		W-1-3	615	
400	N-2-1	605		W-2-1	615	
	N-2-2	610	606.7	W-2-2	590	609.0
	N-2-3	605		W-2-3	622	
500	N-3-1	580		W-3-1	595	
	N-3-2	585	595.0	W-3-2	595	591.7
	N-3-3	620		W-3-3	585	

续表

温度/℃	$f'_{u,T}$/MPa						
	自然冷却			浸水冷却		
	试件编号	试验值	平均值	试件编号	试验值	平均值
600	N-4-1	575		W-4-1	615	
	N-4-2	580	588.3	W-4-2	600	601.7
	N-4-3	610		W-4-3	590	
700	N-5-1	560		W-5-1	610	
	N-5-2	560	566.7	W-5-2	620	611.7
	N-5-3	580		W-5-3	605	
800	N-6-1	535		W-6-1	695	
	N-6-2	525	526.7	W-6-2	700	690.0
	N-6-3	520		W-6-3	675	
900	N-7-1	485		W-7-1	675	
	N-7-2	490	486.7	W-7-2	700	686.7
	N-7-3	485		W-7-3	685	

7. 断后伸长率

断后伸长率折减系数定义为高温后断后伸长率 δ'_T 和常温下断后伸长率 δ 的比值，Q460 钢高温后断后伸长率折减系数见表 3-6 和图 3-7。不同受火温度和不同冷却方式下的 Q460 钢高温后断后伸长率见表 3-10。可以看出，Q460 钢在常温下和高温后均有较好的延性。在受火温度达到 700℃之前，两种冷却方式下 Q460 钢高温后断后伸长率的变化趋势基本一致，并且均保持在常温下的 85%以上。在受火温度达到 800℃以后，冷却方式对 Q460 钢高温后断后伸长率的影响较大，自然冷却情况下，Q460 钢高温后断后伸长率随受火温度的升高逐渐提高，而浸水冷却情况下的变化规律与自然冷却相反，断后伸长率随受火温度的升高逐渐降低。受火温度为 900℃时，两种冷却方式下断后伸长率相差 64%左右。

表 3-10 Q460 钢高温后断后伸长率

温度/℃	δ'_T/%						
	自然冷却			浸水冷却		
	试件编号	试验值	平均值	试件编号	试验值	平均值
20	A-0-1	25.53		A-0-1	25.53	
	A-0-2	25.55	25.8	A-0-2	25.55	25.8
	A-0-3	26.22		A-0-3	26.22	

续表

温度/℃	δ_T'/% 自然冷却 试件编号	试验值	平均值	浸水冷却 试件编号	试验值	平均值
300	N-1-1	23.95	23.0	W-1-1	23.83	23.4
	N-1-2	21.68		W-1-2	22.50	
	N-1-3	23.23		W-1-3	23.92	
400	N-2-1	22.85	22.6	W-2-1	24.80	23.2
	N-2-2	23.93		W-2-2	22.87	
	N-2-3	20.92		W-2-3	21.78	
500	N-3-1	23.57	23.6	W-3-1	22.98	23.1
	N-3-2	23.78		W-3-2	23.67	
	N-3-3	23.57		W-3-3	22.68	
600	N-4-1	23.47	24.7	W-4-1	24.33	23.1
	N-4-2	25.70		W-4-2	21.77	
	N-4-3	25.00		W-4-3	23.30	
700	N-5-1	24.62	24.7	W-5-1	24.65	24.9
	N-5-2	24.27		W-5-2	25.92	
	N-5-3	25.32		W-5-3	24.27	
800	N-6-1	27.20	28.0	W-6-1	19.20	19.1
	N-6-2	29.35		W-6-2	20.87	
	N-6-3	27.47		W-6-3	17.13	
900	N-7-1	34.07	34.1	W-7-1	22.27	20.8
	N-7-2	—		W-7-2	18.98	
	N-7-3	—		W-7-3	21.00	

3.3 高强 Q690 钢高温后拉伸试验

3.3.1 试件设计

拉伸试验试件取自一块名义厚度为 20mm 的高强 Q690 建筑结构钢板。试件尺寸按照《金属材料 拉伸试验 第 1 部分：室温试验方法》GB/T 228.1—2021[86]进行设计。试件取样位置和加工精度均符合《钢及钢产品 力学性能试验取样位置及试样制备》GB/T 2975—2018[90]的要求。共加工 60 个试件，具体尺寸见图 3-8。

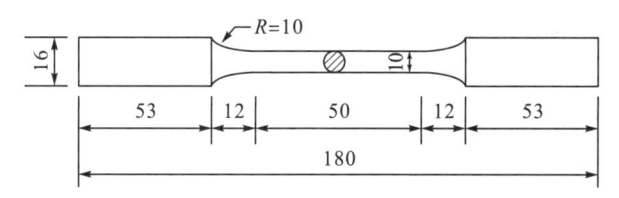

图 3-8 Q690 钢高温后拉伸试验试件尺寸图(单位：mm)

3.3.2 试验装置及程序

高强 Q690 钢高温后拉伸试验采用与 Q460 钢高温后拉伸试验相同的拉伸试验机[图 3-2(a)]。拉伸试验的加载制度为：试件在弹性阶段拉伸速率为 $0.00025s^{-1}$，强化阶段拉伸速率为 $0.002s^{-1}$。加载制度符合《金属材料 拉伸试验 第 1 部分：室温试验方法》GB/T 228.1—2021[86]的规定。

试件加热装置选用型号为 SX2-8-10 的自动控温电阻式电炉[图 3-9(a)]，包括加热部分和温度控制部分。电炉的最高加热温度可达 1200℃。在加热炉腔的中央位置设置热电偶，用于测量空气温度。同时，使用铁丝将 3 个热电偶固定在试件上，以实时测量试件的温度。这些热电偶与温度数据采集卡相连接，温度数据采集卡与计算机连接，以便监测试件在加热过程中的温度。

在试件加热时，试件放置在专用容器中，该容器位于加热炉的中央位置，以确保试件与空气充分接触[图 3-9(b)]。为了确保试件在长度方向上受热均匀，试件的长度方向平行于加热炉口[图 3-9(c)]。加热速率约为 10℃/min，以确保试件在加热过程中受热均匀。本试验预定 Q690 钢受火温度分别为 300℃、400℃、500℃、600℃、700℃、800℃、900℃、1000℃。试件达到预定受火温度后保温 30min，随后将试件取出冷却。试验中采用自然冷却和浸水冷却两种不同的冷却方式。为了确保试验的可靠性，在相同条件下进行 3 组试验。因此，在每个受火温度下，同时对 6 个试件进行加热处理，其中 3 个用于自然冷却[图 3-9(d)]，另外 3 个则用于浸水冷却。

(a) 加热装置 (b) 加热前试件

(c) 加热炉内部   (d) 试件自然冷却

图 3-9 Q690 钢高温后拉伸试件加热装置和冷却方法

高温后试件以"N/W-受火温度序号-试件序号"的形式进行编号。其中，N 和 W 分别表示自然冷却和浸水冷却；受火温度序号由 0 至 8，数字 0 表示常温 20℃，数字 1~8 分别表示受火温度以 100℃为间隔，由 300℃依次至 1000℃；试件序号由 1 至 3。以 N-7-1 为例，其代表自然冷却方式下，受火温度为 900℃的 1 号试件的相关数据。

3.3.3 试验结果及分析

1. 常温力学性能

Q690 钢常温力学性能指标列于表 3-11，数据为 3 个试件测量结果的平均值。其中，f_y 为屈服强度，f_u 为抗拉强度，E 为弹性模量，δ 为断后伸长率。Q690 钢在常温下有较明显的屈服平台，屈服强度和抗拉强度之比约为 0.93，断后伸长率为 16.0%左右。

表 3-11 Q690 钢常温力学性能指标平均值

力学性能指标	f_y/MPa	f_u/MPa	E/GPa	δ/%
平均值	797.5	859.2	210.7	16.0

2. 试件表观特征和破坏模式

高强 Q690 钢受火并冷却后，钢材表面颜色出现明显变化。图 3-10 为一组 Q690 钢自然冷却和浸水冷却工况下表面颜色的对比图，试件从左至右的受火温度依次为 300℃、400℃、500℃、600℃、700℃、800℃、900℃和 1000℃。可以看出，随着受火温度的升高，试件表面颜色逐渐加深。在受火温度达到 600℃

后，试件冷却后产生氧化层脱落的现象。通过钢材高温冷却后表面的颜色，可以初步判定火灾下承重钢构件经历的最高温度和构件残余强度，以进行火灾后建筑物的安全评估。

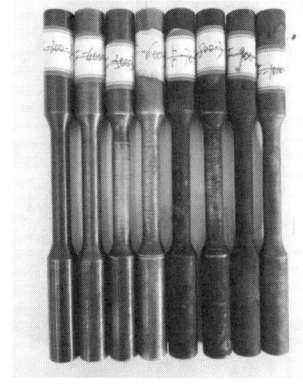

(a) 自然冷却　　　　　　　　　　(b) 浸水冷却

图 3-10　Q690 钢高温冷却后表观特征

图 3-11 为 Q690 钢高温后拉伸试验试件的破坏模式。试件的断裂位置基本位于标距范围内，可以观察到明显的颈缩现象。在受火温度达到 500℃之前，构件表面光滑；在受火温度达到 600℃后，钢材表面开始变粗糙。当受火温度达到 800℃及以上时，两种冷却方式下均出现断裂截面中心变平整的现象。

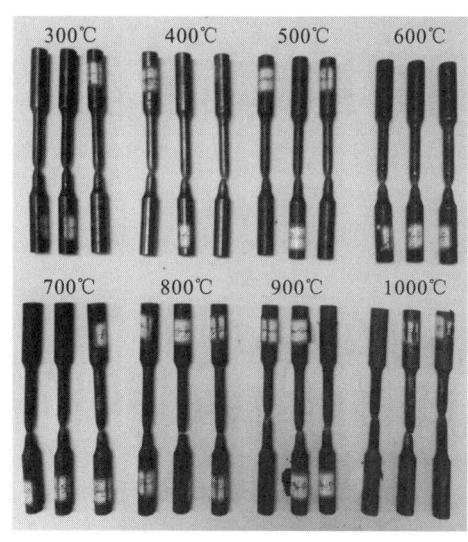

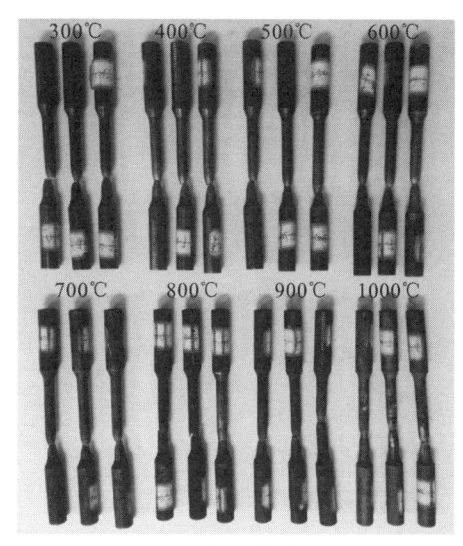

(a) 自然冷却　　　　　　　　　　(b) 浸水冷却

图 3-11　Q690 钢高温后拉伸试验试件破坏模式

3. 应力-应变曲线

不同受火温度下 Q690 钢高温后应力-应变曲线如图 3-12 所示。其中，符号*代表编号由 1 至 8（余同）。值得说明的是，试件 W-6-2 和 W-3-3 的断裂位置在引伸计测量范围之外，因此试件屈服之后的应变没有采集到。由图 3-12 可以看出，在自然冷却和浸水冷却方式下，在受火温度达到 600℃之前，应力-应变曲线均与常温下比较接近，且随着受火温度的升高曲线的变化不明显。当受火温度达到 700℃时，均表现出曲线整体急剧下降，延性明显增长，曲线仍有屈服平台。受火温度达到 800℃之后，在自然冷却方式下，曲线屈服平台消失，且随着受火

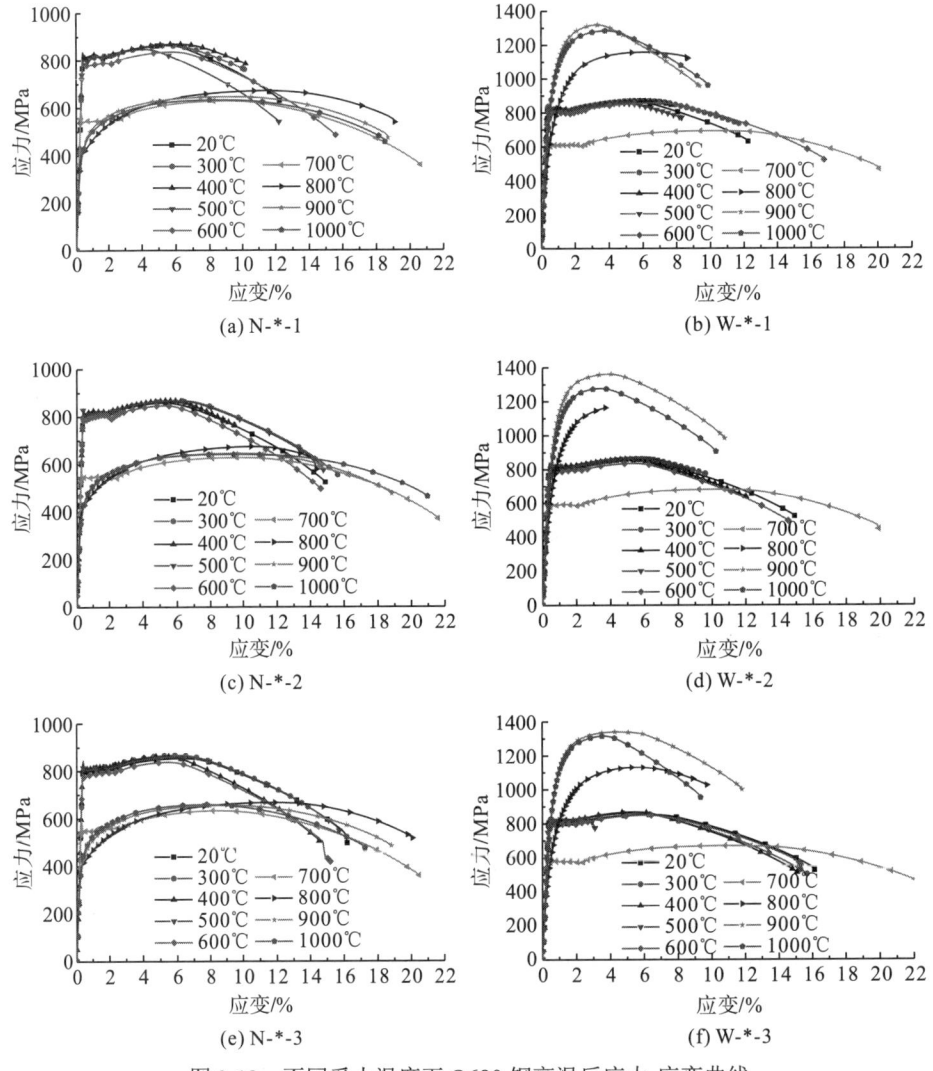

图 3-12 不同受火温度下 Q690 钢高温后应力-应变曲线

温度继续升高，应力-应变曲线变化不明显；而在浸水冷却方式下，曲线整体表现为急剧升高，且较常温下的曲线有明显提高，提高幅度随受火温度的增大而增大，同时曲线屈服平台消失，延性明显降低。

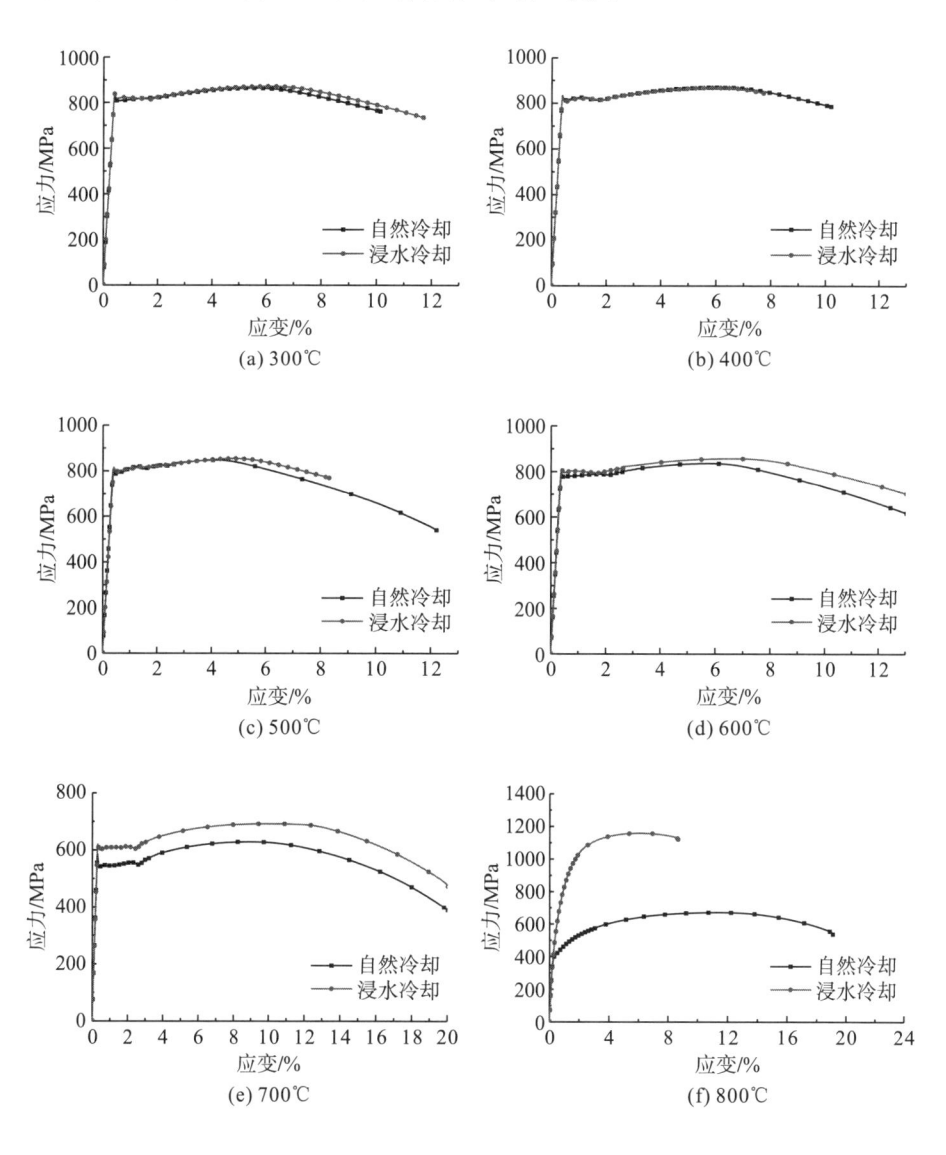

不同冷却方式下 Q690 钢高温后应力-应变曲线如图 3-13 所示。每组三个试件的应力-应变曲线基本一致，因此仅选择其中一条应力-应变曲线进行对比。由图 3-13 可以看出，在受火温度达到 600℃之前，两种冷却方式对 Q690 钢高温后应力-应变曲线的影响不大。受火温度为 700℃时，两种冷却方式下的应力-应变曲线开始产生差异，受火温度达到 800℃之后，浸水冷却的应力-应变曲线整体明显高于自然冷却，而自然冷却下钢材的延性明显更好。

(g) 900℃

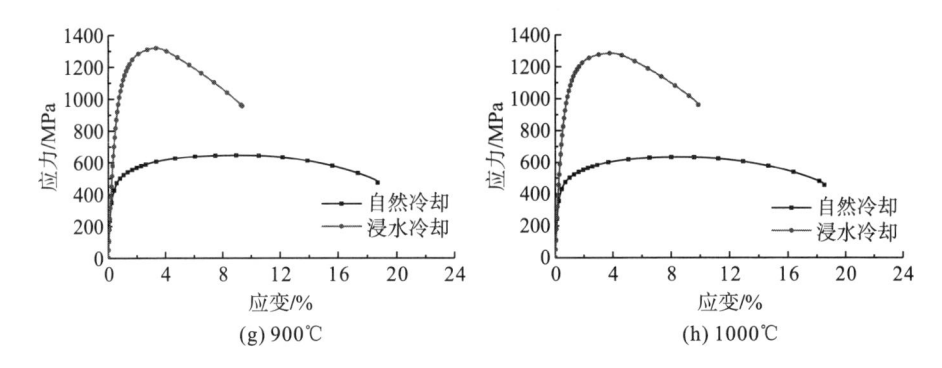

(h) 1000℃

图 3-13 不同冷却方式下 Q690 钢高温后应力-应变曲线

4. 弹性模量

不同受火温度和不同冷却方式下的 Q690 钢高温后弹性模量见表 3-12。弹性模量折减系数定义为高温后弹性模量 E'_T 和常温下弹性模量 E 的比值，Q690 钢高温后弹性模量折减系数见表 3-13 和图 3-14。可以看出，自然冷却方式下，在受火温度达到 800℃之前，Q690 钢的弹性模量与常温下相差不大；在受火温度达到 900℃之后，弹性模量有所降低，约为常温下弹性模量的 90%。浸水冷却方式下，不同受火温度的 Q690 钢高温后弹性模量基本与常温下相等。

表 3-12 Q690 钢高温后力学性能指标

温度/℃	$f'_{y,T}$/MPa 自然冷却	$f'_{y,T}$/MPa 浸水冷却	$f'_{u,T}$/MPa 自然冷却	$f'_{u,T}$/MPa 浸水冷却	E'_T/MPa 自然冷却	E'_T/MPa 浸水冷却	δ'_T/% 自然冷却	δ'_T/% 浸水冷却
20	797.5	797.5	859.2	859.2	210.7	210.7	16.0	16.0
300	808.7	809.1	865.8	865.8	215.6	215.3	17.3	16.9
400	810.0	808.1	867.3	866.3	218.4	218.8	15.6	15.6
500	800.3	804.5	858.9	850.8	218.0	215.8	14.0	14.1
600	780.0	786.8	839.9	847.7	221.1	219.6	15.4	16.5
700	543.8	584.2	630.3	681.5	215.6	218.0	20.9	20.8
800	416.2	609.2	671.0	1151.4	197.2	203.5	17.8	9.21
900	426.0	948.1	649.5	1340.5	191.3	203.1	19.9	10.6
1000	434.2	909.7	644.9	1292.6	188.2	202.7	19.5	10.4

表 3-13 Q690 钢高温后力学性能折减系数

温度/℃	$f'_{y,T}/f_y$ 自然冷却	$f'_{y,T}/f_y$ 浸水冷却	$f'_{u,T}/f_u$ 自然冷却	$f'_{u,T}/f_u$ 浸水冷却	E'_T/E 自然冷却	E'_T/E 浸水冷却	δ'_T/δ 自然冷却	δ'_T/δ 浸水冷却
20	1.00	1.00	1.00	1.00	1.00	1.00	1.00	1.00
300	1.01	1.01	1.01	1.01	1.02	1.02	1.08	1.05
400	1.02	1.01	1.01	1.01	1.04	1.04	0.97	0.97
500	1.00	1.01	1.00	0.99	1.03	1.02	0.87	0.88
600	0.98	0.99	0.98	0.99	1.05	1.04	0.96	1.03
700	0.68	0.73	0.73	0.79	1.02	1.03	1.30	1.30
800	0.52	0.76	0.78	1.34	0.94	0.97	1.11	0.58
900	0.53	1.19	0.76	1.56	0.91	0.96	1.24	0.66
1000	0.54	1.14	0.75	1.50	0.89	0.96	1.21	0.65

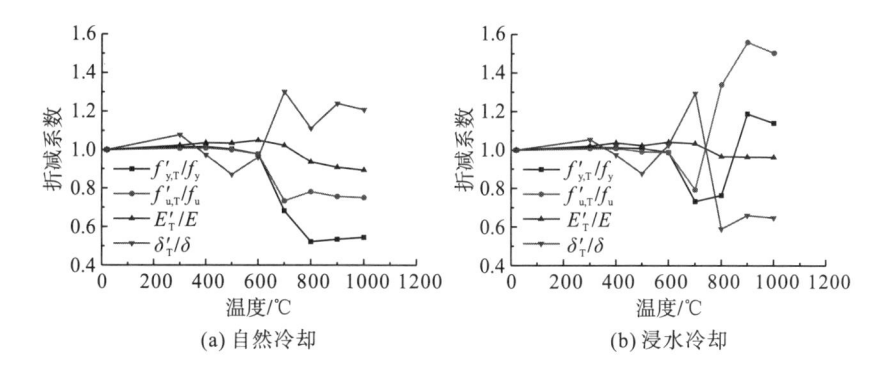

(a) 自然冷却　　(b) 浸水冷却

图 3-14 Q690 钢高温后力学性能折减系数

5. 屈服强度

应力-应变曲线有屈服平台时，取屈服平台下限对应的应力值为屈服强度；应力-应变曲线没有屈服平台时，取 0.2%塑性变形应力为屈服强度。不同受火温度和不同冷却方式下的 Q690 钢高温后屈服强度见表 3-12。屈服强度折减系数定义为高温后屈服强度 $f'_{y,T}$ 和常温下屈服强度 f_y 的比值，Q690 钢高温后屈服强度折减系数见表 3-13 和图 3-14。可以看出，在受火温度达到 600℃之前，两种冷却方式下不同受火温度时的屈服强度均和常温下相差不大。在受火温度达到 700℃之后，自然冷却方式下的屈服强度降低至常温下的 68%，并随着受火温度的升高保持在常温下的 54%左右。浸水冷却方式下的屈服强度在受火温度为 700~800℃时，降低至常温下的 75%左右；在受火温度为 900~1000℃时，升高至常温下的 114%~119%。受火温度为 900℃时，两种冷却方式的差别最大，相差 0.66。

6. 抗拉强度

不同受火温度和不同冷却方式下的 Q690 钢高温后抗拉强度见表 3-12。抗拉强度折减系数定义为高温后抗拉强度 $f'_{u,T}$ 和常温下抗拉强度 f_u 的比值，Q690 钢高温后抗拉强度折减系数见表 3-13 和图 3-14。可以看出，在受火温度达到 600℃之前，两种冷却方式下不同受火温度时的屈服强度均和常温下相差不大。在受火温度达到 700℃之后，随着温度升高，自然冷却方式下抗拉强度保持在常温下的 75%左右。浸水冷却方式下，在受火温度为 700℃时，抗拉强度降低至常温下的 79%左右；在受火温度达到 800℃之后，抗拉强度急剧升高，达到常温下的 134%~156%。随着受火温度的升高，不同冷却方式对 Q690 钢高温后抗拉强度的影响不断增大，在受火温度为 900℃时，浸水冷却下的抗拉强度为自然冷却下的抗拉强度的 2 倍左右。

7. 断后伸长率

不同受火温度和不同冷却方式下的 Q690 钢高温后断后伸长率见表 3-12。断后伸长率折减系数定义为高温后断后伸长率 δ'_T 和常温下断后伸长率 δ 的比值，Q690 钢高温后断后伸长率折减系数见表 3-13 和图 3-14。可以看出，在受火温度达到 600℃之前，两种冷却方式下的断后伸长率基本相等，且和常温下相差不大。受火温度为 700℃时，两种冷却方式下的断后伸长率一致，升高至常温下的 130%。受火温度达到 800℃之后，两种冷却方式下的断后伸长率产生明显差别，自然冷却下的断后伸长率仍高于常温水平，为常温下的 111%~124%；而浸水冷却下的断后伸长率降至常温下的 58%~66%。

3.4 高强 Q960 钢高温后拉伸试验

3.4.1 试件设计

拉伸试验试件取自一块名义厚度为 12mm 的高强 Q960 建筑结构钢板。试件尺寸按照《金属材料 拉伸试验 第 1 部分：室温试验方法》GB/T 228.1—2021[86]进行设计。试件取样位置和加工精度均符合《钢及钢产品 力学性能试验取样位置及试样制备》GB/T 2975—2018[90]的要求。试件具体尺寸见图 3-15。

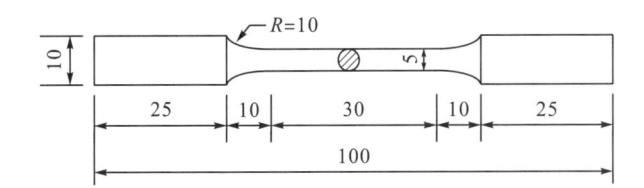

图 3-15　Q960 钢高温后拉伸试验试件尺寸图(单位：mm)

3.4.2　试验装置及程序

高强 Q960 钢高温后拉伸试验采用与 Q460 钢高温后拉伸试验相同的拉伸试验机[图 3-2(a)]。拉伸试验的加载制度为：试件在弹性阶段拉伸速率为 $0.00025s^{-1}$，强化阶段拉伸速率为 $0.002s^{-1}$，直至试件破坏。加载制度符合《金属材料 拉伸试验 第 1 部分：室温试验方法》GB/T 228.1—2021[86]的规定。

试件加热装置采用型号为 SX2-12 的箱式电阻炉[图 3-16(a)]，其额定温度为 1200℃。为了对炉温进行控制，使用 KSW 型温度控制器[图 3-16(b)]及镍铬-镍硅热电偶。为监测试件的温度，每组选取一个试件，利用铁丝将热电偶固定在试件表面，并使用 ZTIC-7410 远端热电偶温度采集模块[图 3-16(c)]对试件表面温度进行采集。

试件放置于加热炉中，每次同时对两组试件进行加热，每组包含三个试件。试验设定的加热温度为 300℃、400℃、500℃、600℃、700℃、800℃、900℃。为了确保试件各个部位都能达到规定的温度，在加热炉达到设定温度后，进行 30min 的保温操作。保温结束后，开炉情况如图 3-16(d)所示。试验中采用自然冷却和浸水冷却两种不同的冷却方式，将一组试件放置在空气中自然冷却，另一组试件放置在水桶中快速冷却。将经过高温后的试件放置 3 天，保证试件晶相组织变化稳定，随后在常温下进行静力拉伸试验。

(a) 加热装置　　(b) 温度控制器　　(c) 温度采集模块　　(d) 开炉情况

图 3-16　Q960 钢高温后拉伸试验装置

3.4.3 试验结果及分析

1. 常温力学性能

Q960 钢常温力学性能指标列于表 3-14，数据为 3 个试件测量结果的平均值。其中，f_y 为屈服强度，f_u 为抗拉强度，E 为弹性模量。Q960 钢在常温下有较明显的屈服平台，屈服强度和抗拉强度之比约为 0.96。

表 3-14　Q960 钢常温强度和弹性模量平均值

力学性能指标	f_y/MPa	f_u/MPa	E/GPa
平均值	965	1010	189

2. 试件表观特征和破坏模式

图 3-17 为 Q960 钢高温冷却后表观特征。受火温度为 300℃的 Q960 钢，在自然冷却后表面呈蓝色，在浸水冷却后表面呈红褐色带蓝色。受火温度为 400～700℃的 Q960 钢表面呈棕色带蓝色，且受火温度越高，颜色越深。受火温度为 800℃的 Q960 钢，表面碳化严重，金属光泽消失，在自然冷却后表面呈灰蓝色，而在浸水冷却后表面呈黑色。受火温度为 900℃的 Q960 钢，冷却后表面呈蓝黑色，表面的氧化壳发生脱落。图 3-18 为 Q960 钢高温后试件破坏模式。试件的断裂位置基本位于标距范围内，可以观察到明显的颈缩现象。

3. 应力-应变曲线

图 3-19 为不同受火温度下 Q960 钢高温后应力-应变曲线。试件编号中 A 代表自然冷却，B 代表浸水冷却。试件 300A-3 和 400A-2 试验结果与同条件下的另外两个试件结果相差过大，因此认为其数据存在误差，其应力-应变曲线未在图 3-19 中展示。可以观察到，在受火温度达到 600℃之前，Q960 钢高温后应力-应变曲线与常温下曲线趋势基本一致。受火温度为 700℃时，应力-应变曲线整体明显下降，曲线仍然存在屈服平台，两种冷却方式下的曲线开始表现出差异。在受火温度达到 800℃之后，曲线屈服平台消失，两种冷却方式下 Q960 钢应力-应变曲线表现出明显差异，浸水冷却方式下的曲线整体显著高于自然冷却方式。这是由于浸水冷却方式使得 Q960 钢经历"淬火"过程，导致 Q960 钢在高温后的强度相对较高，与自然冷却方式形成了鲜明对比。

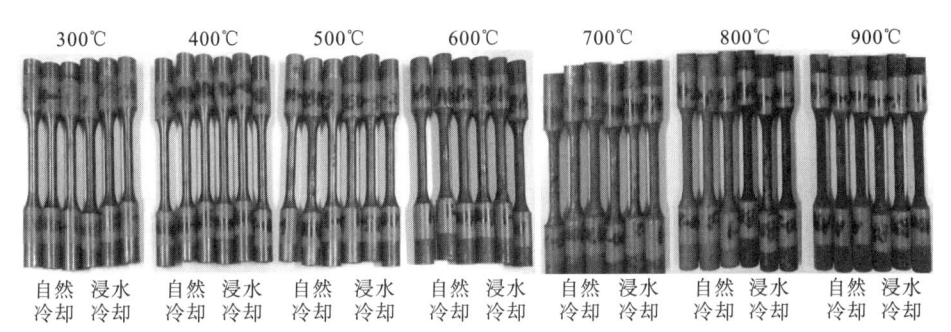

图 3-17 Q960 钢高温冷却后表观特征

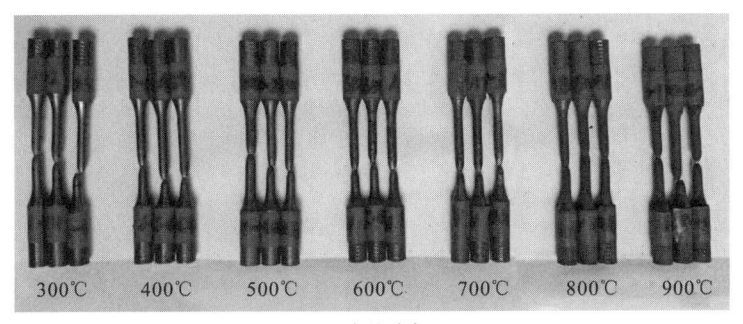

(a) 自然冷却

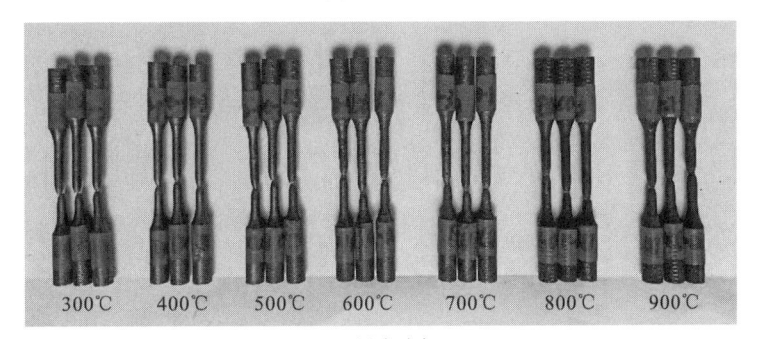

(b) 浸水冷却

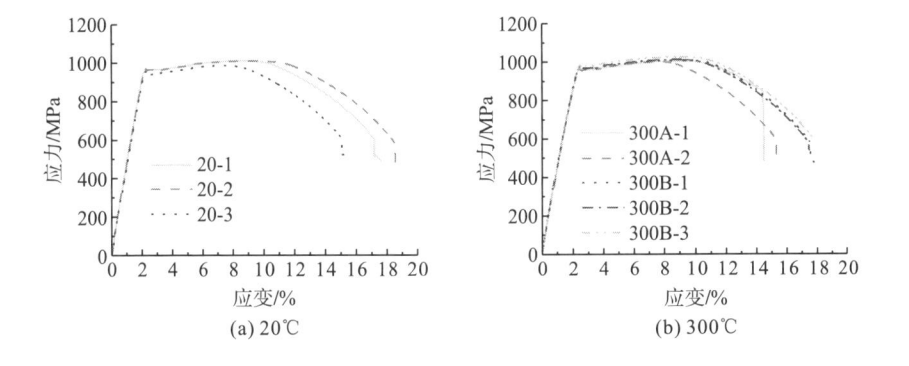

图 3-18 Q960 钢高温后试件破坏模式

(a) 20℃

(b) 300℃

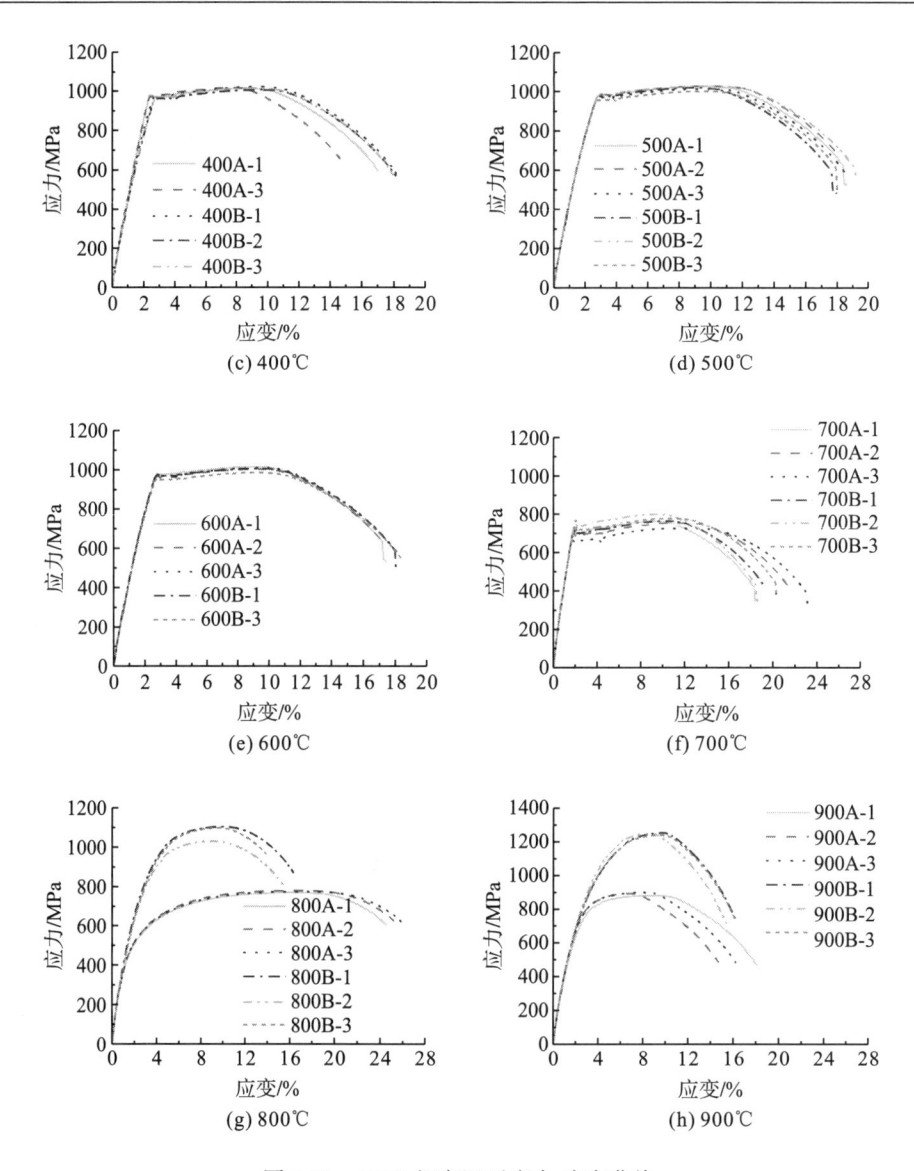

图 3-19 Q960 钢高温后应力-应变曲线

4. 弹性模量

不同受火温度和不同冷却方式下的 Q960 钢高温后弹性模量见表 3-15。弹性模量折减系数定义为高温后弹性模量 E'_T 和常温下弹性模量 E 的比值,Q960 钢高温后弹性模量折减系数见表 3-16 和图 3-20。可以看出,当受火温度不高于 700℃时,两种冷却方式下 Q960 钢高温后弹性模量与常温下比较接近。在受火温度达到 800℃之后,浸水冷却方式下 Q960 钢高温后弹性模量仍保持在常温下的 93%以上；而自然冷却方式下弹性模量大幅降低，受火温度为 900℃时，降低至常温下的 76%左右。

表 3-15　Q960 钢高温后力学性能指标

温度/℃	E'_{T}/GPa 自然冷却	E'_{T}/GPa 浸水冷却	$f'_{y,T}$/MPa 自然冷却	$f'_{y,T}$/MPa 浸水冷却	$f'_{u,T}$/MPa 自然冷却	$f'_{u,T}$/MPa 浸水冷却
20	183	183	965	965	1011	1011
300	176	178	958	971	1002	1016
400	184	185	976	968	1016	1015
500	188	184	975	972	1024	1017
600	188	181	969	960	1011	1004
700	187	183	680	713	747	780
800	155	182	473	615	773	1078
900	138	172	632	797	892	1247

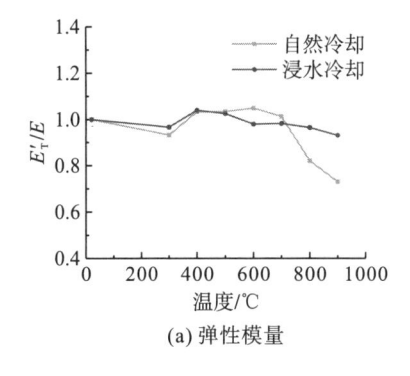

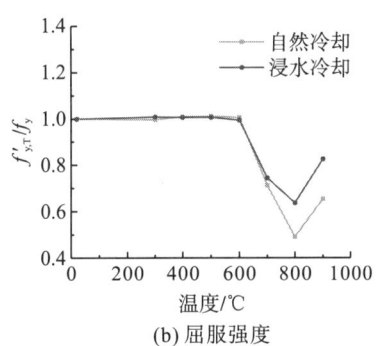

表 3-16　Q960 钢高温后力学性能折减系数

温度/℃	E'_{T}/E 自然冷却	E'_{T}/E 浸水冷却	$f'_{y,T}/f_y$ 自然冷却	$f'_{y,T}/f_y$ 浸水冷却	$f'_{u,T}/f_u$ 自然冷却	$f'_{u,T}/f_u$ 浸水冷却
20	1.00	1.00	1.00	1.00	1.00	1.00
300	0.96	0.98	0.99	1.01	0.99	1.00
400	1.01	1.01	1.01	1.00	1.01	1.00
500	1.03	1.01	1.01	1.01	1.01	1.01
600	1.03	0.99	1.00	0.99	1.01	0.99
700	1.02	1.00	0.70	0.74	0.74	0.77
800	0.85	1.00	0.49	0.64	0.76	1.07
900	0.76	0.94	0.65	0.83	0.88	1.23

(a) 弹性模量　　(b) 屈服强度

(c) 抗拉强度

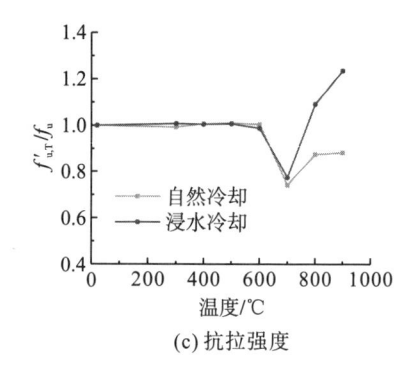

图 3-20 Q960 钢高温后力学性能折减系数

5. 屈服强度

应力-应变曲线有屈服平台时，取屈服平台下限对应的应力值为屈服强度；应力-应变曲线没有屈服平台时，取 0.2%塑性变形应力为屈服强度。不同受火温度和不同冷却方式下的 Q960 钢高温后屈服强度见表 3-15。屈服强度折减系数定义为高温后屈服强度 $f'_{y,T}$ 和常温下屈服强度 f_y 的比值，Q960 钢高温后屈服强度折减系数见表 3-16 和图 3-20。可以看出，在受火温度达到 600℃之前，两种冷却方式下 Q960 钢高温后屈服强度基本与常温下相等。受火温度达到 700℃之后，两种冷却方式下 Q960 钢高温后屈服强度均大幅降低，浸水冷却方式下高温后屈服强度高于自然冷却方式。在受火温度为 800℃时屈服强度最低，自然冷却方式下高温后屈服强度为常温下的 49%，浸水冷却方式下高温后屈服强度为常温下的 64%左右。受火温度为 900℃时，高温后屈服强度相比于 800℃时有所提高，但仍低于常温水平。

6. 抗拉强度

不同受火温度和不同冷却方式下的 Q960 钢高温后抗拉强度见表 3-15。抗拉强度折减系数定义为高温后抗拉强度 $f'_{u,T}$ 和常温下抗拉强度 f_u 的比值，Q960 钢高温后抗拉强度折减系数见表 3-16 和图 3-20。可以看出，在受火温度达到 600℃之前，两种冷却方式下 Q960 钢高温后抗拉强度与常温下基本一致。当温度达到 700℃时，两种冷却方式下 Q960 钢高温后抗拉强度均大幅降低，为常温下的75%左右。受火温度为900℃时，Q960 钢高温后抗拉强度相比于700℃有所提高，自然冷却方式下为常温下的 88%，浸水冷却方式下则高于常温水平，为常温下的 123%。

3.5 小　　结

本章针对 Q460、Q690 和 Q960 三种高强钢进行了高温后拉伸试验，得到了高强钢在不同受火温度和不同冷却方式下高温后的破坏模式、应力-应变曲线，以及弹性模量、屈服强度和抗拉强度等力学性能指标。当受火温度不超过 600℃时，两种冷却方式下高强钢的应力-应变曲线均无明显变化；当受火温度超过 800℃时，应力-应变曲线的屈服平台消失，且高强钢在浸水冷却方式下的强度高于自然冷却方式，但延性有所降低。

受火温度对高强钢高温后弹性模量影响不大，仅在受火温度超过 700℃之后有部分降低。高强钢的屈服强度和抗拉强度在受火温度达到 600℃之前和常温下差异不明显。在受火温度超过 600℃之后，高强钢的强度先迅速下降至常温下的 50%~70%，而后又由于淬火作用有所提高，且浸水冷却方式下的抗拉强度高于自然冷却方式。

第4章 拉伸速率对高强结构钢高温下力学性能的影响

4.1 引 言

在钢材高温下拉伸试验中，通常应精确控制拉伸速率。我国规范《金属材料 拉伸试验 第 1 部分：室温试验方法》GB/T 228.1—2021[86]和《金属材料 拉伸试验 第 2 部分：高温试验方法》GB/T 228.2—2015[87]中推荐了适当的基于应变速率的拉伸速率范围，且推荐的拉伸速率依据测定的力学性能参数而异。同时，在实际试验过程中，由于难以线性、平滑地改变拉伸速率，往往导致应力-应变曲线出现突变，曲线不光滑，增加了试验结果分析的复杂性。钢材的力学性能也受到拉伸速率的影响，不同研究人员在进行钢材高温下拉伸试验时，采用的拉伸速率可能不同。因此，不同拉伸速率的选择可能影响高强钢力学性能试验结果的一致性和可比性。

为了深入研究拉伸速率对高强钢高温力学性能的影响，本章对 Q460、Q690 和 Q960 三种高强结构钢进行了高温下拉伸试验，试验中考虑了多种拉伸应变速率，旨在探究高强钢在不同拉伸速率下的力学性能变化规律。研究重点集中在不同拉伸速率对高强钢的应力-应变关系、破坏模式及弹性模量、屈服强度和抗拉强度等主要力学性能指标的影响。

4.2 不同拉伸速率的 Q460 钢高温下拉伸试验

4.2.1 试件设计

拉伸试验试件取自一块名义厚度为 14mm 的 Q460 低合金高强度结构钢板。钢板除铁之外的主要化学成分见表 4-1。试件尺寸按照《金属材料 拉伸试验 第 1 部分：室温试验方法》GB/T 228.1—2021[86]和《金属材料 拉伸试验 第 2 部分：高温试验方法》GB/T 228.2—2015[87]的相关规定进行设计。试件取样位置和加工精度均符合《钢及钢产品　力学性能试验取样位置及试样制备》GB/T 2975—2018[90]的要求。共加工 48 个试件，试件具体尺寸见图 4-1。

表 4-1　不同拉伸速率高温下拉伸试验 Q460 钢板除铁之外的主要化学成分

成分	C	Si	Mn	P	S	Cu	Cr	Ni	Mo	B	V	Nb	Ti
含量/%	≤0.2	≤0.8	≤1.7	≤0.02	≤0.01	≤0.5	≤1.5	≤2.0	≤0.7	≤0.005	≤0.12	≤0.06	≤0.05

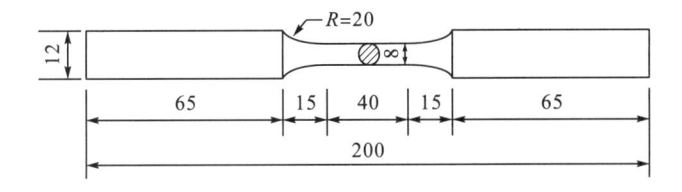

图 4-1　不同拉伸速率下 Q460 钢拉伸试验试件尺寸（单位：mm）

4.2.2　试验装置及程序

不同拉伸速率下 Q460 钢拉伸试验采用和 Q960 钢高温下拉伸试验相同的试验加载装置和加热炉（图 2-19(b)）。通过固定在试件中段的 2 个热电偶测量试件的温度。拉伸试验过程中试件的应变通过接触式引伸计进行测量，引伸计标距长度为 12mm，最大应变为 10%。当应变达到约 10%时，拆除引伸计以避免其发生损坏。

试验根据《金属材料　拉伸试验　第 2 部分：高温试验方法》GB/T 228.2—2015[87]考虑三种不同的拉伸应变速率，即 0.001min^{-1}、0.02min^{-1} 和 0.2min^{-1}，分别对应规范中推荐的拉伸速率最小值、中等值和最大值。试验共设定 8 个目标温度，即 25℃（常温）、200℃、300℃、400℃、500℃、600℃、700℃和 800℃。

在试验过程中，首先以 50℃/min 的加热速率将试件升温至目标温度，然后保持温度恒定约 20min，以确保试件内部温度均匀分布。在保温过程结束后，以规定的拉伸应变速率施加拉伸载荷，直至试件发生断裂。在整个加载阶段，试验温度保持恒定。在高温试验中，对试件进行加热前仅固定试件上端，在保温过程结束后再通过夹具夹紧试件下端。此操作的目的是确保试件在升温过程中能够自由变形，并且变形充分，以避免热膨胀和温度应力对试验结果产生影响。

为了减少偶然误差的影响，在每组目标温度与拉伸应变速率下，对两个相同的试件进行重复测试。若两个试件的抗拉强度之间的差异超过 15%，则进行额外的试验，并从三个试件的结果中选择两个最接近的结果取平均值，以确定最终的强度；若两个试样的抗拉强度之间的差异不超过 15%，则直接采用两个试件强度的平均值作为最终的强度。

4.2.3 试验结果及分析

1. 应力-应变曲线

试件编号方式为"拉伸速率-目标温度-试验序次"。例如,试件编号"0.2-600-2"表示以 0.2min^{-1} 的拉伸速率在 600℃下进行的第 2 次试验。不同拉伸速率下试件的应力-应变曲线如图 4-2 所示。由于试验设置的限制,拉伸应变速率为 0.001min^{-1} 的试验在温度超过 500℃后无法生成应力-应变曲线。由试验结果可以观察到,当温度低于 400℃时,应力-应变曲线呈现出清晰的屈服平台和应变硬化效应。在温度达到 500℃以后,三种拉伸应变速率下应力-应变曲线的屈服平台消失。当试件温度超过 600℃时,可以观察到 Q460 钢强度明显下降,并且应变硬化效应消失。不同拉伸速率下 Q460 钢应力-应变曲线没有明显差异。

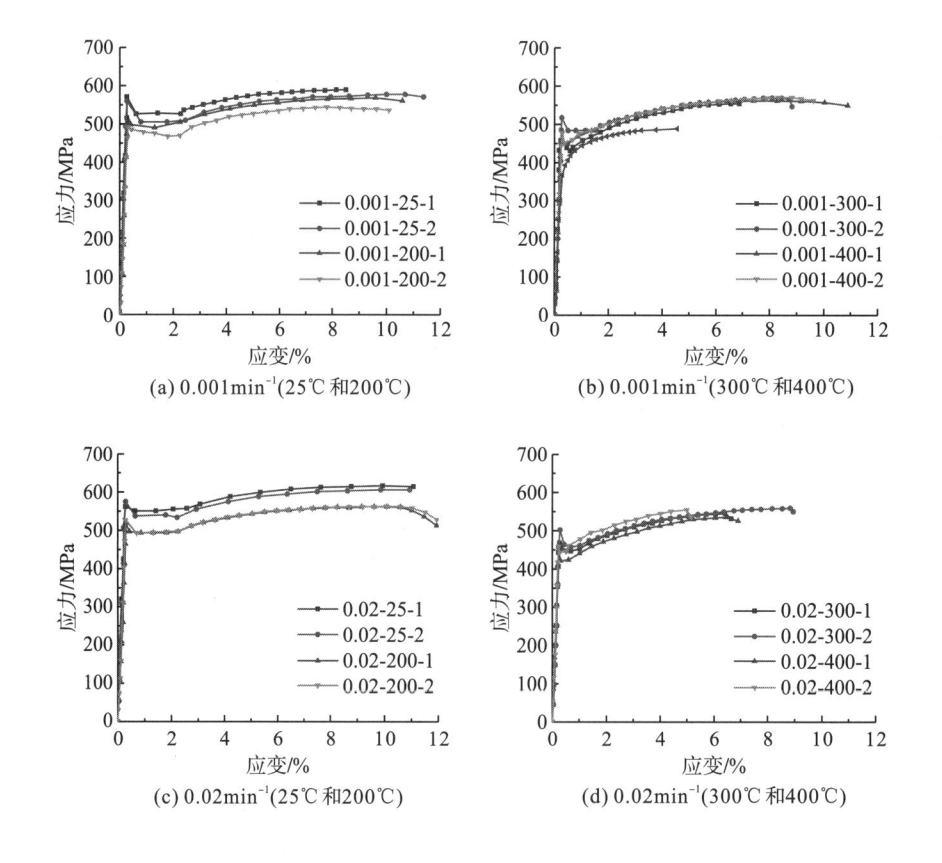

(a) 0.001min^{-1}(25℃和200℃)

(b) 0.001min^{-1}(300℃和400℃)

(c) 0.02min^{-1}(25℃和200℃)

(d) 0.02min^{-1}(300℃和400℃)

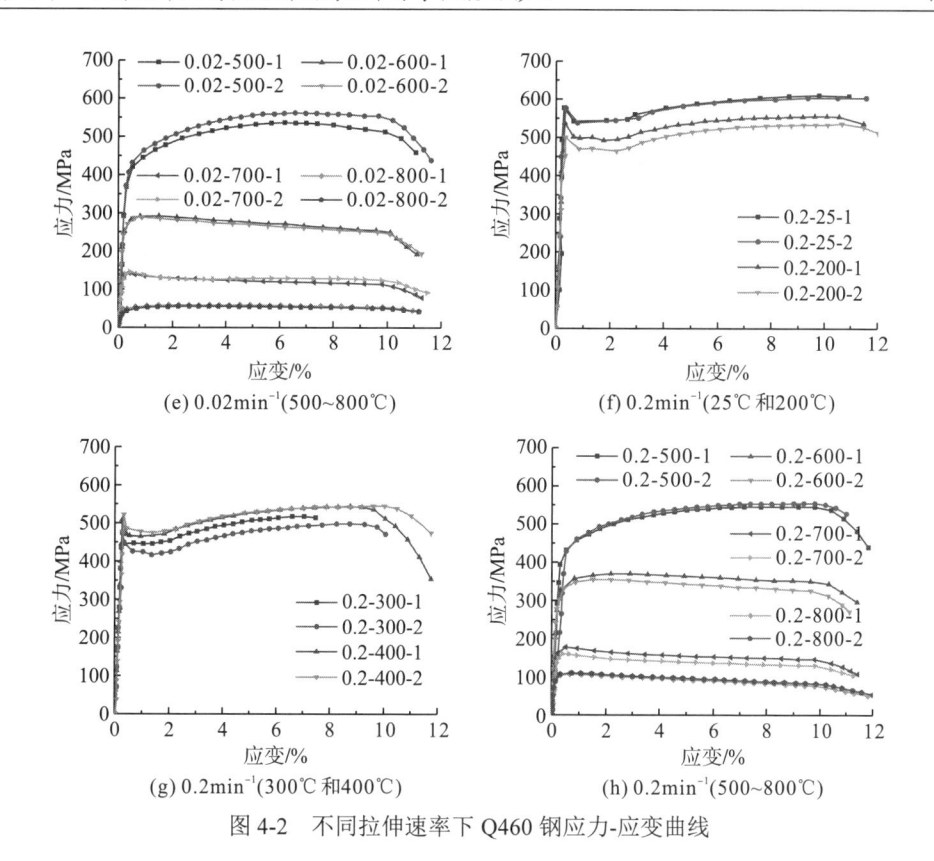

(e) 0.02min⁻¹(500~800℃)

(f) 0.2min⁻¹(25℃和200℃)

(g) 0.2min⁻¹(300℃和400℃)

(h) 0.2min⁻¹(500~800℃)

图 4-2 不同拉伸速率下 Q460 钢应力-应变曲线

2. 力学性能和折减系数

在某些温度下未观察到屈服平台，因此对三种应变水平确定的屈服强度进行对比，分别为 0.2%塑性变形应力（$f_{0.2,T}$）、1.0%变形应力（$f_{1.0,T}$）和 2.0%变形应力（$f_{2.0,T}$）。试验得到的 Q460 钢在不同温度和拉伸应变速率下的屈服强度、抗拉强度、弹性模量和极限伸长率等力学性能指标分别列于表 4-2～表 4-4 中。为了量化温度和拉伸速率对 Q460 钢力学性能的影响，将高温下试验结果与常温下试验结果进行对比，得到相应的折减系数，列于表 4-5～表 4-7 中，并绘制在图 4-3 中。

表 4-2　0.001min⁻¹ 拉伸速率下 Q460 钢力学性能指标

温度/℃	$f_{0.2,T}$/MPa	$f_{1.0,T}$/MPa	$f_{2.0,T}$/MPa	$f_{u,T}$/MPa	E_T/GPa	δ_T/%
25	512.4	515.6	515.5	587.3	208451	26.21
200	491.9	486.4	482.4	566.0	205672	23.52
300	459.4	471.0	496.6	563.2	220337	22.35
400	452.3	475.1	501.9	570.1	202168	23.05
500	422.8	467.0	501.1	547.6	180531	18.54

表4-3　0.02min⁻¹拉伸速率下Q460钢力学性能指标

温度/℃	$f_{0.2,T}$/MPa	$f_{1.0,T}$/MPa	$f_{2.0,T}$/MPa	$f_{u,T}$/MPa	E_T/GPa	δ_T/%
25	534.1	541.2	547.1	611.2	215433	26.44
200	493.0	493.5	495.7	568.7	199095	24.66
300	459.0	456.6	489.2	552.0	201230	20.97
400	434.7	459.4	490.4	548.3	194319	23.72
500	418.4	458.6	495.0	561.8	176912	20.30
600	277.0	289.9	285.5	291.0	143096	21.53
700	142.2	135.6	129.5	154.2	91240	23.38
800	46.5	53.6	56.3	61.0	49540	30.67

表4-4　0.2min⁻¹拉伸速率下Q460钢力学性能指标

温度/℃	$f_{0.2,T}$/MPa	$f_{1.0,T}$/MPa	$f_{2.0,T}$/MPa	$f_{u,T}$/MPa	E_T/GPa	δ_T/%
25	538.2	541.8	544.0	607.6	212152	25.80
200	491.0	485.9	478.2	547.2	200115	25.38
300	433.5	433.8	439.7	506.5	202575	22.13
400	472.0	471.1	479.0	544.7	194917	23.15
500	440.1	463.3	495.2	558.5	185089	21.59
600	332.2	354.7	361.5	362.1	150610	19.93
700	168.0	164.1	156.8	169.0	94891	24.91
800	105.5	107.6	103.8	108.3	69950	28.65

表4-5　0.001min⁻¹拉伸速率下Q460钢力学性能折减系数

温度/℃	$f_{0.2,T}/f_{0.2}$	$f_{1.0,T}/f_{1.0}$	$f_{2.0,T}/f_{2.0}$	$f_{u,T}/f_u$	E_T/E	δ_T/δ
25	1.000	1.000	1.000	1.000	1.000	1.000
200	0.960	0.943	0.936	0.964	0.987	0.897
300	0.896	0.913	0.963	0.959	1.057	0.853
400	0.883	0.921	0.974	0.971	0.970	0.879
500	0.825	0.906	0.972	0.932	0.866	0.707

表4-6　0.02min⁻¹拉伸速率下Q460钢力学性能折减系数

温度/℃	$f_{0.2,T}/f_{0.2}$	$f_{1.0,T}/f_{1.0}$	$f_{2.0,T}/f_{2.0}$	$f_{u,T}/f_u$	E_T/E	δ_T/δ
25	1.000	1.000	1.000	1.000	1.000	1.000
200	0.923	0.912	0.906	0.930	0.924	0.933
300	0.859	0.844	0.894	0.903	0.934	0.793
400	0.814	0.849	0.896	0.897	0.902	0.897
500	0.783	0.847	0.905	0.919	0.821	0.768
600	0.519	0.536	0.522	0.476	0.664	0.814
700	0.266	0.251	0.237	0.252	0.424	0.884
800	0.087	0.099	0.103	0.100	0.230	1.160

表 4-7　0.2min^{-1} 拉伸速率下 Q460 钢力学性能折减系数

温度/℃	$f_{0.2,T}/f_{0.2}$	$f_{1.0,T}/f_{1.0}$	$f_{2.0,T}/f_{2.0}$	$f_{u,T}/f_u$	E_T/E	δ_T/δ
25	1.000	1.000	1.000	1.000	1.000	1.000
200	0.912	0.897	0.879	0.901	0.943	0.984
300	0.805	0.801	0.808	0.834	0.955	0.858
400	0.877	0.870	0.880	0.896	0.919	0.897
500	0.818	0.855	0.910	0.919	0.872	0.837
600	0.617	0.655	0.664	0.596	0.710	0.772
700	0.312	0.303	0.288	0.278	0.447	0.966
800	0.196	0.199	0.191	0.178	0.330	1.110

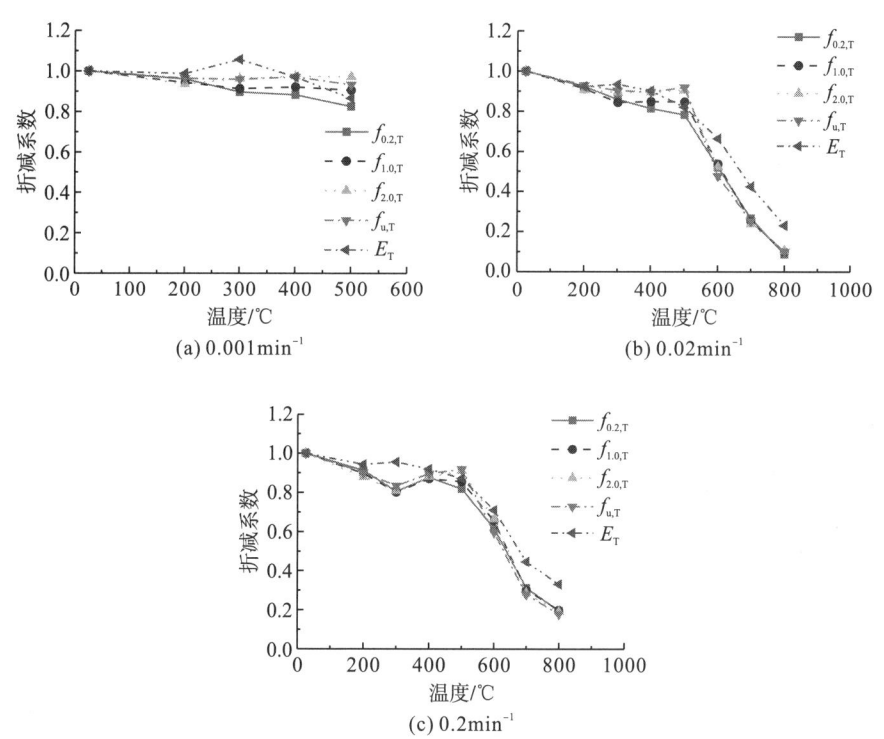

(a) 0.001min^{-1}

(b) 0.02min^{-1}

(c) 0.2min^{-1}

图 4-3　不同拉伸速率下 Q460 钢力学性能折减系数

从图 4-3 中可以观察到，随着温度的增加，三种应变水平下的屈服强度折减系数呈现基本一致的变化趋势。在 500℃温度下，三种屈服强度折减系数之间的差异最为显著，达到 0.15。然而，在高于 500℃的温度范围内，如 600~800℃，根据不同应变水平确定的屈服强度的差异并不明显。在整个试验温度范围内，抗拉强度折减系数的变化趋势与屈服强度 $f_{2.0,T}$ 的趋势保持一致。这是由于 Q460 钢的应变硬化效应并不明显，强度硬化效应也相对不显著。在高温下，Q460钢的弹性模量折减系数通常大于屈服强度和抗拉强度的折减系数，尤其在温度达到600℃之后。

为了深入研究拉伸速率对Q460钢在高温下的力学性能的影响，对比不同拉伸速率下Q460钢的力学性能折减系数，如图4-4所示。结果显示，拉伸速率对Q460钢的力学性能，包括屈服强度、抗拉强度和弹性模量，产生明显的影响。在300～400℃的温度范围内钢材会发生蓝脆效应，导致钢材力学性能发生变化，这可能是因为在500℃以下的温度范围内折减系数之间存在差异。当温度高于500℃时，拉伸速率对Q460钢的力学性能的影响表现为拉伸速率越高，折减系数越高。这主要是由于钢材颗粒结构随温度升高而发生变化，在钢材温度低于500℃时，钢材颗粒主要由铁素体和碳化铁组成，随着温度的升高，共晶奥氏体开始形成，此时提高拉伸速率会使得钢材强度提高。在300℃的温度下，随着拉伸速率的增加，强度和弹性模量折减系数降低0.15左右，但在500℃时，这种影响可以被忽略。不同拉伸速率对Q460钢极限伸长率折减系数没有明显影响，不同拉伸速率下Q460钢的极限伸长率折减系数均表现为随着温度的增加而先降低，在400℃时较300℃下有所提高，然后在500～600℃达到最低值（约为室温的75%），随后随温度的进一步升高而增加。

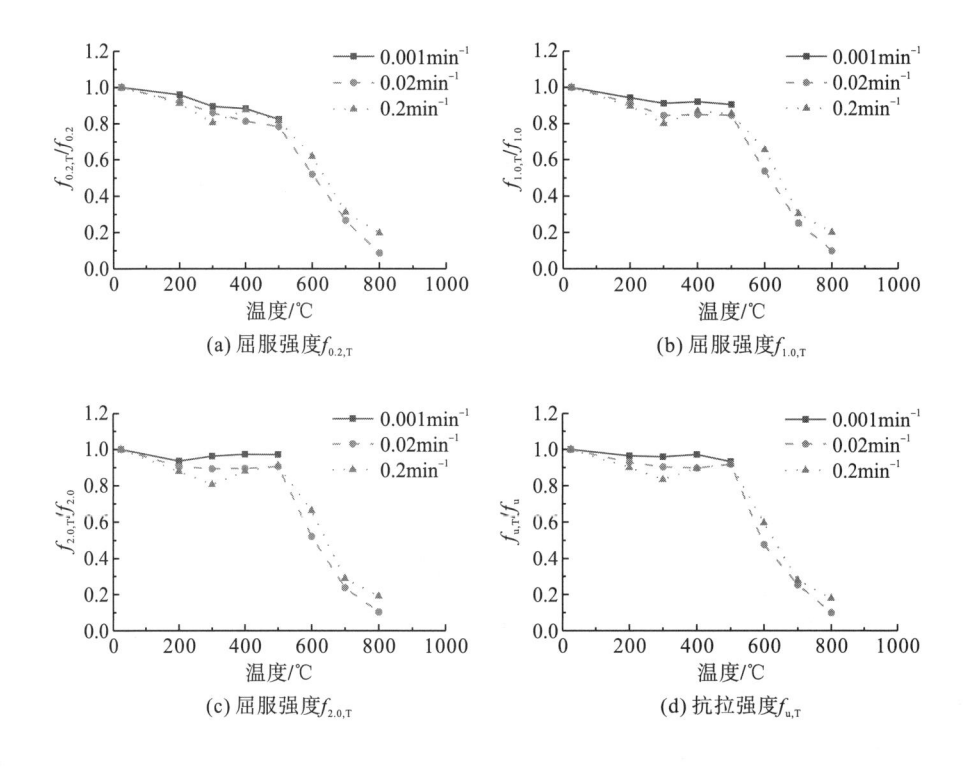

(a) 屈服强度 $f_{0.2,T}$

(b) 屈服强度 $f_{1.0,T}$

(c) 屈服强度 $f_{2.0,T}$

(d) 抗拉强度 $f_{u,T}$

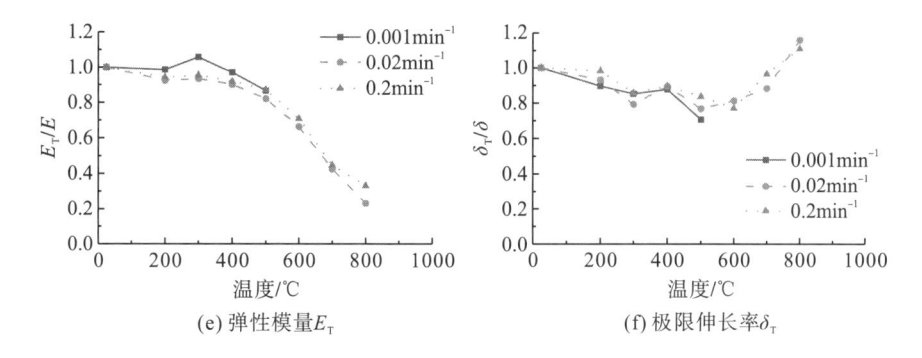

(e) 弹性模量 E_T (f) 极限伸长率 δ_T

图 4-4 不同拉伸速率下 Q460 钢力学性能折减系数对比

3. 破坏模式

不同拉伸速率下 Q460 钢试件的破坏模式如图 4-5 所示。从图中可以观察到，在室温下，试样的断裂位置在标距范围内的分布比较随机。一部分试件在标距段中部发生断裂，另一部分试件则在标距段末端附近断裂。在 200℃ 和 500～800℃ 的温度范围时，试样的破坏位置均发生在标距段中部，而在温度为 300℃ 和 400℃ 时，试样的破坏位置均未发生在标距段中部。高温下试件的破坏模式不同可能原因如下：首先，蓝脆效应对 300～400℃ 的钢材强度产生影响。当温度为 300～400℃ 时，钢材表面形成蓝色氧化膜，这种现象称为蓝脆现象，其导致钢材的强度略微提高，但塑性降低。其次，沿试件长度的温度分布可能不均匀，一般来说，试件中部的温度最高。因此，在 300～400℃ 的温度范围内，试件中部的强度略高于其他部位，导致在强度更低的部位，即标距段端部发生断裂。此外，所有试件都观察到了明显的颈缩现象，表明 Q460 钢在高温下具有良好的塑性，不存在脆性断裂。拉伸应变速率越小，Q460 钢试件颈缩现象越明显，表现出更好的延性。

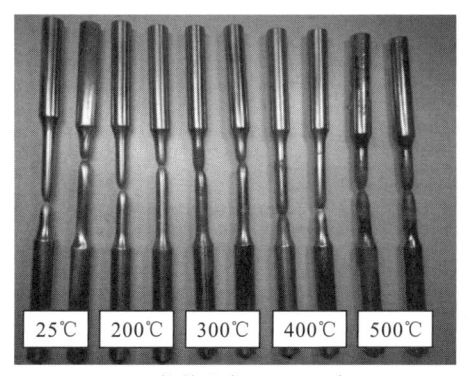

(a) 拉伸速率 0.001min^{-1}

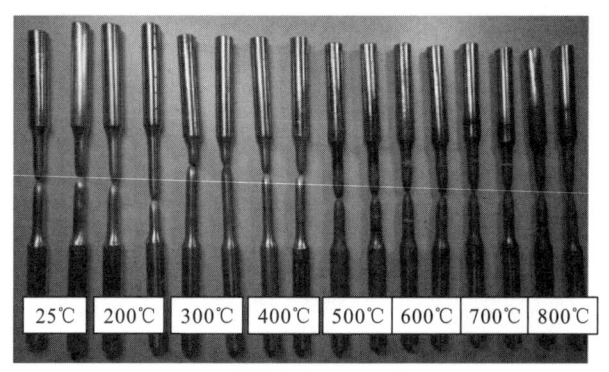

(b) 拉伸速率0.02min^{-1}

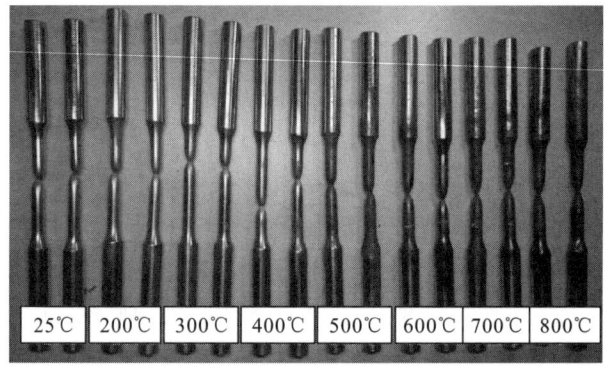

(c) 拉伸速率0.2min^{-1}

图 4-5 不同拉伸速率下 Q460 钢试件破坏模式

4.3 不同拉伸速率的 Q690 钢高温下拉伸试验

4.3.1 试件设计

拉伸试验试件取自一块名义厚度为 10mm 的 Q690 结构钢板。首先将钢板用线切割机床切成截面为 10mm×10mm 的方条，然后在数控车床上将圆柱段车削加工成型。钢板除铁之外的主要化学成分见表 4-8，化学成分符合《高强度结构用调质钢板》GB/T 16270—2009[91]的要求。试件尺寸按照《金属材料 拉伸试验 第 1 部分：室温试验方法》GB/T 228.1—2021[86]和《金属材料 拉伸试验 第 2 部分：高温试验方法》GB/T 228.2—2015[87]的相关规定进行设计。试件具体尺寸见图 4-6。为防止夹持时出现滑移，试件两端夹持段的部分加工螺纹，并配备相应的螺纹夹具。

表 4-8 不同拉伸速率高温下拉伸试验 Q690 钢板除铁之外的主要化学成分

成分	C	Si	Mn	P	S	Cu	Cr	Ni	Mo	B	V	Nb	Ti
含量/%	≤0.2	≤0.8	≤1.8	≤0.02	≤0.01	≤0.5	≤1.5	≤2.0	≤0.7	≤0.005	≤0.12	≤0.06	≤0.05

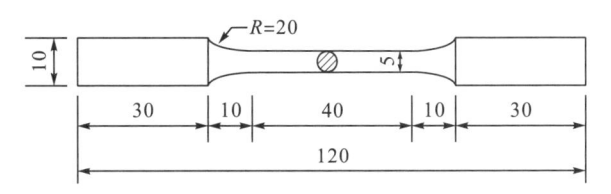

图 4-6 不同拉伸速率下 Q690 钢拉伸试验试件尺寸(单位：mm)

4.3.2 试验装置及程序

不同拉伸速率下 Q690 钢拉伸试验中使用两种试验机分别进行高温拉伸试验和常温拉伸试验。高温拉伸试验采用的是 GWT2105 型高温蠕变持久强度试验机[图 4-7(a)]，该试验机最大试验力为 100kN，准确度等级为 0.5 级，试验力示值相对误差≤0.5%。常温拉伸试验则使用美特斯公司生产的 E45.305 型 MTS 万能试验机[图 4-7(b)]，其最小试验速度和最大试验速度分别为 0.001mm/min 和 250mm/min，最大拉力为 300kN，准确度等级为 0.5 级。

(a) GWT2105型试验机 (b) MTS万能试验机

图 4-7 不同拉伸速率下 Q690 钢拉伸试验装置

在高温拉伸试验中，由于试样的标距小于 50mm，只需在试样平行段的两端分别固定一个热电偶即可测量试件的温度，并在升温过程中避免加热体对热电偶的直接热辐射。虽然电炉的加热速率与自然火灾的加热速率存在差异，自然火灾中的加热速率通常更高，但测试结果显示加热速率对结果几乎没有影响，这是因为在达到目标温度之前，试样可以自由膨胀。在常温拉伸试验中，试件的应变是通过型号为 634.12F-21 的引伸计测得的，该引伸计的量程为−20%～+25%，标距为 25mm。在高温拉伸试验中，试件的应变则通过型号为 3448-025M-050 的引伸计测得，其标距为 25mm，量程为±25%，最高可承受温度为 1200℃。在试验过程中，在"荷载-行程"曲线达到峰值并开始下降后，可以撤掉引伸计。

试验考虑三种不同的拉伸应变速率，即 0.002min^{-1}、0.02min^{-1} 和 0.2min^{-1}。试验共设定 5 个目标温度，即 20℃（常温）、200℃、400℃、600℃和 800℃。在试验时，先将试件上下两端固定于带有内螺纹的夹具中，夹具的材质为热作模具钢。安装好引伸计后，使用电炉将试件加热至目标温度，并在目标温度下保持恒定约 20min，以确保试件内部温度均匀分布。保温结束后，确保引伸计已经稳定输出，然后夹紧试件的下端，这样做的目的是在升温过程中允许试件自由变形，从而防止温度应力对试验结果产生影响。最后，以规定的拉伸应变速率进行拉伸试验，直至试件发生断裂。在加载过程中，需保持试验温度和拉伸速率恒定。

4.3.3 试验结果及分析

1. 应力-应变曲线

不同拉伸速率下 Q690 钢应力-应变曲线如图 4-8 所示。试件编号方式为"拉伸速率-目标温度-试验序次"。由图 4-8 可以看出，随着温度的不断升高，Q690 钢的整体强度普遍呈现下降趋势，尤其是在温度高达 600℃和 800℃时，强度下降的趋势变得尤为突出。此外，不同拉伸速率对 Q690 钢高温下应力-应变曲线没有显著影响。

在常温环境下，高强 Q690 钢在三种不同拉伸应变速率条件下的应力-应变曲线均显示出明显的屈服平台特征。这表明材料在屈服点后仍能维持一定的承载能力而不发生显著变形。然而，随着温度的升高，这一现象开始发生变化。当温度为 200℃时，尽管应变硬化效应仍然存在，但其在应力-应变曲线上的表现不如常温下那么明显。这表明材料在经历初始屈服后，仍能通过应变硬化机制增加其强度，从而抵抗进一步的塑性变形。当温度为 400℃时，应变硬化效应在应力-应变曲线上的影响已明显减弱。这表明在较高温度下，材料在屈服后的强化能力下降。当温度达到 600℃甚至 800℃时，应力-应变曲线显示，一旦施加的应力超过试件的屈服强度，材料的抗变形能力不但没有因为应变硬化而增强，反而随着应变的增加，其强度显著下降。在这种情况下，应变硬化效应几乎完全消失，材料呈现出显著的软化行为。这种变化反映了在高温环境下，Q690 钢的应变硬化能

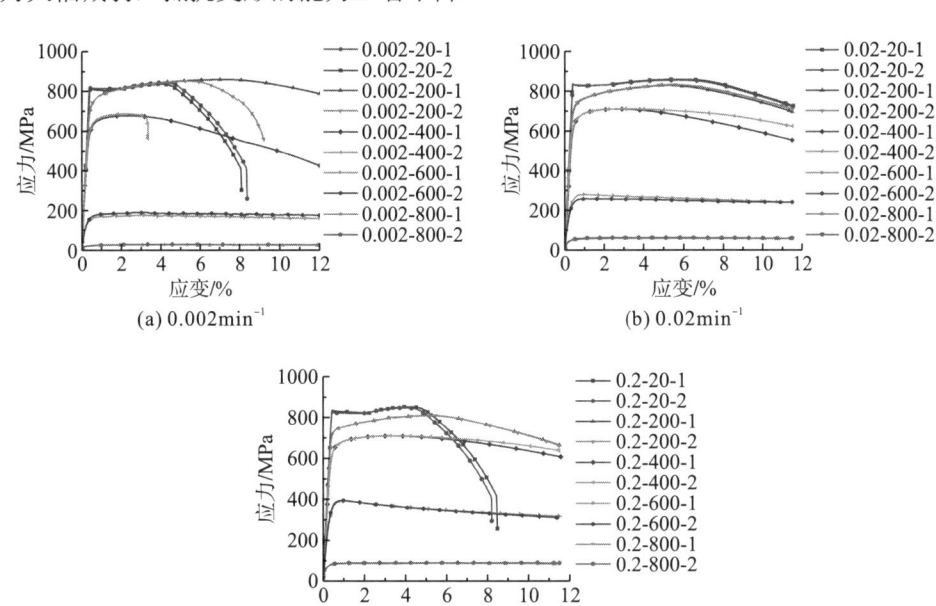

第 4 章 拉伸速率对高强结构钢高温下力学性能的影响

力大幅减弱，抵抗变形的能力显著下降。

(a) 0.002min^{-1}

(b) 0.02min^{-1}

(c) 0.2min^{-1}

图 4-8 不同拉伸速率下 Q690 钢应力-应变曲线

2. 力学性能和折减系数

试验得到 Q690 钢在不同温度和拉伸应变速率下的屈服强度、抗拉强度、弹性模量和极限伸长率等力学性能指标分别列于表 4-9～表 4-11 中。其中，屈服强度根据四种应变水平下的应力确定，即 $f_{0.2,T}$、$f_{0.5,T}$、$f_{1.5,T}$ 和 $f_{2.0,T}$，并分别进行对比。为了量化温度和拉伸速率对 Q690 钢力学性能的影响，将高温下试验结果与常温下结果进行对比，得到相应的折减系数，列于表 4-12～表 4-14 中。为了深入研究拉伸速率对 Q690 钢高温下力学性能的影响，对比不同拉伸速率下 Q690 钢的折减系数，如图 4-9 所示。

表 4-9 0.002min^{-1} 拉伸速率下 Q690 钢力学性能指标

温度/℃	E_T/GPa	$f_{0.2,T}$/MPa	$f_{0.5,T}$/MPa	$f_{1.5,T}$/MPa	$f_{2.0,T}$/MPa	$f_{u,T}$/MPa	δ_T/%
20	209.3	812.3	812.6	810.7	813.5	840.0	18.1
200	208.3	746.5	731.1	801.0	813.1	856.0	20.8
400	178.6	630.0	620.9	677.9	682.0	683.0	19.0
600	109.4	159.0	162.7	177.7	178.4	185.0	52.5
800	21.9	20.5	23.4	27.1	27.7	29.5	122.3

表 4-10 0.02min^{-1} 拉伸速率下 Q690 钢力学性能指标

温度/℃	E_T/GPa	$f_{0.2,T}$/MPa	$f_{0.5,T}$/MPa	$f_{1.5,T}$/MPa	$f_{2.0,T}$/MPa	$f_{u,T}$/MPa	δ_T/%
20	215.5	830.2	831.7	828.9	831.8	857.7	19.5
200	189.7	736.5	721.3	780.7	794.4	832.0	16.5
400	178.6	651.5	636.9	701.4	707.5	728.0	21.8
600	114.6	248.0	253.1	267.1	265.8	268.5	55.3
800	31.3	49.5	53.4	59.4	60.4	61.5	136.8

表 4-11 0.2min^{-1} 拉伸速率下 Q690 钢力学性能指标

温度/℃	E_T/GPa	$f_{0.2,T}$/MPa	$f_{0.5,T}$/MPa	$f_{1.5,T}$/MPa	$f_{2.0,T}$/MPa	$f_{u,T}$/MPa	δ_T/%
20	188.8	827.7	829.5	823.4	823.3	850.5	19.2
200	201.1	734.5	727.2	767.5	778.1	811.0	17.0
400	178.5	651.5	636.9	695.7	702.9	710.0	23.8
600	134.2	369.0	367.9	387.9	381.5	393.0	39.2
800	38.8	78.5	84.6	88.7	88.9	89.5	127.8

表 4-12 0.002min^{-1} 拉伸速率下 Q690 钢力学性能折减系数

温度/℃	E_T/E	$f_{0.2,T}/f_{0.2}$	$f_{0.5,T}/f_{0.5}$	$f_{1.5,T}/f_{1.5}$	$f_{2.0,T}/f_{2.0}$	$f_{u,T}/f_u$	δ_T/δ
20	1.000	1.000	1.000	1.000	1.000	1.000	1.000
200	0.996	0.919	0.900	0.988	0.999	1.019	1.146
400	0.853	0.776	0.764	0.836	0.838	0.813	1.050
600	0.523	0.196	0.200	0.219	0.219	0.220	2.901
800	0.105	0.025	0.029	0.033	0.034	0.035	6.754

表 4-13 0.02min^{-1} 拉伸速率下 Q690 钢力学性能折减系数

温度/℃	E_T/E	$f_{0.2,T}/f_{0.2}$	$f_{0.5,T}/f_{0.5}$	$f_{1.5,T}/f_{1.5}$	$f_{2.0,T}/f_{2.0}$	$f_{u,T}/f_u$	δ_T/δ
20	1.000	1.000	1.000	1.000	1.000	1.000	1.000
200	0.880	0.887	0.867	0.942	0.955	0.970	0.846
400	0.829	0.785	0.766	0.846	0.851	0.849	1.115
600	0.532	0.299	0.304	0.322	0.320	0.313	2.833
800	0.145	0.060	0.064	0.072	0.073	0.072	7.013

表 4-14 0.2min^{-1} 拉伸速率下 Q690 钢力学性能折减系数

温度/℃	E_T/E	$f_{0.2,T}/f_{0.2}$	$f_{0.5,T}/f_{0.5}$	$f_{1.5,T}/f_{1.5}$	$f_{2.0,T}/f_{2.0}$	$f_{u,T}/f_u$	δ_T/δ
20	1.000	1.000	1.000	1.000	1.000	1.000	1.000
200	1.065	0.887	0.877	0.932	0.945	0.954	0.887
400	0.946	0.787	0.768	0.845	0.854	0.835	1.240
600	0.711	0.446	0.443	0.471	0.463	0.462	2.049
800	0.206	0.095	0.102	0.108	0.108	0.105	6.668

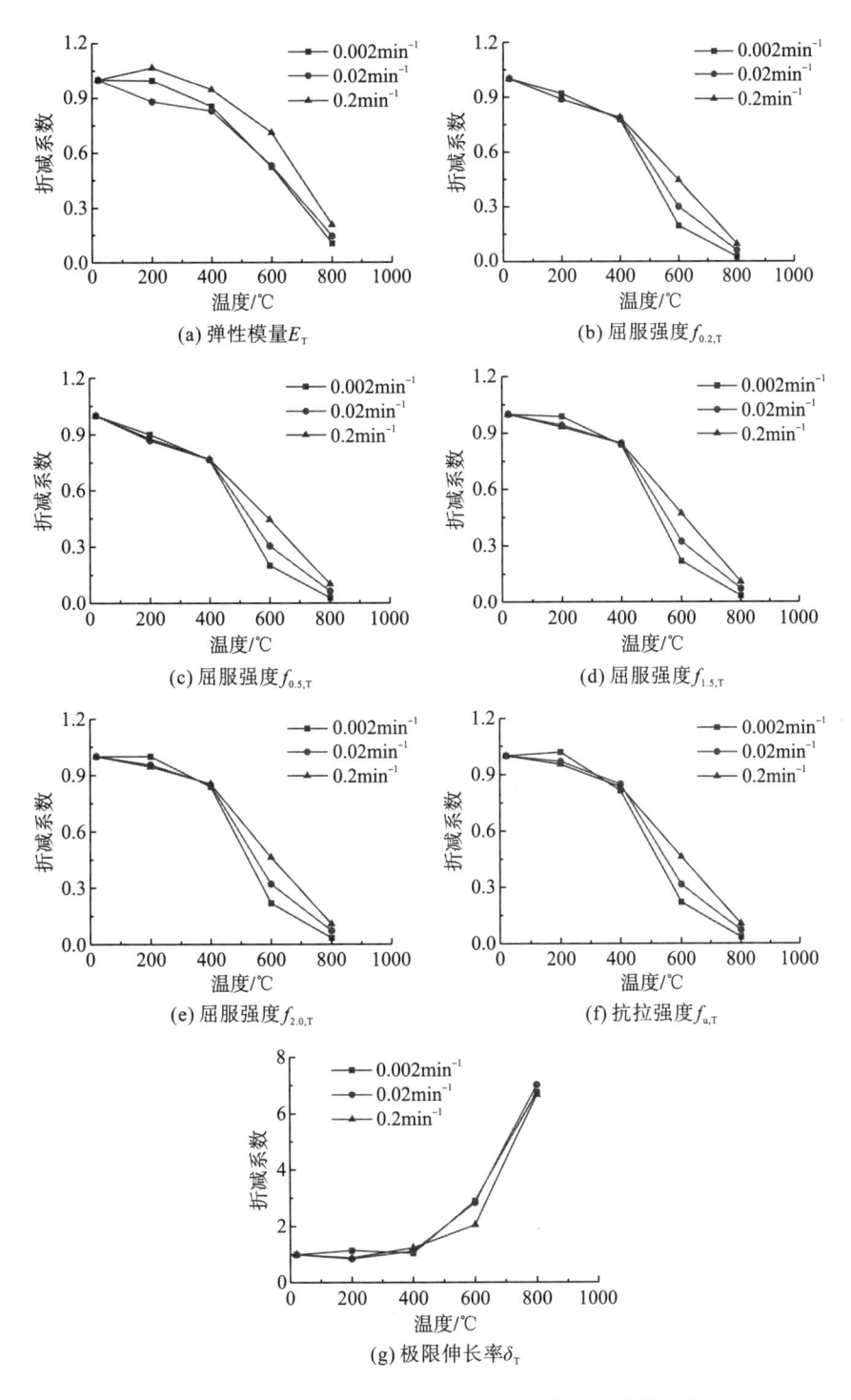

第 4 章 拉伸速率对高强结构钢高温下力学性能的影响

(a) 弹性模量 E_T

(b) 屈服强度 $f_{0.2,T}$

(c) 屈服强度 $f_{0.5,T}$

(d) 屈服强度 $f_{1.5,T}$

(e) 屈服强度 $f_{2.0,T}$

(f) 抗拉强度 $f_{u,T}$

(g) 极限伸长率 δ_T

图 4-9 不同拉伸速率下 Q690 钢力学性能折减系数对比

Q690 钢的弹性模量折减系数基本表现出随着温度升高而降低的趋势，且温度越高，降低速度越快。在 200℃时，0.2min^{-1} 拉伸速率下弹性模量折减系数高于 1，这可能是由于常温测试结果较低，以及 200℃时钢材可能发生蓝脆效应导致钢材力学性能发生变化。当温度超过 200℃时，0.002min^{-1} 和 0.02min^{-1} 拉伸速率下的弹性模量折减系数基本一致，而 0.2min^{-1} 拉伸速率下的弹性模量折减系数显著高于前两者，这一差异在 600℃时最为明显。这表明在高温条件下，较高的拉伸速率能够在一定程度上减缓 Q690 钢弹性模量的降低，较低的拉伸速率则导致弹性模量显著减小。

在四种不同应变水平下的屈服强度折减系数和抗拉强度折减系数均随着温度的增加而逐渐降低。当温度为 200℃时，0.02min^{-1} 和 0.2min^{-1} 拉伸速率下 Q690 钢的屈服强度折减系数和抗拉强度折减系数基本一致，而 0.002min^{-1} 拉伸速率下的折减系数相对更高，但差异不大。温度达到 400℃时，三种拉伸速率下的屈服强度折减系数和抗拉强度折减系数基本相等，均能保持常温下的 80%左右。然而，在温度达到 600℃后，屈服强度折减系数和抗拉强度折减系数显著下降，且不同拉伸速率下的折减系数表现出明显规律：在相同温度下，拉伸速率越小，屈服强度折减系数和抗拉强度折减系数越低。这种差异在 1.5%应变对应的屈服强度表现得最为显著，随着拉伸速率的减小，屈服强度折减系数（$f_{1.5,\mathrm{T}}/f_{1.5}$）由 0.2min^{-1} 拉伸速率下的 0.471 下降至 0.002min^{-1} 拉伸速率下的 0.322，相差 0.149。在温度为 800℃时，屈服强度和抗拉强度已不足常温下的 10%，但依然可以观察到拉伸速率越小，折减系数越低的规律。这表明在高温环境下，材料的强度损失与拉伸速率密切相关，较低的拉伸速率会导致更大的强度折减。

对于断后伸长率折减系数，在温度超过 400℃后，其值随着温度的升高呈现出明显的上升趋势。然而，不同拉伸速率下 Q690 钢的断后伸长率折减系数未表现出显著的规律性和差异性。

3. 破坏模式

不同拉伸速率下 Q690 钢试件的破坏模式如图 4-10 所示。破坏后的试件从左至右按照试验温度由低到高的顺序排列。

在较低的 0.002min^{-1} 拉伸应变速率条件下，观察到两根试件在常温下均呈现银白色，且断裂位置大致位于试件的中部区域。在 200℃的温度条件下，试件呈现亮铜色，其中一根试件的断口位于中心区域，另一根则靠近端部。在 400℃的温度条件下，试件呈现铜黑色，且两根试件的断口位置都相对靠近端部。在 600℃的温度条件下，试件颜色呈现为黑色，断口位置均位于试件的中部。拉伸应变速率为 0.02min^{-1} 时，发现 20℃、200℃和 600℃条件下试件的外观与 0.002min^{-1} 时观察到的情况非常相似。然而，在 400℃时，试件呈现蓝棕色，两根试件的断口位置都位于中部。在拉伸应变速率为 0.2min^{-1} 的条件下，20℃和 200℃时的试件表现形态与 0.002min^{-1} 下观察到的情况相类似。但是，在 400℃ 时，试件颜色转变为墨绿色，断口依然位于中部。当温度升高至 600℃时，试件呈现灰黑色，断口位置大致位于中部。此外，在 800℃时，可以在试件表面观察到明显的氧化膜脱落现象。

通过观察不同拉伸速率下 Q690 钢试件的破坏模式，可以发现高温拉伸试验中试件在断裂后普遍存在颈缩现象。随着测试温度的不断升高，试件的断面收缩率逐渐增大，导致断裂截面显著减小，这显示出 Q690 钢在高温下的强度和延展性受到了显著影响。不同拉伸速率下 Q690 钢试件的破坏模式没有表现出显著差异。

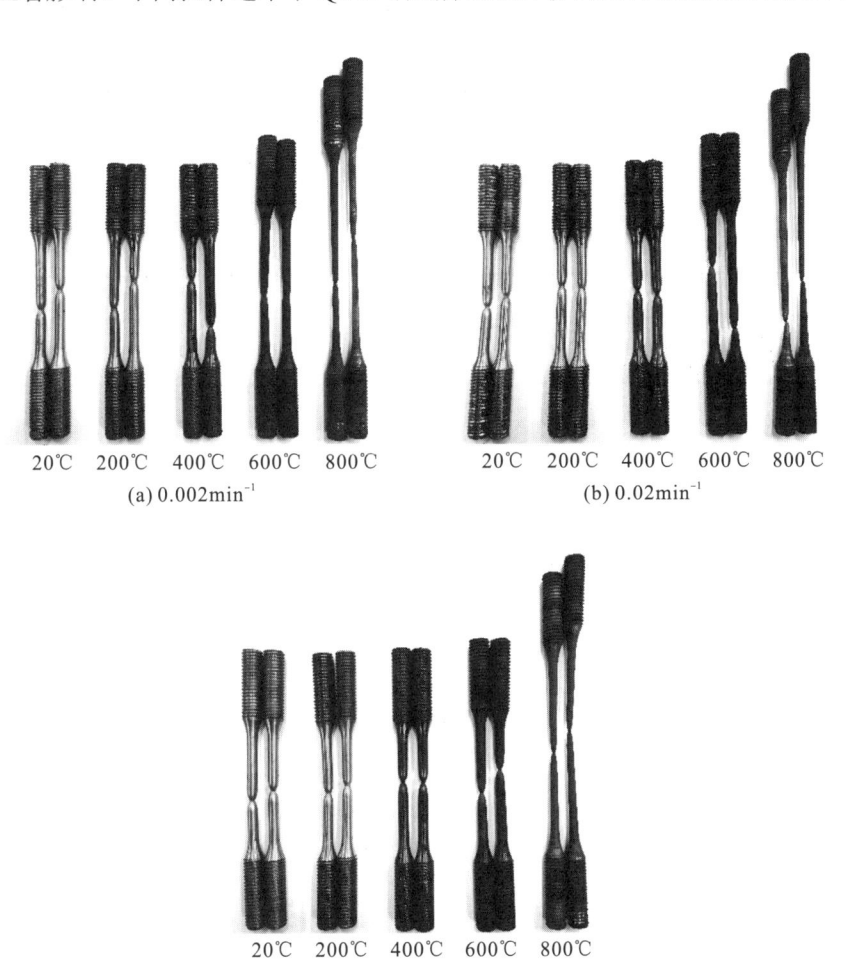

图 4-10　不同拉伸速率下 Q690 钢试件破坏模式

4.4 不同拉伸速率的Q960钢高温下拉伸试验

4.4.1 试件设计

拉伸试验试件取自一块名义厚度为12mm的Q960E结构钢板。钢板除铁之外的主要化学成分见表4-15。试件尺寸按照《金属材料 拉伸试验 第1部分：室温试验方法》GB/T 228.1—2021[86]和《金属材料 拉伸试验 第2部分：高温试验方法》GB/T 228.2—2015[87]的相关规定进行设计。试件沿钢板纵向切割而成，取样位置和加工精度均符合《钢及钢产品 力学性能试验取样位置及试样制备》GB/T 2975—2018[90]的要求。试件具体尺寸见图4-11，为防止夹持时出现滑移，试件两端夹持段的部分加工螺纹，并配备相应的螺纹夹具。

表4-15 不同拉伸速率高温下拉伸试验Q960钢板除铁之外的主要化学成分

成分	C	Si	Mn	P	S	Cu	Cr	Ni	Mo	B	V	Nb	Ti
含量/%	≤0.2	≤0.8	≤2.0	≤0.02	≤0.01	≤0.5	≤1.5	≤2.0	≤0.7	≤0.005	≤0.12	≤0.06	≤0.05

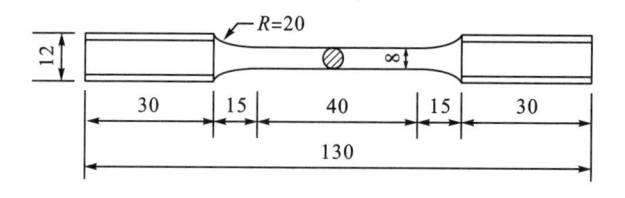

图4-11 不同拉伸速率下Q960钢拉伸试验试件尺寸(单位：mm)

4.4.2 试验装置及程序

不同拉伸速率下Q960钢拉伸试验中使用两种不同的试验机分别进行高温拉伸试验和常温拉伸试验。高温拉伸试验采用岛津公司生产的AGS-X-300kN型高温拉伸试验机[图4-12(a)]，该试验机最大拉力可达300kN，准确度等级为0.5级。常温拉伸试验采用美特斯公司生产的E45.305型MTS万能试验机[图4-12(b)]，该试验机的最大拉力和准确度等级分别为300kN和0.5级。试件拉伸过程中的应变通过3448-025M-050型号的高温自支撑单轴引伸计[图4-12(c)]测得，其标距为25mm，量程为50%。在试验过程中，当"荷载-位移"曲线达到峰值并开始下降时，即可移除引伸计。在高温拉伸试验中，试件的标距段长度小于 50mm，在试件平行段的两端分别固定一个电热偶以测量试件的温度。

(a) 高温拉伸试验机　　　(b) 常温拉伸试验机　　　(c) 引伸计

图 4-12　不同拉伸速率下 Q960 钢拉伸试验装置

试验考虑三种不同的拉伸应变速率，即 0.001min^{-1}、0.02min^{-1} 和 0.2min^{-1}。试验共设定 8 个目标温度，即 25℃（常温）、200℃、300℃、400℃、500℃、600℃、700℃ 和 800℃。在试验时，先将试件上下两端固定于带有内螺纹的夹具中，夹具的材质为热作模具钢。安装好引伸计后，以 $50℃\text{min}^{-1}$ 的加热速率将试件升温至目标温度后保持温度恒定约 20min，以确保试件内部温度均匀分布。保温结束后，以规定的拉伸应变速率进行拉伸试验，直至试件发生断裂。加载过程中保持试验温度和拉伸速率恒定。

4.4.3　试验结果及分析

1. 应力-应变曲线

Q960 钢在 0.02min^{-1} 和 0.2min^{-1} 拉伸速率下的应力-应变曲线如图 4-13 所示。试件编号方式为"拉伸速率-目标温度-试验序次"。由图 4-13 可以看出，Q960 钢只有在常温下应力-应变曲线才有较明显的屈服平台，而在高温下应力-应变曲线没有屈服平台。随着温度的升高，Q960 钢应力-应变曲线初期线性阶段末点对应的应变不断减小。Q960 钢应力-应变曲线在不同拉伸速率下没有表现出明显差异。

(a) 0.02min⁻¹，T=25℃和200℃

(b) 0.2min⁻¹，T=25℃和200℃

(c) 0.02min⁻¹，T=300℃~500℃

(d) 0.2min⁻¹，T=300℃~500℃

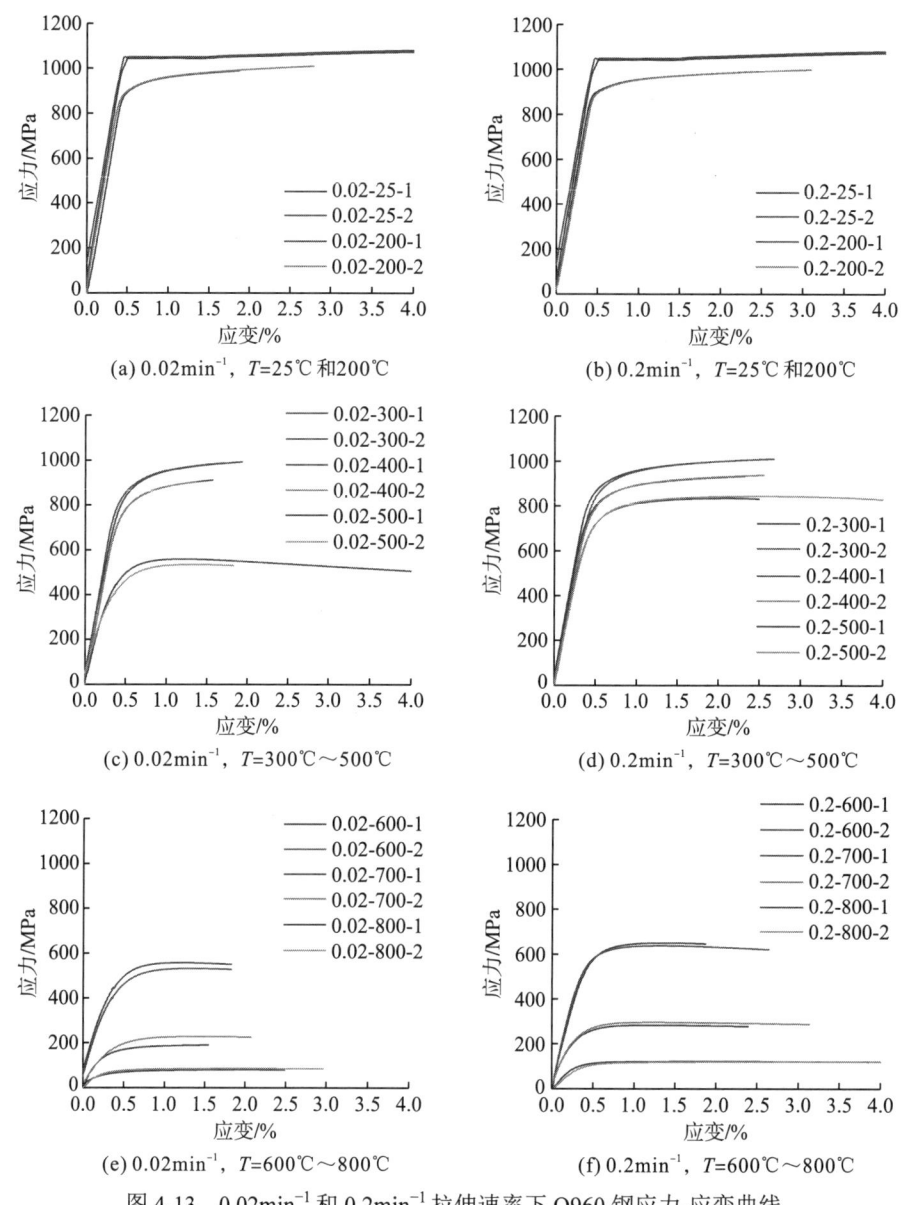

(e) 0.02min⁻¹，T=600℃~800℃

(f) 0.2min⁻¹，T=600℃~800℃

图 4-13　0.02min⁻¹ 和 0.2min⁻¹ 拉伸速率下 Q960 钢应力-应变曲线

2. 力学性能和折减系数

试验得到 Q960 钢在不同温度和拉伸应变速率下的屈服强度、抗拉强度、弹性模量和断后伸长率等力学性能参数。取四种应变水平确定的屈服强度，即 $f_{0.2,T}$、$f_{0.5,T}$、$f_{1.0,T}$ 和 $f_{1.5,T}$ 分别进行对比。为了量化温度和拉伸速率对 Q960 钢力学性能的影响，将各力学性能指标及其折减系数列于表 4-16～表 4-21 和图 4-14。

第 4 章　拉伸速率对高强结构钢高温下力学性能的影响

表 4-16　0.2min^{-1} 拉伸速率下 Q960 钢力学性能指标

温度/℃	$f_{0.2,T}$/MPa	$f_{0.5,T}$/MPa	$f_{1.0,T}$/MPa	$f_{1.5,T}$/MPa	$f_{u,T}$/MPa	E_T/MPa	δ_T/MPa
25	1044	1043	1046	1047	1080	211	17.6
200	922	899	954	971	1016	208	15.5
300	906	850	957	985	1027	193	17.8
400	839	794	892	917	946	203	18.9
500	758	717	812	831	838	181	18.2
600	605	578	640	643	644	143	21.2
700	273	267	290	290	291	76	56.1
800	110	109	119	120	122	34	123.0

表 4-17　0.02min^{-1} 拉伸速率下 Q960 钢力学性能指标

温度/℃	$f_{0.2,T}$/MPa	$f_{0.5,T}$/MPa	$f_{1.0,T}$/MPa	$f_{1.5,T}$/MPa	$f_{u,T}$/MPa	E_T/MPa	δ_T/MPa
25	1041	1043	1046	1047	1082	214	17.5
200	927	894	960	980	1029	208	16.0
300	894	845	951	980	1030	196	21.1
400	828	779	881	732	933	191	17.8
500	743	480	543	544	815	124	16.8
600	502	478	541	531	544	123	29.5
700	181	183	205	209	209	42	74.2
800	71	73	80	82	85	20	190.7

表 4-18　0.001min^{-1} 拉伸速率下 Q960 钢抗拉强度

温度/℃	25	200	300	400	500	600	700	800
$f_{u,T}$/MPa	1077	1078	1041	949	750	449	112	44

表 4-19　0.2min^{-1} 拉伸速率下 Q960 钢力学性能折减系数

温度/℃	$f_{0.2,T}/f_{0.2}$	$f_{0.5,T}/f_{0.5}$	$f_{1.0,T}/f_{1.0}$	$f_{1.5,T}/f_{1.5}$	$f_{u,T}/f_u$	E_T/E	δ_T/δ
25	1.000	1.000	1.000	1.000	1.000	1.000	1.000
200	0.883	0.862	0.912	0.928	0.940	0.983	0.877
300	0.867	0.815	0.915	0.941	0.951	0.915	1.011
400	0.803	0.761	0.853	0.876	0.876	0.960	1.070
500	0.726	0.687	0.777	0.794	0.776	0.855	1.031
600	0.579	0.554	0.612	0.614	0.596	0.677	1.201
700	0.262	0.256	0.277	0.277	0.269	0.357	3.184
800	0.106	0.105	0.113	0.114	0.113	0.163	6.984

表 4-20　0.02min^{-1} 拉伸速率下 Q960 钢力学性能折减系数

温度/℃	$f_{0.2,T}/f_{0.2}$	$f_{0.5,T}/f_{0.5}$	$f_{1.0,T}/f_{1.0}$	$f_{1.5,T}/f_{1.5}$	$f_{u,T}/f_u$	E_T/E	δ_T/δ
25	1.000	1.000	1.000	1.000	1.000	1.000	1.000
200	0.890	0.857	0.918	0.936	0.951	0.975	0.911
300	0.858	0.809	0.909	0.936	0.952	0.919	1.207
400	0.796	0.746	0.842	0.699	0.863	0.895	1.019
500	0.713	0.460	0.519	0.520	0.754	0.579	0.958
600	0.483	0.458	0.517	0.507	0.503	0.577	1.684
700	0.174	0.175	0.196	0.199	0.194	0.195	4.239
800	0.069	0.070	0.077	0.079	0.079	0.095	10.896

表 4-21　0.001min^{-1} 拉伸速率下 Q960 钢抗拉强度折减系数

温度/℃	25	200	300	400	500	600	700	800
$f_{u,T}/f_u$	1.000	1.001	0.967	0.881	0.696	0.417	0.104	0.041

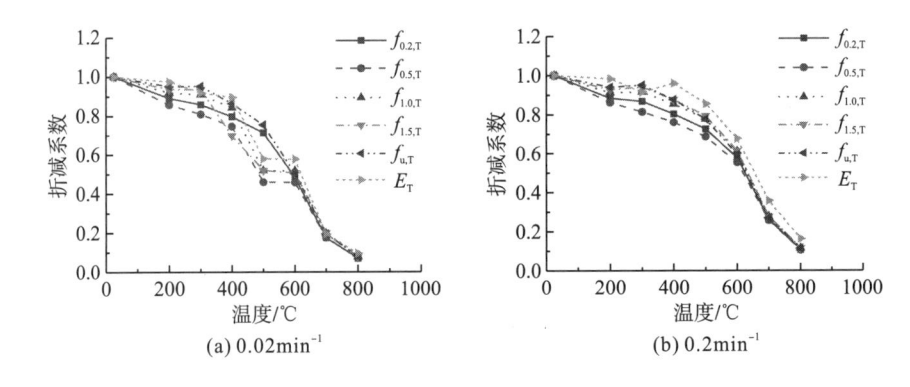

图 4-14　Q960 钢力学性能折减系数

从图 4-14 中可以观察到，随着温度的增加，四种应变水平下屈服强度的折减系数呈现基本一致的变化趋势。在较高应变速率水平(0.2min^{-1})下，不同应变水平下屈服强度的折减系数变化趋势十分相近，在 1.5%应变水平时，钢材强化阶段还未结束，因此屈服强度在大小上呈现出 $f_{0.5,T} < f_{0.2,T} < f_{1.0,T} < f_{1.5,T}$ 的规律。在 500℃温度下，不同应变水平下屈服强度折减系数之间的差异最为显著，拉伸速率 0.02min^{-1} 下 $f_{0.2,T}$ 折减系数和 $f_{0.5,T}$ 折减系数差异达到 0.25。在高于 500℃的温度范围内，0.2min^{-1} 和 0.02min^{-1} 拉伸速率下不同应变水平屈服强度的折减系数的差异表现出不断缩小。这是因为随着温度升高，弹性阶段结束时对应的应变逐渐变小，不同应变水平对应的屈服强度都在塑性阶段内取值，因此强度差异较小。

将不同拉伸速率下 Q960 钢力学性能折减系数进行对比(图 4-15)，以深入研究拉伸速率对 Q960 钢高温下力学性能的影响。由图 4-15 可以看出，在温度达到 400℃之前，拉伸速率的大小对 Q960 钢力学性能折减系数的影响十分微弱，仅在 400℃时对屈服强度 $f_{1.5,T}$ 有一定影响。在温度达到 500℃之后，拉伸速率对 Q960 钢的力学性能，包括屈服强度、抗拉强度和弹性模量均有明显的影响，表现为相同温度下拉伸速率越大，折减系数越大。且当温度为 500℃时，钢材的软化突然加剧，0.02min^{-1} 拉伸速率下 Q960 钢的屈服强度 $f_{0.5,T}$、$f_{1.0,T}$、$f_{1.5,T}$ 和抗拉

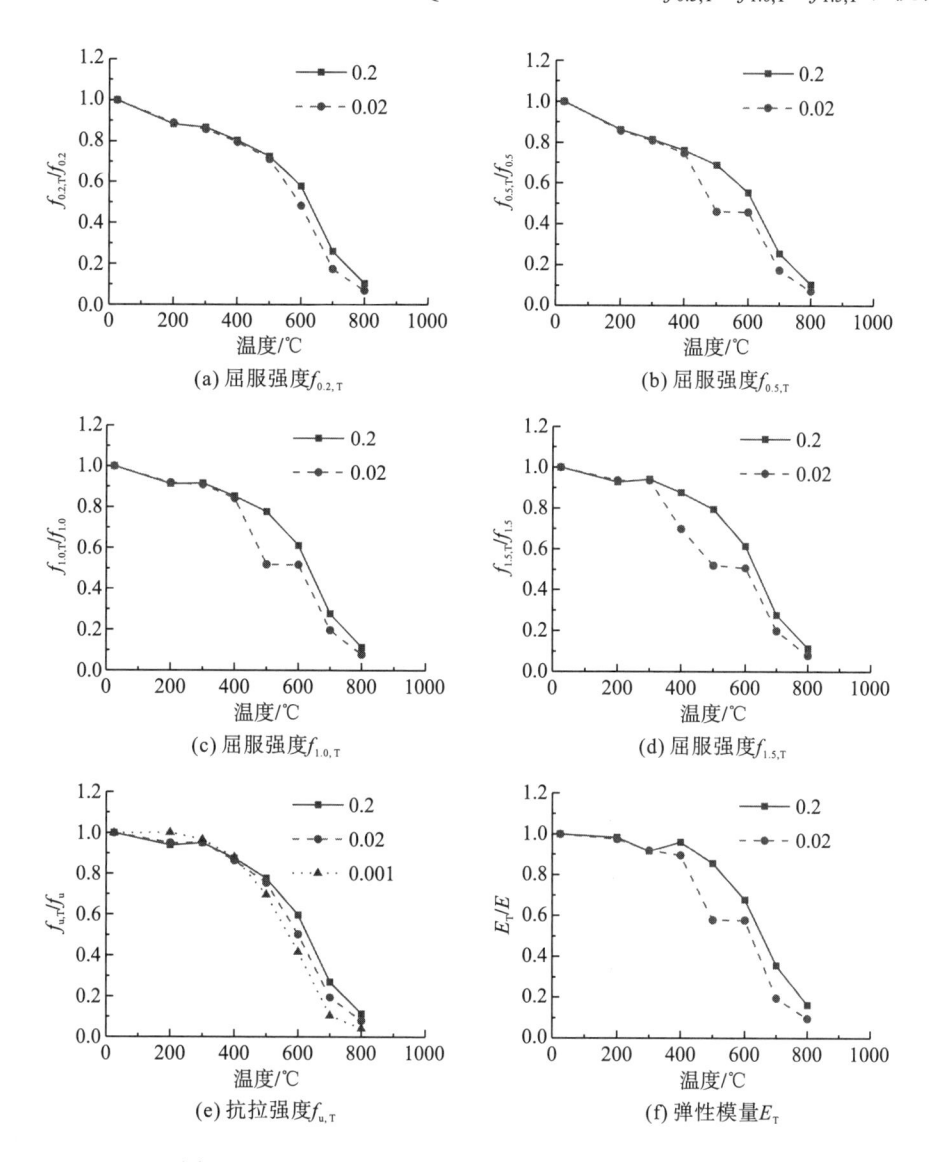

图 4-15 Q960 钢不同拉伸速率下力学性能折减系数对比

强度 $f_{u,T}$ 发生明显降低，导致不同拉伸速率下的屈服强度表现出较大的差异，最大达到常温屈服强度的 27.4%。拉伸速率对抗拉强度的影响随着试验温度的升高而增大，拉伸速率越快，抗拉强度越高。在 800℃的试验温度下，0.2min^{-1} 拉伸速率和 0.02min^{-1} 拉伸速率下的抗拉强度分别为 0.001min^{-1} 拉伸速率下抗拉强度的 276%和 192%。不同拉伸速率下弹性模量折减系数的差异在 500℃时达到最大，相差 0.276。

3. 破坏模式

不同拉伸速率下 Q960 钢试件的破坏模式如图 4-16 所示。为了便于比较，按温度从低到高排序，同一温度下的试件则按试验顺序排列，较长的部分置于下方，并尽量使试件底端与断裂面对齐。可以观察到，室温下的试件表面较亮，随着温度升高，反光度逐渐降低，最终变得暗淡。试件表面在室温下呈现银色；200℃条件下变为亮铜色；在 300℃时，表面呈现蓝色，即蓝脆现象；随着温度达到 400℃，难以观察到明显的蓝脆现象，而 400~600℃时，试件表面变得更加黑暗；进入 700℃时，试件由于温度过高，导致氧化反应剧烈，表面出现大量红褐色铁锈；当 800℃时，从热炉中取出断裂的试件，平行段已经全部烧红，冷却后表面覆盖大量铁锈。在 600~800℃的温度范围内，试件表面明显可见氧化皮脱落，伴随龟裂现象，随着温度升高，氧化皮由黑色转为红褐色。这是由于铁的氧化过程为：铁(Fe)→氧化亚铁(FeO)→四氧化三铁(Fe_3O_4)→氧化铁(Fe_2O_3)，其中氧化亚铁(FeO)和四氧化三铁(Fe_3O_4)都为黑色氧化物，而氧化铁(Fe_2O_3)为红褐色，随着温度升高，氧化加剧，使得表面的氧化皮从黑色变为红褐色。每个试件均出现明显的颈缩现象，这表明 Q960 钢在高温下具有良好的延性。随着试验温度的升高，拉伸后的试件变得更细长，断裂面变得更平滑、更平坦。拉伸应变速率越小，试件的断口越光滑，颈缩现象越明显，表现出更好的延性。不同拉伸速率下 Q960 钢试件的破坏模式没有观察到明显的差异。

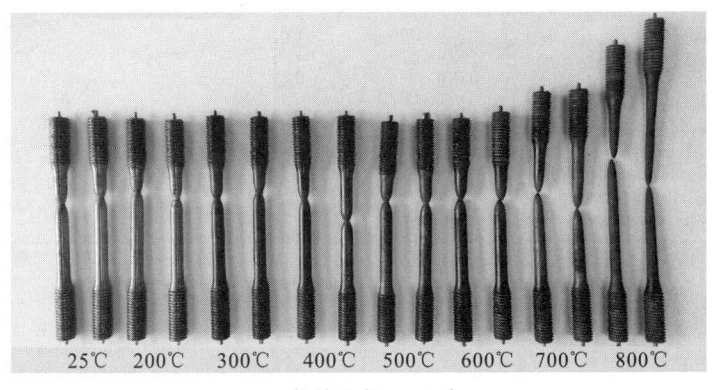

(a) 拉伸速率0.2min^{-1}

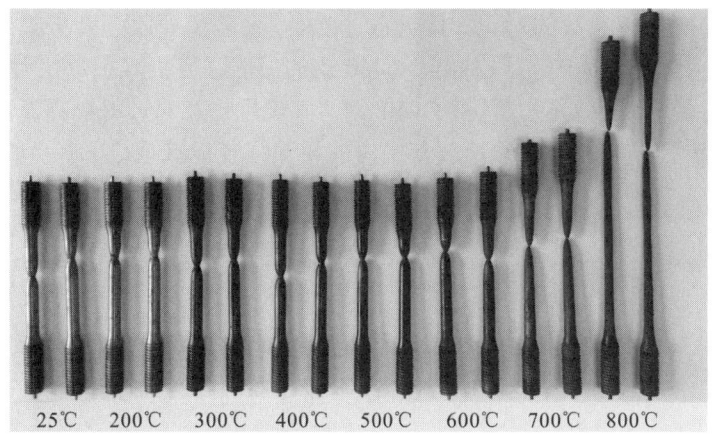

(b) 拉伸速率0.02min^{-1}

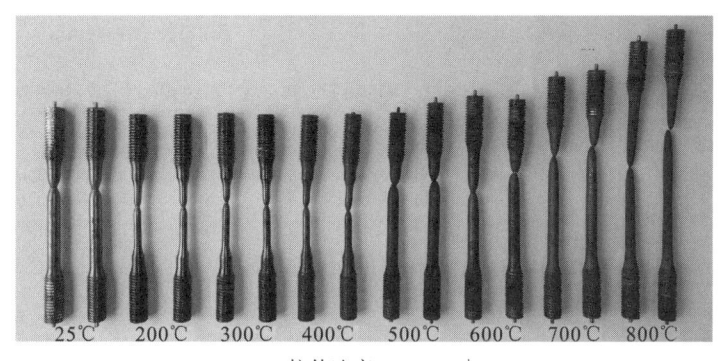

(c) 拉伸速率0.001min^{-1}

图 4-16　不同拉伸速率下 Q960 钢试件破坏模式

4.4.4　高强钢不同拉伸速率下高温力学性能对比

对三种高强钢(Q460、Q690 和 Q960)在不同拉伸速率下的力学性能进行对比分析，结果如图 4-17～图 4-19 所示。

图 4-17 给出了三种高强钢在不同拉伸速率下弹性模量折减系数的对比。可以看出，在 0.02min^{-1} 拉伸速率下，Q460 钢的弹性模量折减系数普遍高于 Q690 钢和 Q960 钢，尤其是在温度达到 500℃之后。这表明 Q460 钢在高温环境下弹性模量的折减程度更小。在 0.2min^{-1} 拉伸速率下，Q690 钢和 Q960 钢的弹性模量折减系数在温度升高到 500℃左右时较为接近，但在更高温度(600℃及以上)下，Q690 钢弹性模量折减系数略微高于 Q960 钢。在不低于 500℃的温度范围内，两种拉伸速率下普遍表现出钢材等级越高，弹性模量折减系数越小的规律。

图 4-18 和图 4-19 分别给出了三种高强钢在不同拉伸速率下屈服强度折减系

数和抗拉强度折减系数的对比，此处取 0.2%残余应变屈服强度折减系数进行对比。由图 4-18 和图 4-19 可以看出，Q460 钢的屈服强度折减系数在大于 400℃的温度范围内普遍高于 Q690 钢和 Q960 钢，其表现出相对较好的高温性能。相较之下，Q690 钢在 400～600℃温度范围内的屈服强度折减系数下降更快，明显低

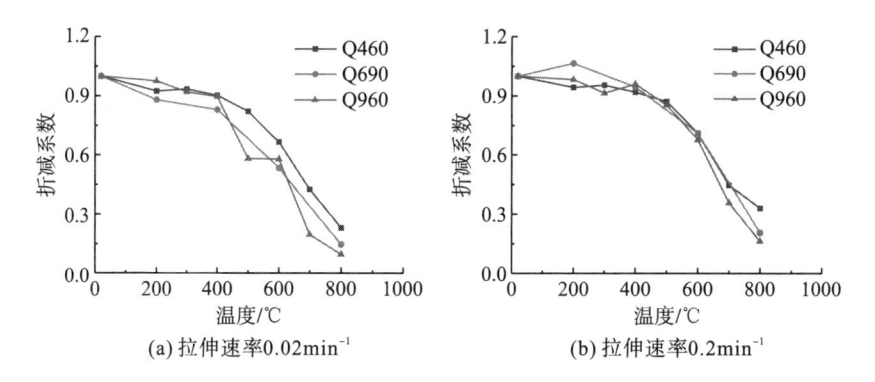

图 4-17　不同拉伸速率下 Q460、Q690 和 Q960 钢弹性模量折减系数对比

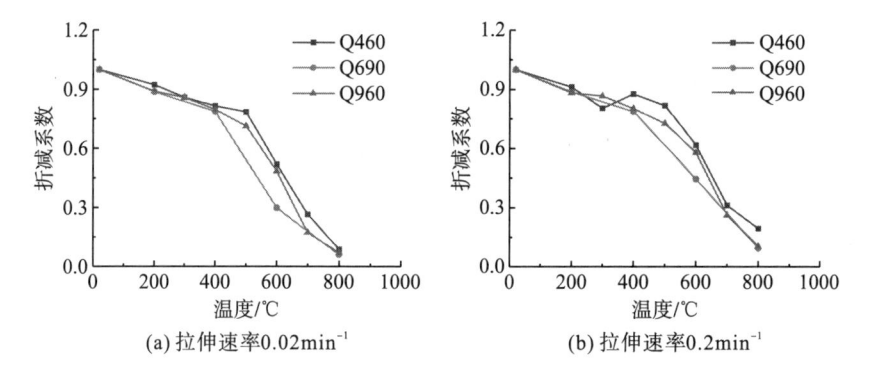

图 4-18　不同拉伸速率下 Q460、Q690 和 Q960 钢屈服强度折减系数对比

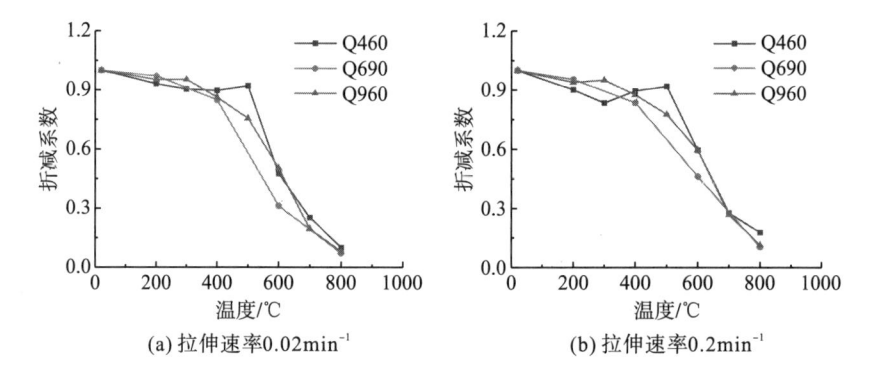

图 4-19　不同拉伸速率下 Q460、Q690 和 Q960 钢抗拉强度折减系数对比

于另外两种钢材,而在 700℃后与 Q960 钢基本一致。三种高强钢的抗拉强度折减系数表现出与屈服强度折减系数基本一致的趋势。在 500～600℃的温度范围内,三种高强钢的屈服强度折减系数和抗拉强度折减系数差异较为显著,普遍观察到 Q460 钢的屈服强度折减系数和抗拉强度折减系数高于 Q960 钢,而 Q960 钢的折减系数又高于 Q690 钢。

4.5 小　　结

本章针对 Q460、Q690 和 Q960 三种高强钢在不同拉伸速率下进行了高温下拉伸试验,得到了高强钢在不同拉伸速率下的高温下破坏模式、应力-应变曲线,以及弹性模量、屈服强度和抗拉强度等力学性能指标。

拉伸速率对高强钢的应力-应变曲线和极限伸长率折减系数没有明显影响。高强钢弹性模量折减系数普遍表现为在温度达到 500℃之后,拉伸速率越大,弹性模量折减系数越大。较高的拉伸速率能够在一定程度上减缓高强钢弹性模量的降低。

拉伸速率对高强钢屈服强度和抗拉强度的影响表现为在温度达到 400℃之前,拉伸速率对高强钢力学性能折减系数的影响较微弱;温度达到 500℃之后,普遍存在拉伸速率越高,屈服强度折减系数和抗拉强度折减系数越高的规律。在高温环境下,材料的强度损失与拉伸速率密切相关,较低的拉伸速率会导致更大的强度折减。拉伸速率引起的高温下高强钢强度的差异最高达到其常温强度的 27.4%。

对于不同拉伸速率均可以观察到:在不低于 500℃的温度范围内普遍表现出钢材等级越高,弹性模量折减系数越小。在 500～600℃的温度范围内,三种高强钢的屈服强度折减系数和抗拉强度折减系数差异最为显著,Q460 钢的屈服强度折减系数和抗拉强度折减系数高于 Q960 钢,而 Q960 钢的折减系数又高于 Q690 钢。

第 5 章　应力水平对高强结构钢高温后力学性能的影响

5.1　引　　言

钢结构在经历火灾后通常不会立即发生破坏,通过适当的加固和修复,它们仍能继续使用。因此,准确评估火灾后钢结构的剩余承载能力已成为钢结构防火研究中的关键问题。目前,针对高强钢高温后力学性能的研究主要通过开展高温后拉伸试验进行,试验通常包括两个阶段:首先将试件加热至目标温度并保温一段时间,其次待试件冷却后进行拉伸试验直至破坏。然而,试件在加热和冷却阶段均不受力,这与实际火灾情境中钢结构的受力情况存在较大差异。实际情况下,钢结构在火灾的加热和冷却阶段均持续承受荷载,钢材处于不同的应力水平下。因此,有必要针对应力水平对高强钢高温后力学性能的影响开展试验研究。

本章对 Q460、Q690 和 Q960 三种高强钢进行了高温后拉伸试验。在试件加热和冷却阶段,对试件施加不同水平的恒定荷载,以模拟火灾情境中钢结构可能承受的应力水平。随后,对试件进行冷却并开展拉伸试验,以探究不同应力水平对高强钢的高温后力学性能的影响。研究重点集中在不同应力水平对高强钢的应力-应变关系、破坏模式及弹性模量、屈服强度和抗拉强度等主要力学性能指标的影响。

5.2　不同应力水平下 Q460 钢高温后拉伸试验

5.2.1　试件设计

试件取自一块名义厚度为 8mm 的 Q460 高强度结构钢板。试件尺寸按照《金属材料　拉伸试验　第 1 部分:室温试验方法》GB/T 228.1—2021[86]和《金属材料　拉伸试验　第 2 部分:高温试验方法》GB/T 228.2—2015[87]的相关规定

第5章 应力水平对高强结构钢高温后力学性能的影响

进行设计。试件取样位置和加工精度均符合《钢及钢产品 力学性能试验取样位置及试样制备》GB/T 2975—2018[90]的要求。试件具体尺寸见图 5-1。试验采用棒状试件，试件两端加工了螺纹以便与试验装置的夹具匹配。

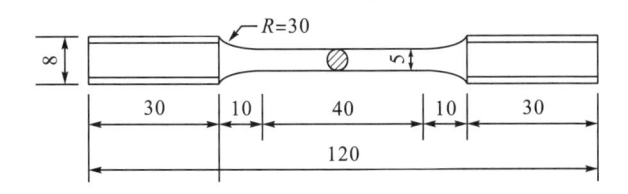

图 5-1 不同应力水平下 Q460 钢高温后拉伸试验试件尺寸(单位:mm)

不同应力水平下 Q460 钢高温后拉伸试验中试件共分为 31 组，其中 1 组进行常温拉伸试验，6 组进行高温下拉伸试验，24 组进行高温后拉伸试验。高温下拉伸试验的试件编号为"G 温度"，例如，"G400"表示 400℃下拉伸试验的试件。高温过火后的试件编号为"H 温度-应力比"，例如，"H500-0.8"表示过火温度为 500℃、应力比为 0.8 的试件。

5.2.2 试验装置及程序

常温拉伸试验采用如图 5-2(a)所示的型号为 E43.504 的电子式万能材料试验机进行试验，该试验机最大额定负荷力为 50kN，拉伸位移速率可以控制在 0.001~50mm/min 的范围内。高温下拉伸试验采用如图 5-2(b)所示的 GMT-D100 电子式高温持久蠕变试验机进行试验，该试验机主要用于在高温环境下对复合材料、合金材料、非金属材料、金属材料等进行应力松弛试验、持久强度测试和拉伸蠕变试验，最大试验力为 100kN，准确级别为 0.5 级，试验力示值相对误差≤0.5%，变形测量精确度为 0.0005mm，拉伸位移速率范围为 0.01~100mm/min。高温炉采用对开式大气炉，工作温度为 200~1100℃，温度波动在 3℃以内。高温后拉伸试验中加热、预加应力和冷却的过程是在高温持久蠕变试验机[图 5-2(b)]上完成的，冷却后进行拉伸是在万能材料试验机[图 5-2(a)]上进行的。在高温下和高温后拉伸试验中，试件平行段的两端各自固定了一个热电偶，用于监测试件的温度。

不同应力水平下 Q460 钢高温后拉伸试验中首先进行常温拉伸试验，随后进行高温下和高温后拉伸试验。其中，根据高温下拉伸试验得到的屈服强度来确定高温后拉伸试验施加的应力水平。高温下拉伸试验采用稳态试验方法，主要步骤包括将试件加热至目标温度水平、保温、拉伸试件直至破坏。高温后拉伸试验主要步骤包括将试件加载至目标应力水平、加热、保持应力和温度恒定一段时间、自然冷却和冷却后拉伸试件直至破坏。应力比 γ 定义为高温下施加应力与该温度下屈服强度的比值。高温后拉伸试验选取四种应力比 γ，分别为 0、0.3、0.5 和 0.8。高温下和高温后拉伸试验选择 6 个相同的目标温度，即 300℃、400℃、500℃、600℃、700℃和 800℃。

(a) E43.504万能试验机　　(b) GMT-D100高温持久蠕变试验机

图 5-2　不同应力水平下 Q460 钢高温后拉伸试验装置

高温下拉伸试验采用稳态试验方法，按照《金属材料　拉伸试验　第 1 部分：室温试验方法》GB/T 228.1—2021[86]的要求，拉伸试验在应变达到 2%之前通过应变控制加载，加载速率为 0.015min^{-1}，随后切换为恒定的 0.25mm/min 位移控制加载，直至试件破坏。加热过程以恒定的 45℃/min 速率进行，在温度达到预设目标后，维持温度保持恒定至少 15min，以确保试件的温度分布均匀。

5.2.3　高温下拉伸试验结果

1. 应力-应变曲线

Q460 钢高温下的应力-应变曲线如图 5-3 所示。可以看出，应力-应变曲线在常温下呈现明显的屈服平台，而且有明显的强化阶段。在高温下，无论哪个温度都没有明显的屈服平台。随着温度的升高，Q460 钢的强度降低，在 400℃之后开始大幅下降。

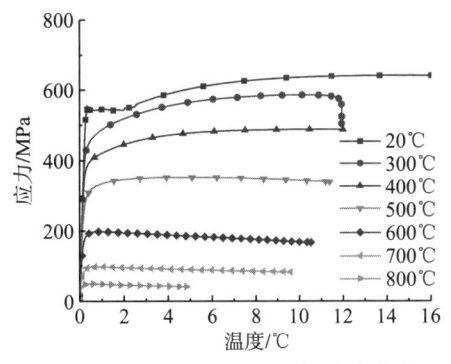

图 5-3 Q460 钢高温下应力-应变曲线

2. 力学性能和折减系数

Q460 钢高温下的屈服强度 $f_{y,T}$ 根据 0.2%塑性变形应力确定，抗拉强度 $f_{u,T}$ 对应于应力-应变曲线中应力的最大值，弹性模量 E_T 通过对应力-应变曲线弹性段的斜率进行拟合得到。试验前在试件上画出长度 $L_0=25\text{mm}$ 的标距段，试件被拉断之后，用游标卡尺测量标距的断后间距 L，试件断后伸长率 δ_T 通过公式 $\delta_T=(L-L_0)/L_0$ 计算得到。Q460 钢高温下力学性能指标及其折减系数列于表 5-1 中。其中，η_y、η_u、η_E 和 η_δ 分别表示屈服强度、抗拉强度、弹性模量和断后伸长率的折减系数。Q460 钢高温下力学性能折减系数随温度的变化如图 5-4 所示。

表 5-1 Q460 钢高温下力学性能指标及其折减系数

T/℃	f_y/MPa	η_y	f_u/MPa	η_u	E/GPa	η_E	δ/%	η_δ
20	544.3	1.000	641.4	1.000	205.5	1.000	30	1.000
300	451	0.829	586	0.914	194.3	0.945	32	1.067
400	392	0.720	496	0.773	186.2	0.906	37.5	1.250
500	311	0.571	353	0.550	175.3	0.853	38	1.267
600	191	0.351	198	0.309	159.6	0.776	31.5	1.052
700	94	0.173	98	0.153	134.9	0.656	87.5	2.917
800	48	0.088	49	0.076	101.6	0.494	—	—

由图 5-4(a)可以看出，Q460 钢的屈服强度和抗拉强度随着温度的升高逐渐降低，且下降幅度以 600℃为界限先增大后减小。在 400℃之前，Q460 钢能保持大部分的屈服强度和抗拉强度；在 400℃之后，屈服强度和抗拉强度显著降低，到 800℃时屈服强度和抗拉强度仅为常温下的 8.8%和 7.6%，此时的承载力几乎可以忽略不计。值得注意的是，在 500℃之前，屈服强度折减系数明显低于抗拉强度折减系数；在 500℃之后，屈服强度折减系数略微大于抗拉强度

折减系数。Q460 钢的弹性模量也受到温度的不利影响，但由温度导致的折减程度显著弱于屈服强度和抗拉强度。在 500℃之前，Q460 钢能够保持大部分的弹性模量；在 600℃之后，弹性模量降低幅度增大，到 800℃时为常温下的 49.4%。由图 5-4(b)可以看出，总体上，高强 Q460 钢构件的断后伸长率随着温度的增大而增大。在 600℃时断后伸长率有所下降，但在 700℃时显著增加，达到了常温下断后伸长率的 3 倍左右。

(a) 屈服强度、抗拉强度和弹性模量

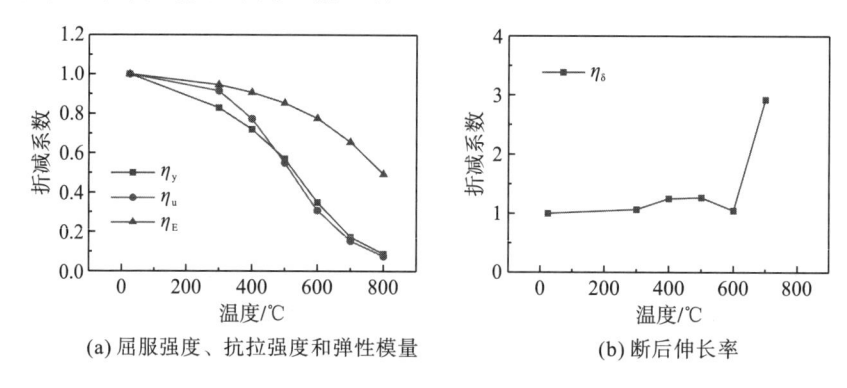

(b) 断后伸长率

图 5-4　Q460 钢高温下力学性能折减系数-温度曲线

通过 Q460 钢高温下的屈服强度和所取的应力比($\gamma=0$、$\gamma=0.3$、$\gamma=0.5$ 和 $\gamma=0.8$)，可以确定不同应力水平下高温后拉伸试验的预加应力。不同温度和不同应力比下 Q460 钢高温后拉伸试验的预加应力 f_0 列于表 5-2 中。

表 5-2　不同温度和不同应力比下 Q460 钢高温后拉伸试验的预加应力

T/℃	f_0/MPa			
	$\gamma=0$	$\gamma=0.3$	$\gamma=0.5$	$\gamma=0.8$
300	0	135	226	361
400	0	118	196	314
500	0	93	156	249
600	0	57	96	153
700	0	28	47	75
800	0	14	24	38

5.2.4　高温后拉伸试验结果

1. 破坏模式

不同应力水平下 Q460 钢高温后拉伸试验试件的破坏模式如图 5-5 所示。试件从左至右按照$\gamma=0$、$\gamma=0.3$、$\gamma=0.5$ 和$\gamma=0.8$ 的顺序排列。由图 5-5 可以看出，所有试件均发生了明显颈缩现象，在 300℃和 400℃时试件表面主要呈蓝色，在 500℃时试件表面开始出现如同铁锈一样的黑褐色，且随着温度升高越来越明显，该现象与高温下拉伸试验一致。

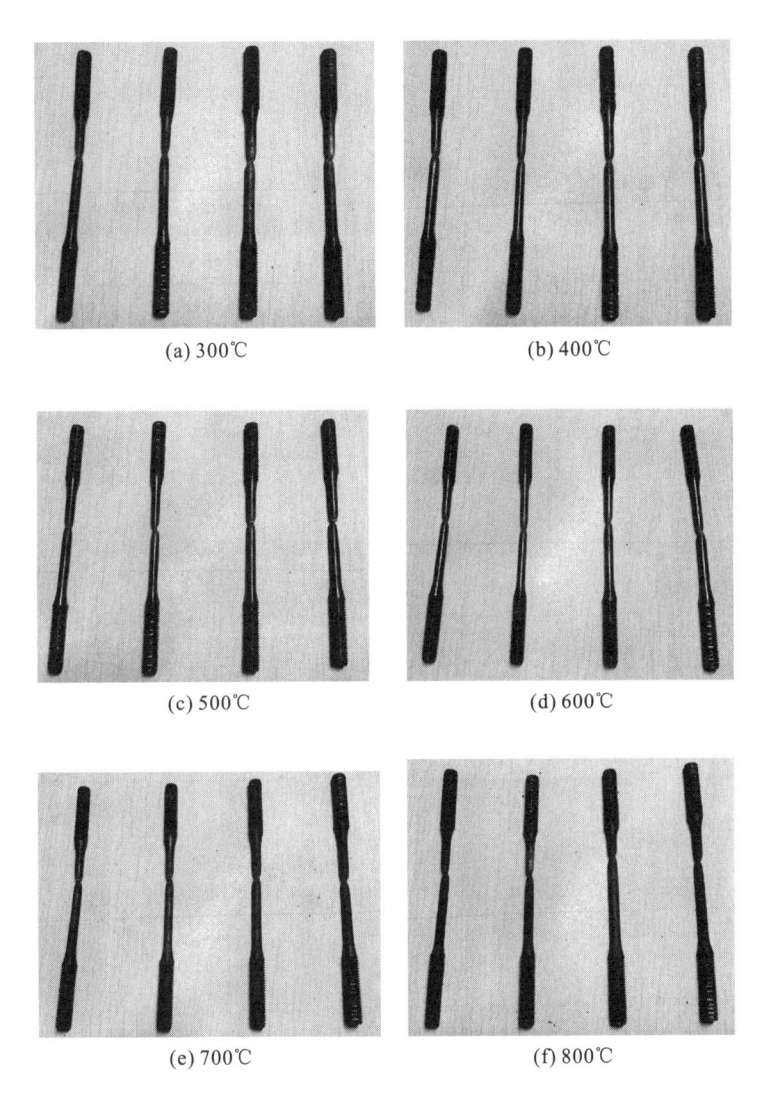

(a) 300℃

(b) 400℃

(c) 500℃

(d) 600℃

(e) 700℃

(f) 800℃

图 5-5 不同应力水平下 Q460 钢高温后拉伸试验试件破坏模式

2. 应力-应变曲线

不同应力水平下 Q460 钢高温后的应力-应变曲线如图 5-6 所示。可以看出，在 300～800℃的每个过火温度下，Q460 钢的应力-应变曲线均呈现出明显的屈服平台。在过火温度达到 600℃之前，不同应力水平下 Q460 钢高温后的应力-应变曲线没有显著差异。然而，在过火温度超过 700℃后，预加应力试件的应力-应变曲线整体出现明显下降。这表明，在较高的过火温度下，预加应力会显著影响 Q460 钢高温后的强度表现。

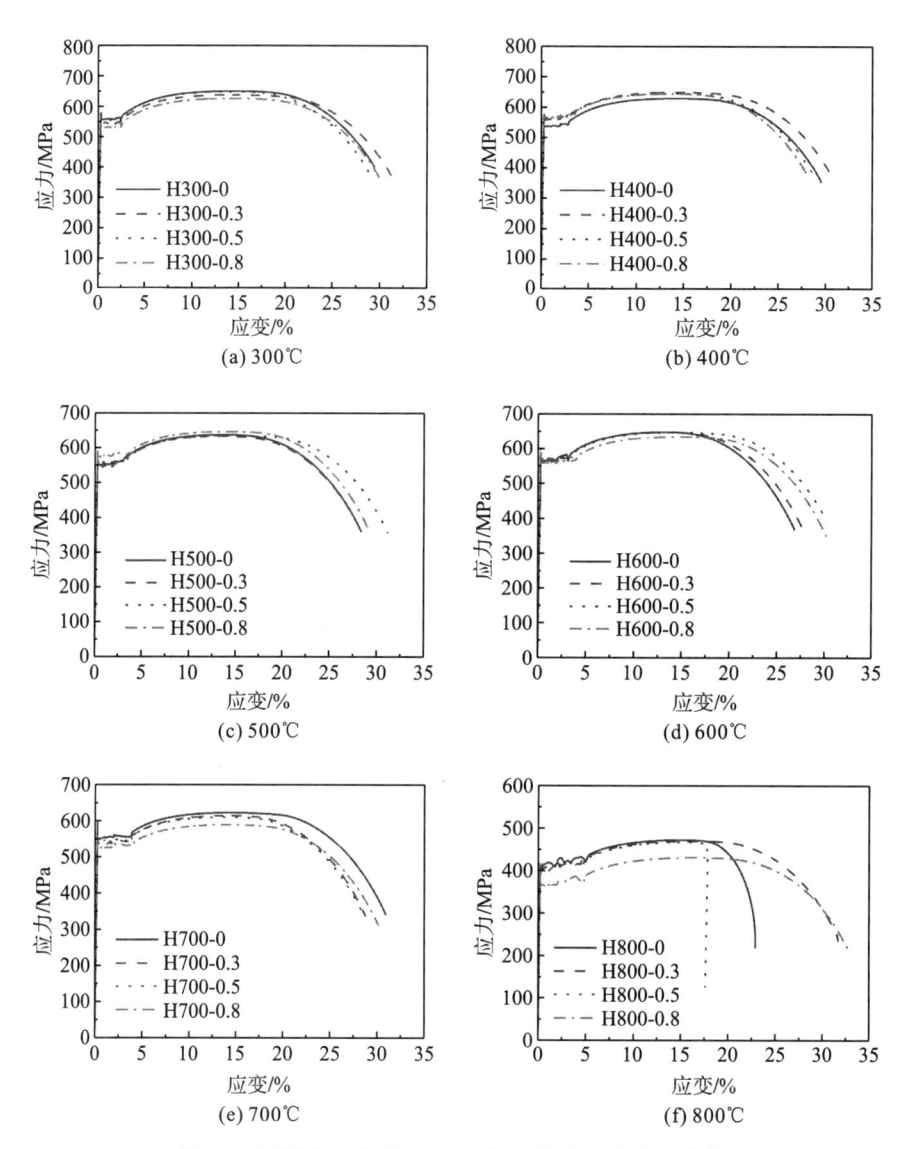

图 5-6 不同应力水平下 Q460 钢高温后应力-应变曲线

3. 力学性能和折减系数

不同应力水平下 Q460 钢高温后的屈服强度取屈服平台下限对应的应力值，

抗拉强度对应于应力-应变曲线中应力的最大值，弹性模量根据应力-应变曲线初始线弹性段下应力与应变的比值确定。不同应力水平下 Q460 钢高温后力学性能折减系数见表 5-3 和图 5-7。高温后屈服强度、抗拉强度和弹性模量的折减系数分别用 η'_y、η'_u 和 η'_E 表示，根据高温后力学性能与常温下力学性能的比值确定，即 $h'_y = f'_{y,T}/f_y$、$\eta'_u = f'_{u,T}/f_u$、$\eta'_E = E'_T/E$。

在不同应力水平下，Q460 钢高温后的屈服强度折减系数和抗拉强度折减系数的变化趋势基本一致。不同应力水平对屈服强度折减系数和抗拉强度折减系数的影响也基本相同。在 300~600℃的过火温度范围内，高温后 Q460 钢的屈服强度和抗拉强度总体上高于常温水平。然而，在 700~800℃时，高温后的试件屈服强度和抗拉强度显著降低，尤其是在 800℃高温后的试件，其屈服强度和抗拉强度大幅度减小。在过火温度达到 600℃之前，应力水平对屈服强度折减系数和抗拉强度折减系数的影响不明显。当过火温度在 700~800℃时，预加应力显著降低 Q460 钢的屈服强度和抗拉强度，且这种降低幅度随着应力水平的增加而增加。具体来说，应力水平对屈服强度折减系数和抗拉强度折减系数的最大降低幅度分别为 0.078 和 0.066。

表 5-3 不同应力水平下 Q460 钢高温后力学性能折减系数

T/℃	η'_y				η'_u			
	$\gamma=0$	$\gamma=0.3$	$\gamma=0.5$	$\gamma=0.8$	$\gamma=0$	$\gamma=0.3$	$\gamma=0.5$	$\gamma=0.8$
20	1.00	—	—	—	1.00	—	—	—
300	1.022	0.997	1.024	0.978	1.014	0.994	1.011	0.976
400	0.984	1.029	1.030	1.041	0.981	1.013	1.008	1.005
500	1.011	1.005	1.023	1.053	0.992	0.986	0.990	1.007
600	1.033	1.046	1.044	1.029	1.011	1.011	1.010	0.990
700	1.008	0.986	0.987	0.962	0.971	0.958	0.952	0.920
800	0.748	0.741	0.730	0.670	0.737	0.733	0.729	0.671

T/℃	η'_E				η'_δ			
	$\gamma=0$	$\gamma=0.3$	$\gamma=0.5$	$\gamma=0.8$	$\gamma=0$	$\gamma=0.3$	$\gamma=0.5$	$\gamma=0.8$
20	1.00	—	—	—	1.00	—	—	—
300	1.037	1.073	1.044	1.132	1.003	1.017	1.005	1.041
400	1.051	1.044	1.056	1.137	1.047	1.069	1.023	0.980
500	1.039	1.047	1.067	1.035	0.987	1.012	1.083	1.029
600	1.095	1.040	1.082	1.042	0.972	1.020	1.024	1.037
700	1.109	1.043	1.052	1.034	1.117	1.012	0.997	1.037
800	1.018	1.065	1.016	0.989	1.091	1.123	1.083	1.200

(a) 屈服强度

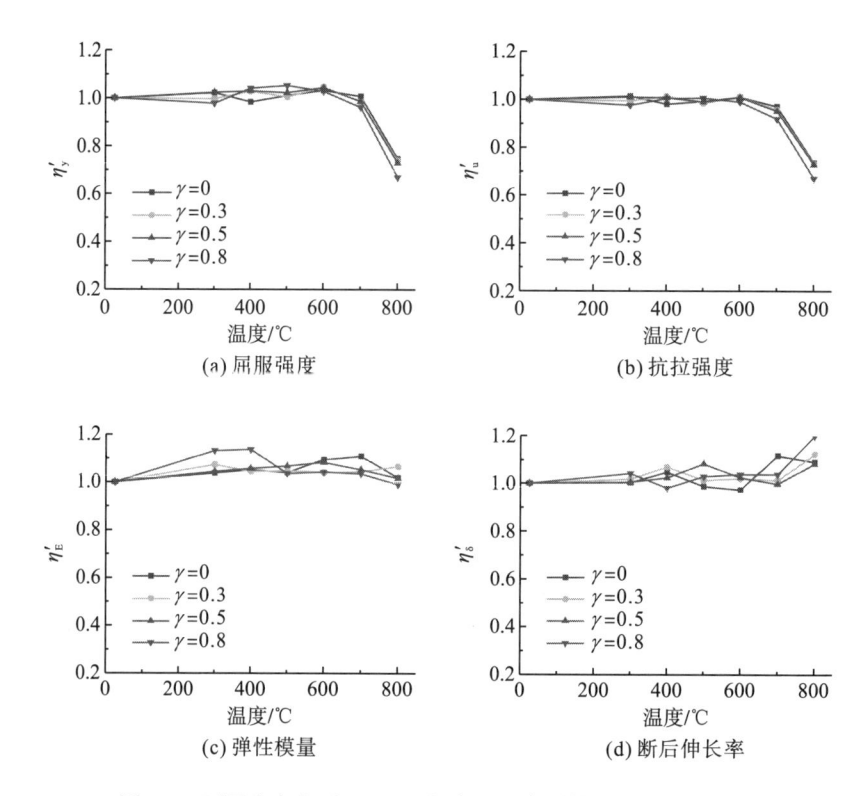

(b) 抗拉强度

(c) 弹性模量

(d) 断后伸长率

图 5-7 不同应力水平下 Q460 钢高温后力学性能折减系数对比

Q460 钢高温后弹性模量折减系数在各个应力水平下随着温度的升高表现出一定的波动性，但高温后弹性模量基本上都高于常温水平，整体上变化不大。在过火温度达到 500℃之前，预加应力总体上对 Q460 钢高温后弹性模量有增大作用。然而，在过火温度达到 600℃之后，预加应力降低了 Q460 钢高温后的弹性模量。具体而言，与未预加应力试件相比，在过火温度为 300℃、应力比$\gamma=0.8$ 的情况下，Q460 钢高温后弹性模量增大幅度最大，达到了 0.095。而在过火温度为 700℃、应力比$\gamma=0.8$ 的情况下，Q460 钢高温后弹性模量降低幅度最大，为 0.075。

Q460 钢高温后断后伸长率折减系数在过火温度达到 600℃之前表现出一定的波动性，而在 700℃之后，断后伸长率有所提升，表明 Q460 钢的塑性在经历高温环境后有所提升。在 300℃、500℃和 600℃的过火温度下，预加应力能够增大 Q460 钢高温后的断后伸长率，且总体上随着应力比的增大，提高幅度增大，最大提高幅度达到了 0.096。然而，在 700℃时，预应力水平降低了 Q460 钢高温后断后伸长率，最大降低幅度达到了 0.12。

5.3 不同应力水平下 Q690 钢高温后拉伸试验

5.3.1 试件设计

试件取自一块名义厚度为 8mm 的高强 Q690 结构钢板，钢板的化学成分符合《高强度结构用调质钢板》GB/T 16270—2009[91]的要求，除铁之外的主要化学成分见表 5-4。试件尺寸按照《金属材料 拉伸试验 第 1 部分：室温试验方法》GB/T 228.1—2021[86]和《金属材料 拉伸试验 第 2 部分：高温试验方法》GB/T 228.2—2015[87]的相关规定进行设计。试件取样位置和加工精度均符合《钢及钢产品 力学性能试验取样位置及试样制备》GB/T 2975—2018[90]的要求。试件具体尺寸见图 5-8。

表 5-4 不同应力水平高温后拉伸试验 Q690 钢板除铁之外的主要化学成分

成分	C	Si	Mn	P	S	Cr	Cu	Al	Nb	Ni	Ti	V	Mo
含量/%	0.17	0.19	1.41	0.009	0.003	0.03	0.02	0.036	0.02	0.02	0.017	0.002	0.01

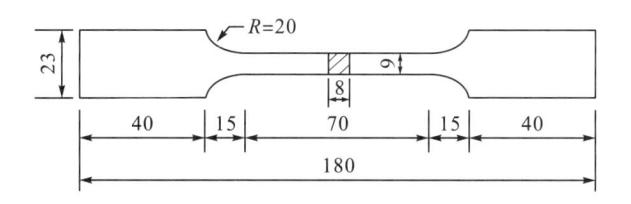

图 5-8 不同应力水平下 Q690 钢高温后拉伸试验试件尺寸（单位：mm）

为保证试验结果的可靠性，不同应力水平下 Q690 钢高温后拉伸试验中试件共分为 31 组，每组测试 2 个试件，共设计了 62 个试件。其中，1 组进行常温（20℃）拉伸试验，6 组进行高温下拉伸试验，24 组进行高温后拉伸试验。若一组中两个试件的试验结果差异大于 5%，则补充测试第三次试验，并选择误差较小的任意两个结果的平均值作为力学性能的代表值。高温下拉伸试验的试件编号为"U 温度-测试次序"，例如，"U400-2"表示 400℃下第二次拉伸试验的试件。高温过火后的试件编号为"温度-应力比-试验次序"，例如，"400-0.55-2"表示过火温度 400℃、应力比 0.55 下第二次拉伸试验的试件。

5.3.2 试验装置及程序

不同应力水平下 Q690 钢高温后拉伸试验的试验装置采用伺服液压试验机（MTS Landmark），该试验机最大拉力为 100kN。加热炉型号为 MTS 653 型，该加热炉由内置电热丝加热，加热温度最高可达 1200℃。试件温度由连接在试件表面的两个热电偶和一个 ZTIC USB-7410 远程热电偶采集模块监测。通过一个引伸计测量试件的变形情况，该引伸计位于试件中部，标距长度为 50mm（图 5-9）。

(a) 试验机　　　　(b) 加热炉　　　　(c) 热电偶

图 5-9　不同应力水平下 Q690 钢高温后拉伸试验装置

不同应力水平下 Q690 钢高温后拉伸试验的试验步骤与 5.2.2 节中介绍的不同应力水平下 Q460 钢高温后拉伸试验的步骤相同。同样选取四种应力比 γ，分别为 0、0.3、0.55 和 0.8。高温下和高温后拉伸试验选择 6 个相同的目标温度，即 300℃、400℃、500℃、600℃、700℃和 800℃。

试件加热速率为 45℃/min，达到目标温度后保持温度恒定 15min，以确保试件的内部温度均匀分布。按照《金属材料　拉伸试验　第 1 部分：室温试验方法》GB/T 228.1—2021[86]的要求，拉伸试验在应变达到 2%之前通过应变控制加载，加载速率为 0.015min^{-1}，随后通过位移控制加载，直至试件破坏，加载速率为 0.75mm/min。

5.3.3 高温下拉伸试验结果

1. 试件升温曲线

图 5-10 给出了 Q690 钢高温下拉伸试验典型试件在 500℃和 700℃目标温度

下的温度-时间曲线。其中，试件温度为两个热电偶记录温度的平均值。试件温度-时间曲线表明，试件温度可在试验期间总体保持稳定。

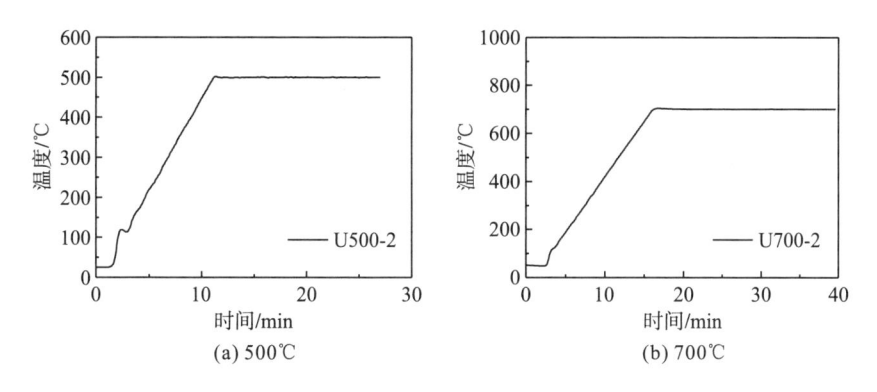

图 5-10　Q690 钢高温下拉伸试验典型试件温度-时间曲线

2. 应力-应变曲线

高强 Q690 钢在高温下的应力-应变曲线如图 5-11 所示。应力-应变曲线在室温下呈现明显的屈服平台，而在高温下没有明显的屈服平台。结果表明，Q690 钢在 400℃时仍保持大部分强度，温度超过 400℃后强度急剧下降。

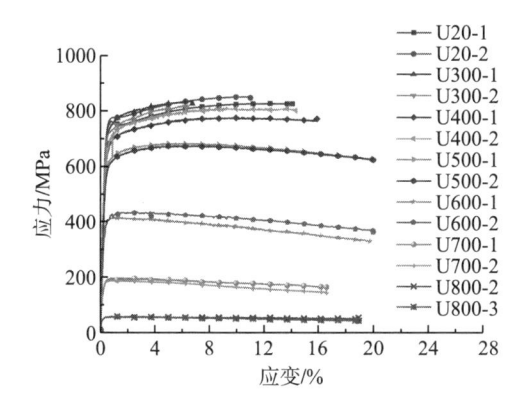

图 5-11　Q690 钢高温下应力-应变曲线

3. 力学性能和折减系数

Q690 钢高温下的屈服强度 $f_{y,T}$ 根据 0.2%塑性变形应力确定，抗拉强度 $f_{u,T}$ 对应于应力-应变曲线中应力的最大值，弹性模量根据应力-应变曲线前期弹性阶段下应力与应变的比值确定。Q690 钢高温下力学性能指标及其折减系数列于表 5-5 中。其中，η_y、η_u 和 η_E 分别表示屈服强度、抗拉强度和弹性模量的折减系数，根据高温下力学性能与常温下力学性能的比值得到。Q690 钢高温下力学性能折减系数随温度的变化如图 5-12 所示。

表 5-5　Q690 钢高温下力学性能指标及其折减系数

T/℃	$f_{y,T}$/MPa	η_y	$f_{u,T}$/MPa	η_u	E_T/GPa	η_E
20	769	1.00	848	1.00	209	1.00
300	718	0.93	827	0.98	197	0.94
400	665	0.86	795	0.94	182	0.87
500	597	0.78	679	0.80	180	0.86
600	394	0.51	426	0.50	155	0.74
700	179	0.23	193	0.23	103	0.49
800	54	0.07	60	0.07	52	0.25

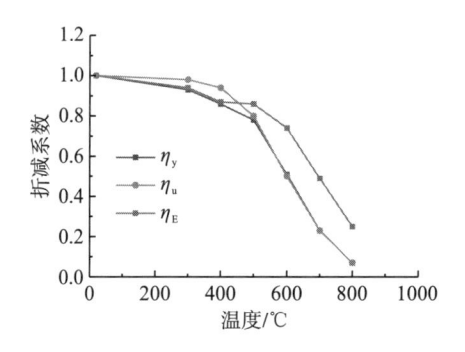

图 5-12　Q690 钢高温下力学性能折减系数-温度曲线

由图 5-12 可以看出，在温度达到 400℃之前，Q690 钢弹性模量折减系数与屈服强度折减系数随温度而下降的趋势比较接近，折减幅度均大于抗拉强度；在温度达到 500℃后，屈服强度折减系数和抗拉强度折减系数基本相同，且均迅速下降，此时弹性模量折减系数高于屈服强度折减系数和抗拉强度折减系数。在 600℃时，屈服强度降至常温下的 50%左右，弹性模量为常温下的 74%；在 800℃时，屈服强度仅为常温下的 7%，弹性模量为常温下的 25%。

通过 Q690 钢高温下的屈服强度和所取的应力比($\gamma=0$、$\gamma=0.3$、$\gamma=0.55$ 和 $\gamma=0.8$)，可以确定不同应力水平下高温后拉伸试验的预加应力。不同温度和不同应力比下 Q690 钢高温后拉伸试验的预加应力 f_0 列于表 5-6 中。

表 5-6　不同温度和不同应力比下 Q690 钢高温后拉伸试验的预加应力

T/℃	f_0/MPa			
	$\gamma=0$	$\gamma=0.3$	$\gamma=0.55$	$\gamma=0.8$
300	0	215	395	575
400	0	200	366	532
500	0	179	328	477
600	0	118	217	315
700	0	54	99	143
800	0	16	30	43

5.3.4　高温后拉伸试验结果

1. 试件升温曲线

高温后拉伸试验典型试件在 500℃和 700℃目标温度下的温度-时间曲线如图 5-13 所示。由图 5-13 可以看出，试件温度可在保温期间保持稳定，试件由目标温度冷却至环境温度需要 10～15min。

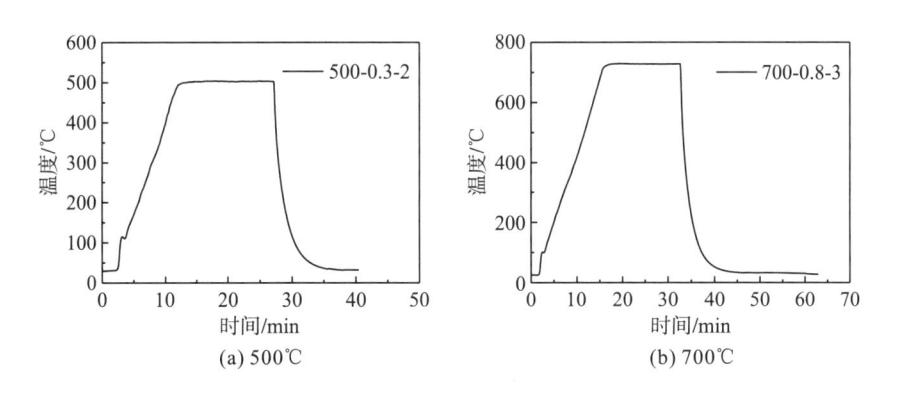

(a) 500℃

(b) 700℃

图 5-13　Q690 钢高温后拉伸试验典型试件温度-时间曲线

2. 破坏模式

不同应力水平下 Q690 钢高温后拉伸试验试件的破坏模式如图 5-14 所示。图 5-14 中，试件从左至右分别为在相应过火温度下 $\gamma=0$、$\gamma=0.3$、$\gamma=0.55$ 和 $\gamma=0.8$ 的试件。由图 5-14 可以看出，随着过火温度的升高，试件表面的防锈层逐渐脱落，试件颜色变深。其中，在过火温度为 700℃和 800℃试验的试件加热和冷却的过程中，试件表面发生脱落现象，试件冷却后呈现炭黑色。

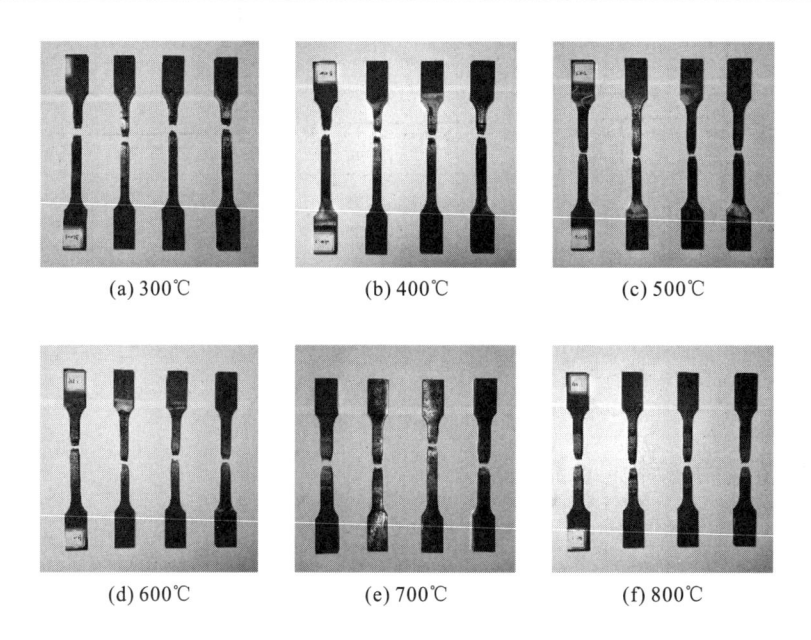

(a) 300℃　　　　(b) 400℃　　　　(c) 500℃

(d) 600℃　　　　(e) 700℃　　　　(f) 800℃

图 5-14　不同应力水平下 Q690 钢高温后拉伸试验试件破坏模式

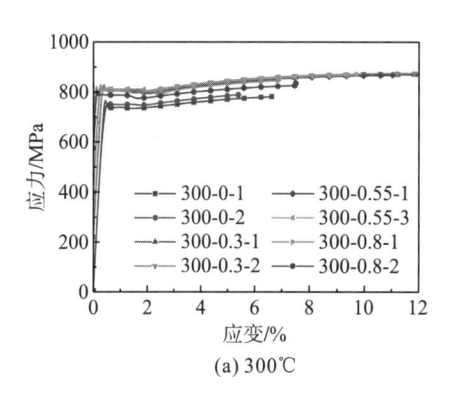

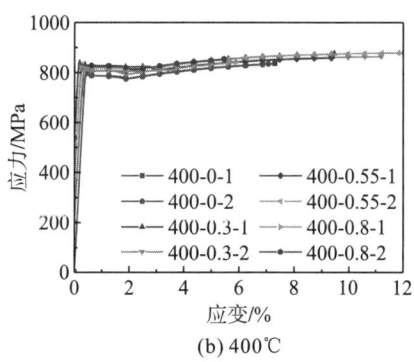

3. 应力-应变曲线

不同应力水平下 Q690 钢高温后的应力-应变曲线如图 5-15 所示。图 5-15 中清晰展示了预加应力水平对 Q690 钢在高温后的力学性能产生的影响。可以观察到，除了经历 800℃的情况外，预加了应力的试件具有更好的延性。对于未预加应力(即应力比γ=0)试件的应力-应变曲线，在过火温度达到 700℃之前均存在明显的屈服平台，过火温度达到 800℃时则没有明显的屈服平台。然而，预加应力的试件在所有目标过火温度下都呈现出明显的屈服平台。

(a) 300℃　　　　　　　　　　　(b) 400℃

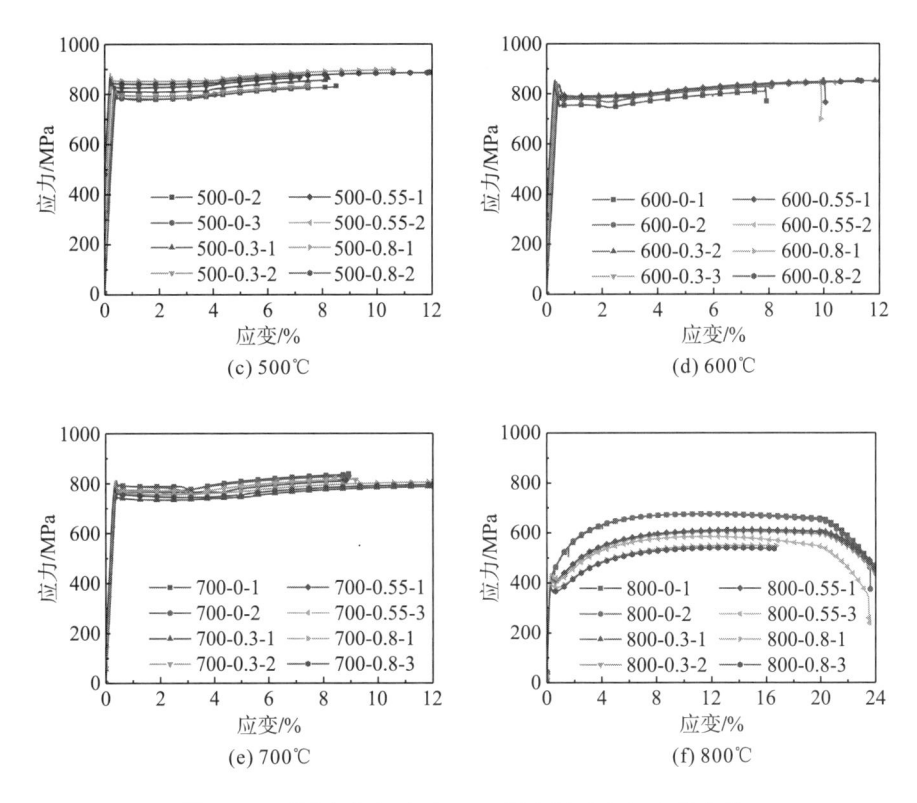

图 5-15 不同应力水平下 Q690 钢高温后应力-应变曲线

4. 力学性能和折减系数

对于不同应力水平下 Q690 钢高温后的屈服强度，应力-应变曲线有屈服平台时，取屈服平台下限对应的应力值为屈服强度；应力-应变曲线没有屈服平台时，取 0.2%塑性变形应力为屈服强度。抗拉强度对应于应力-应变曲线中应力的最大值，弹性模量根据应力-应变曲线前期弹性阶段下应力与应变的比值确定。不同应力水平下 Q690 钢高温后力学性能折减系数见表 5-7 和图 5-16。其中，η'_y、η'_u 和 η'_E 分别代表不同应力水平下 Q690 钢高温后屈服强度、抗拉强度和弹性模量的折减系数。

表 5-7 不同应力水平下 Q690 钢高温后力学性能折减系数

T/℃	η'_y				η'_u				η'_E			
	$\gamma=0$	$\gamma=0.3$	$\gamma=0.55$	$\gamma=0.8$	$\gamma=0$	$\gamma=0.3$	$\gamma=0.55$	$\gamma=0.8$	$\gamma=0$	$\gamma=0.3$	$\gamma=0.55$	$\gamma=0.8$
20	1.00	—	—	—	1.00	—	—	—	1.00	—	—	—
300	0.97	1.05	1.05	1.04	0.93	1.03	1.03	1.00	0.98	0.98	0.98	0.97

续表

T/℃	η'_y				η'_u				η'_E			
	$\gamma=0$	$\gamma=0.3$	$\gamma=0.55$	$\gamma=0.8$	$\gamma=0$	$\gamma=0.3$	$\gamma=0.55$	$\gamma=0.8$	$\gamma=0$	$\gamma=0.3$	$\gamma=0.55$	$\gamma=0.8$
400	1.03	1.07	1.06	1.07	0.99	1.03	1.03	1.00	1.00	0.98	1.00	1.00
500	1.02	1.06	1.08	1.10	0.96	1.01	1.03	1.05	1.02	0.98	1.04	1.01
600	0.99	1.02	0.99	0.99	0.97	1.02	1.01	1.01	1.00	0.99	1.01	1.01
700	0.93	0.98	1.00	0.99	0.97	0.95	0.96	0.95	1.03	1.07	1.04	1.04
800	0.57	0.54	0.56	0.51	0.80	0.72	0.71	0.64	0.86	0.90	0.91	0.78

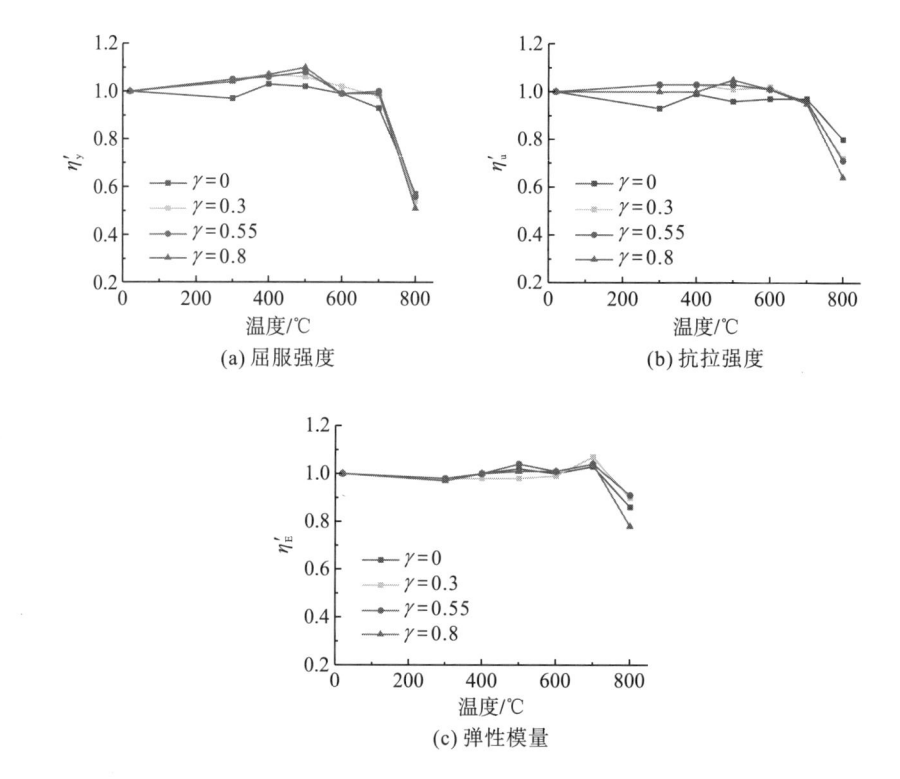

(a) 屈服强度

(b) 抗拉强度

(c) 弹性模量

图 5-16 不同应力水平下 Q690 钢高温后力学性能折减系数对比

由图 5-16 可以看出，不同应力水平下 Q690 钢高温后的力学性能变化趋势总体上基本一致。在过火温度达到 700℃之前，Q690 钢的高温后力学性能保持相对稳定。然而，一旦过火温度达到 800℃，高温后力学性能就会迅速下降。在过火温度不超过 700℃时，Q690 钢的强度没有明显降低，因此在预加应力，700℃可视为 Q690 钢火灾后强度降低的起始温度。而当过火温度达到 800℃时，无论是否预加应力，Q690 钢高温后的屈服强度、抗拉强度和弹性模量都发生明显下降。

当过火温度在一定范围内时，预加应力试件的高温后屈服强度和抗拉强度均高于未预加应力试件(最大幅度为 8%)。然而，在过火温度达到 800℃后，预加应力试件的高温后屈服强度和抗拉强度均低于未预加应力试件。这表明，在过火温度不超过 600℃时，预加应力对 Q690 钢的高温后强度产生有利影响。而当过火温度达到 800℃时，预加应力对 Q690 钢的高温后强度产生不利影响，Q690 钢的高温后强度随应力比的增加而降低，应力比 $\gamma=0.8$ 的试件高温后强度由应力比 $\gamma=0$ 的 0.8 下降到 0.64，降幅达 0.16。因此，当过火温度达到 800℃时，必须考虑应力水平对 Q690 钢高温后强度的不利影响，否则可能导致设计出现偏差。

在过火温度小于 700℃时，Q690 钢在不同应力水平下的弹性模量折减系数基本保持不变。而当过火温度大于 800℃时，Q690 钢的弹性模量折减系数大幅降低，应力比为 $\gamma=0.8$ 时弹性模量折减系数降至 0.8 以下。

5.4 不同应力水平下 Q960 钢高温后拉伸试验

5.4.1 试件设计

试件由名义厚度为 8mm 的高强 Q960 钢板切割而成，该 Q960 钢板的化学成分符合《高强度结构用调质钢板》GB/T 16270—2009[91]的要求。试件尺寸严格按照《金属材料 拉伸试验 第 1 部分：室温试验方法》GB/T 228.1—2021[86]和《金属材料 拉伸试验 第 2 部分：高温试验方法》GB/T 228.2—2015[87]进行设计和加工。因试验过程中原用试验机出现故障，且原设计试件无法满足更换后试验机的要求，故采用两种试件来完成试验。其中，棒材试件用于高温下的拉伸试验，板材试件则用于高温后的拉伸试验。试件的具体尺寸如图 5-17 所示。

两种试件的夹持端均经过处理以适配试验机的夹具。板材试件的夹持端进行了开洞处理，棒材试件的夹持端则进行了螺纹处理。为了确保板材试件夹持端的洞口处横截面不会先于平行段横截面发生破坏，对夹持端洞口处横截面和平行段横截面的面积进行对比。夹持端最小横截面位于洞口正中，洞口直径为 10mm，夹持端宽度为 23mm，即最小横截面宽度 $b_{min}=23-10=13$mm，厚度为 8mm，因此最小横截面面积 $S_{min}=8\times13=104$mm^2；而平行段横截面为 9mm×8mm 的矩形截面，因此矩形截面面积 $S=8\times9=72$mm^2。可知，$S_{min}>S$，且面积多出 44%，因此不会出现夹持端洞口处横截面先于平行段横截面发生破坏的情况。

(a) 棒材试件尺寸（单位：mm）

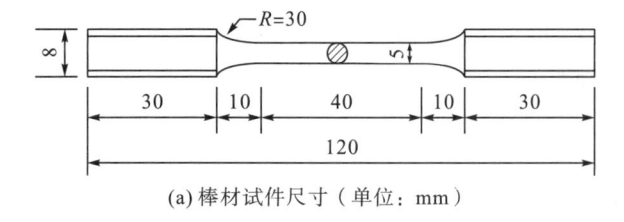

(b) 棒材试件实物图

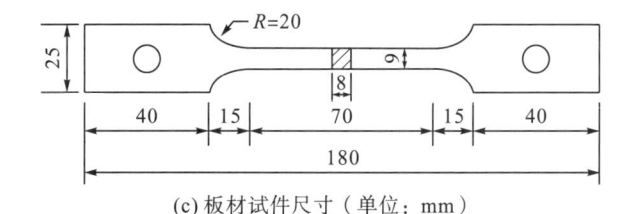

(c) 板材试件尺寸（单位：mm）

(d) 板材试件实物图

图 5-17　不同应力水平下 Q960 钢高温后拉伸试验试件尺寸和实物图

5.4.2　试验装置及程序

该试验采用三种不同的装置。高温下拉伸试验所使用的拉伸试验机[图 5-18(a)]型号为 AGS-X-300kN，其最大试验力为 300kN，能够满足试验需求。试件置于加热炉中，该加热炉最高能够加热至 1100℃。温度监测采用热电偶，试件的应变监测则通过支架架设的 3448-025M-050 型陶瓷引伸计进行，其标距为 25mm。高温后拉伸试验在试件预加应力和过火阶段采用高温蠕变持久强度试验机[图 5-18(b)]，型号为 GWT2105，其最大试验力为 100kN，可加热至 1100℃。在加热和预加应力后，待试件冷却后，将其转移到电子高温万能材料试验机[图 5-18(c)]进行高温后拉伸试验，该试验机型号为 E43.504，采用伺服液压试验系统(MTS Landmark)，其最大试验力为 50kN。

该试验分为三个主要试验组：常温试验组、高温下试验组和高温后试验组。在常温试验组中，又分为两个试验组：棒材常温拉伸组和板材常温拉伸组，每组有两根试件。试件的命名遵循特定规则，如 B-20℃-1、B-20℃-2、b-20℃-1 和 b-

20℃-2，其中，"B"表示棒材试件，"b"表示板材试件，"20℃"表示室温为20℃，"1"和"2"分别表示该组中的第一根试件和第二根试件。高温下试验组分为六个小组，采用棒材试件，在不同温度（300℃、400℃、500℃、600℃、700℃和 800℃）下进行拉伸试验，每组有两根试件。试件的命名根据温度进行标注，例如，"G-500℃-1"表示在 500℃高温下进行的第一根试件的高温拉伸试验。高温后试验组分为 24 个小组，采用板材试件，每组有两根试件，试验条件包括温度和应力比γ。试件的命名遵循"温度-应力比γ-试件编号"的格式，例如，"600-0.3-1"表示在 600℃高温下，应力比γ为 0.3 的第一根试件。

本试验总共进行了 64 根试件的试验，每个试验组都采用两根试件以确保结果的可靠性。同时，如果在同一小组试验中两根试件的力学性能数据相差大于10%，将会补充进行第三根试件的试验。试件的命名规则不变，最终的力学性能数据将取两根数据最接近的试件的数据，并计算其平均值作为该试验组的力学性能代表值。

(a) 高温下拉伸试验机　(b) 高温蠕变持久强度试验机　(c) 高温后拉伸试验机

图 5-18　不同应力水平下 Q960 钢高温后拉伸试验装置

不同应力水平下 Q960 钢拉伸试验分为三个阶段进行。首先是常温下拉伸试验，旨在确定棒材和板材两种试件在常温（20℃）条件下的屈服强度（f_y）、抗拉强度（f_u）、弹性模量（E）和断后伸长率（δ）等力学性能。通过确定钢材的基本力学性能，为后续讨论采用两种试件进行试验的可靠性提供数据支持。其次是高温下拉伸试验，分别在 300~800℃的六个温度条件下进行。试验步骤包括对试件进行标记、将试件固定在夹具上、检查固定情况、安装陶瓷引伸计及施加拉力等。在试验过程中，通过热电偶监测温度，待试样温度达到目标温度后进行拉伸，直至试件破坏，获取试件的应力-应变曲线及力学性能数据。完成试验后，待试件冷却后进行拆卸，按试验编号进行归档分类，以便后期对试件断裂形式等现象进行分析。

高温后拉伸试验包括预应力施加、试件加热、自然冷却和室温拉伸等步骤，具体操作如下。

(1) 对试件进行标记，以备后续测量断后伸长率。

(2) 将板材试件通过夹持端预制的孔洞，使用销钉构件固定在特制的夹具上，并安装在试验仪器上。

(3) 检查试件固定情况，确保夹持牢固，避免出现松动或卡住的情况。

(4) 预先施加拉力，待拉力达到目标数值后，开始升温。通过热电偶监测温度，等待温度升至目标温度，并保持 15min 以确保试件内部温度均匀分布。

(5) 关闭加热装置，开始试件的冷却过程。

(6) 在自然空气中冷却约 20min 至室温后，将试件转移到常温拉伸试验仪器中。

(7) 将加热后的试件置于试验机的夹板中夹紧，开始拉伸试验，直至试件破坏。

(8) 获取试件的应力-应变曲线，进而得到屈服强度(f_y)、抗拉强度(f_u)、弹性模量(E)和断后伸长率(δ)等力学性能数据。

(9) 待试件冷却后，将其从夹具中拆除，并按试验编号分类存放，以便后续对试件断裂形式等现象进行分析。

需要注意的是，在加热和冷却阶段，Q960 钢的预加应力保持恒定不变。预加应力的取值根据 Q960 钢高温下屈服强度和所取的应力比确定。选取四种应力比 γ，分别为 0、0.3、0.55 和 0.8。高温下和高温后拉伸试验的目标温度范围设定为 300~800℃，每隔 100℃ 设定一个目标温度，共 6 个温度组。加热速率为 45℃/min，保温时间为 15min。加载制度按照《金属材料 拉伸试验 第 1 部分：室温试验方法》GB/T 228.1—2021[86]的要求进行，屈服阶段及之前采用应变控制，拉伸速率为 0.015min^{-1}；当进入强化阶段时，采用位移控制，拉伸速率为 0.25mm/min；维持该位移速率直至试件破坏。

5.4.3 高温下拉伸试验结果

1. 应力-应变曲线

Q960 钢在高温下的应力-应变曲线如图 5-19 所示。观察到在室温下，曲线呈现明显的屈服平台，在高温下则没有明显的屈服平台。随着温度的升高，Q960 钢的强度持续下降，尽管在 400℃ 之前仍能保持大部分的强度，但在温度达到 500℃ 后，强度急剧下降。此外，Q960 钢的极限应变在 500℃ 之前随温度升高而减小，在 500℃ 之后随温度升高而增大。这种现象是由于在 500℃ 以下，钢材的塑性和韧性受到蓝脆效应的影响而下降。

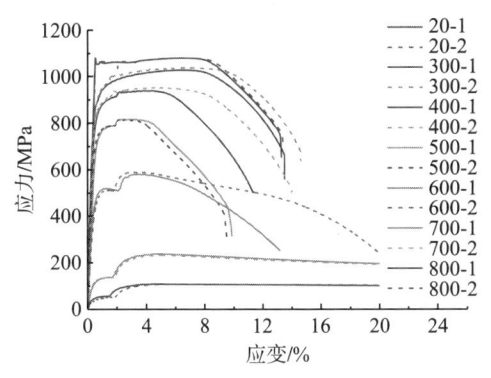

第 5 章　应力水平对高强结构钢高温后力学性能的影响

图 5-19　Q960 钢高温下应力-应变曲线

2. 力学性能和折减系数

Q960 钢高温下的屈服强度 $f_{y,T}$ 取为 0.2%塑性变形应力，抗拉强度 $f_{u,T}$ 对应于应力-应变曲线中应力的最大值。根据标距段长度 L_0=25mm、试件拉断后间距 L，可计算得到试件断后伸长率 $\delta_T=(L-L_0)/L_0$。Q960 钢高温下力学性能指标及其折减系数列于表 5-8 中。Q960 钢高温下力学性能折减系数随温度的变化如图 5-20 所示。

表 5-8　Q960 钢高温下力学性能指标及折减系数

T/℃	f_y/MPa	η_y	f_u/MPa	η_u	E/GPa	η_E	δ/%	η_δ
20	1055	1.00	1081	1.00	209	1.00	16.48	1.00
300	886	0.84	1032	0.95	193	0.92	24.90	1.51
400	830	0.79	940	0.87	180	0.86	24.44	1.48
500	723	0.68	814	0.75	169	0.81	24.82	1.51
600	462	0.44	582	0.54	113	0.54	33.16	2.01
700	110	0.10	234	0.22	43	0.21	69.00	4.19
800	41	0.04	107	0.10	19	0.09	79.94	4.85

(a) 屈服强度、抗拉强度和弹性模量　　(b) 断后伸长率

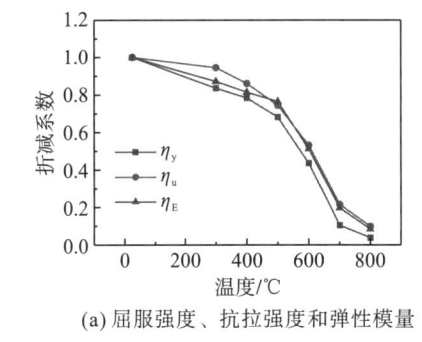

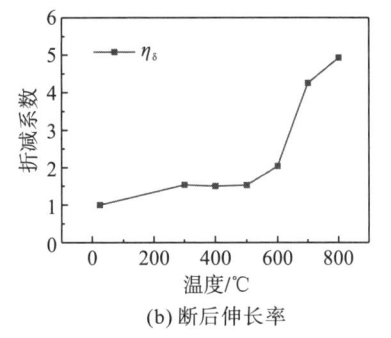

图 5-20　Q960 钢高温下力学性能折减系数-温度曲线

从表 5-8 和图 5-20 中可以观察到，随着温度的升高，Q960 钢的屈服强度和抗拉强度呈持续不断下降的趋势。特别是在温度超过 500℃后，屈服强度和抗拉强度下降速率随着温度的升高不断加快。在达到 800℃时，Q960 钢几乎丧失了大部分强度，其屈服强度下降约 96%，抗拉强度下降约 90%。抗拉强度的折减系数始终略大于屈服强度的折减系数，两者的变化趋势非常相似。随着温度的升高，Q960 钢弹性模量的变化趋势与抗拉强度和屈服强度相似，在温度超过 500℃后弹性模量迅速下降。在达到 800℃时，Q960 钢的弹性模量降至常温下的 9%，减少了 91%。而 Q960 钢的断后伸长率随着温度的升高呈现增大的趋势，尤其是在 500℃之后，其增长速率加快。当温度达到 800℃时，断后伸长率达到常温下的 485%，接近常温下的 5 倍。总体而言，随着温度的升高，Q960 钢的强度降低，而延性增加，这种变化在 500℃左右开始加速。

根据高温下拉伸试验得到的 Q960 钢高温下屈服强度和不同应力水平下高温后拉伸试验所取的应力比（$\gamma=0$、$\gamma=0.3$、$\gamma=0.55$ 和$\gamma=0.8$），可以确定高温后拉伸试验的预加应力。不同应力水平下 Q960 钢高温后拉伸试验的预加应力 f_0 列于表 5-9 中。

表 5-9 不同应力水平下 Q960 钢高温后拉伸试验的预加应力

$T/℃$	f_0/MPa			
	$\gamma=0$	$\gamma=0.3$	$\gamma=0.55$	$\gamma=0.8$
300	0	266	487	709
400	0	249	456	664
500	0	217	397	578
600	0	139	254	370
700	0	33	61	88
800	0	12	23	33

5.4.4 高温后拉伸试验结果

1. 破坏模式

Q960 钢不同应力水平下高温后拉伸试验试件的破坏模式如图 5-21 所示（从左到右依次为应力比为 0、0.3、0.55、0.8 的试件，相同应力比仅展示 1 根试件）。观察可发现，所有试件都出现了颈缩现象。随着温度的升高，断裂面的缺口越发平整，而且断裂面的位置越发接近试件平行段的两端。这一现象导致在温度较高时，Q960 钢试件的断后伸长率误差增大，这是无法避免的。在相同温度下，不同应力水平下试件的破坏模式没有明显的差异。

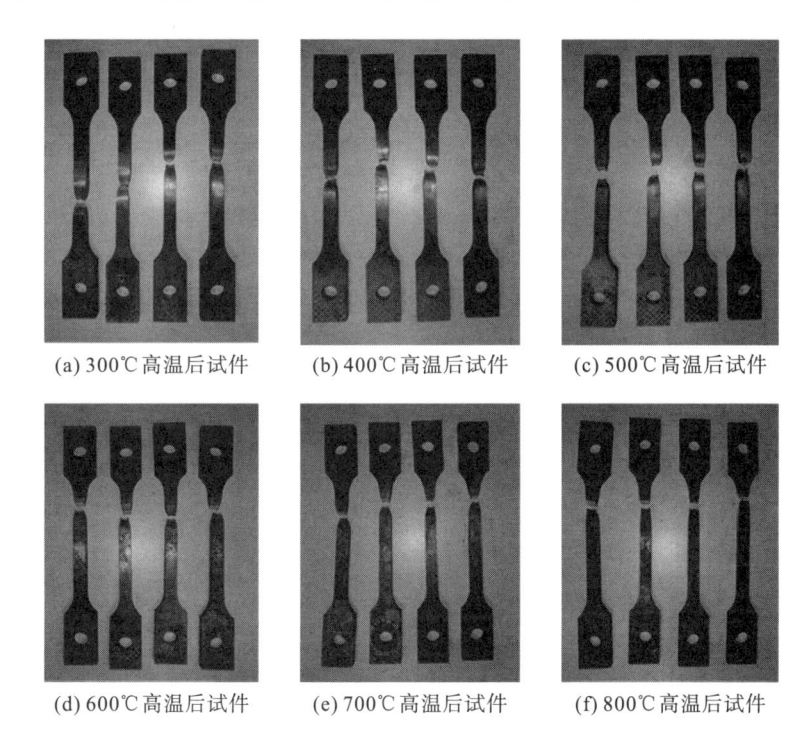

第 5 章 应力水平对高强结构钢高温后力学性能的影响 117

(a) 300℃高温后试件　　(b) 400℃高温后试件　　(c) 500℃高温后试件

(d) 600℃高温后试件　　(e) 700℃高温后试件　　(f) 800℃高温后试件

图 5-21　不同应力水平下 Q960 钢高温后拉伸试验试件破坏模式

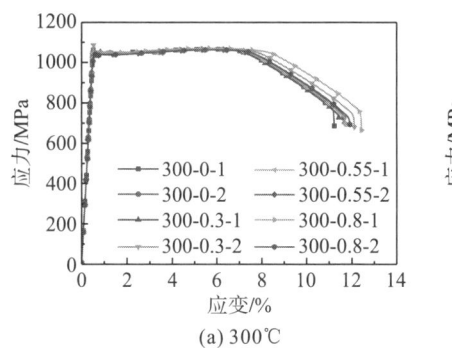

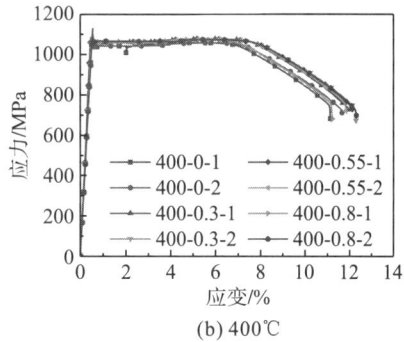

2. 应力-应变曲线

不同应力水平下 Q960 钢高温后的应力-应变曲线如图 5-22 所示。由图 5-22 可以观察到，随着温度升高，曲线整体呈下降趋势，这与高温下拉伸试验的结果一致。在相同的过火温度下，随着应力比的增大，Q960 钢的极限应变也相应增大，即预加应力的试件，其延性有不同程度的提高。在过火温度达到 800℃之前，Q960 钢高温后的应力-应变曲线均存在明显的屈服平台，而过火温度为 800℃时，无论是否预加应力，试件都没有明显的屈服平台。

(a) 300℃　　(b) 400℃

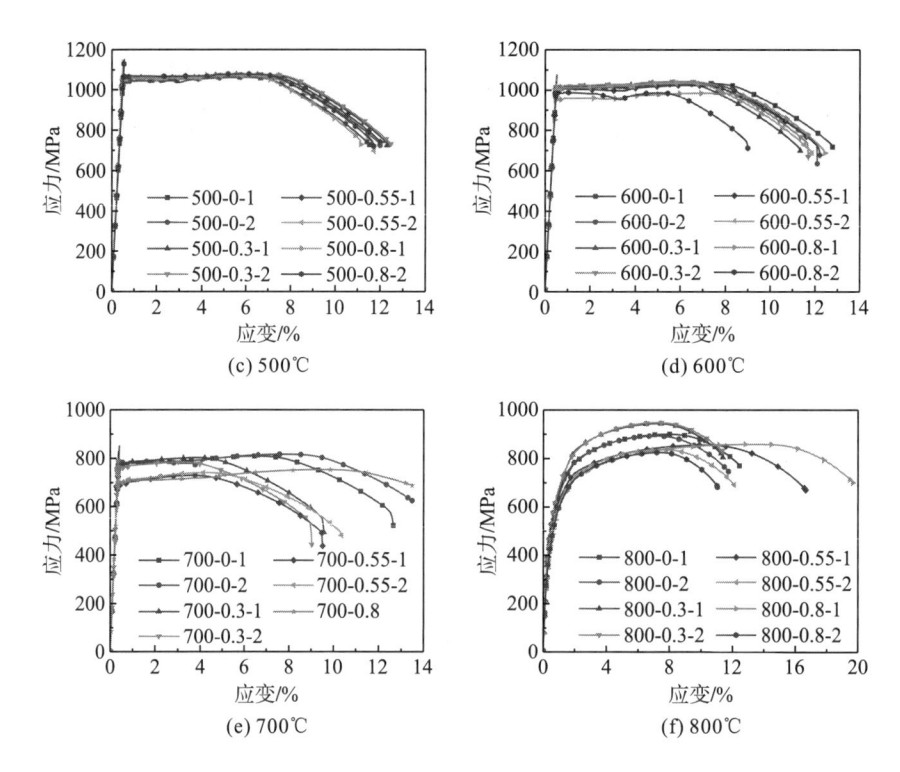

图 5-22 不同应力水平下 Q960 钢高温后应力-应变曲线

3. 力学性能和折减系数

不同应力水平下 Q960 钢高温后力学性能折减系数见表 5-10 和图 5-23。其中，η'_y、η'_u、η'_E 和 η'_δ 分别代表不同应力水平下 Q960 钢高温后屈服强度、抗拉强度、弹性模量和断后伸长率的折减系数。

表 5-10 不同应力水平下 Q960 钢高温后力学性能折减系数

$T/℃$	η'_y				η'_u			
	$\gamma=0$	$\gamma=0.3$	$\gamma=0.55$	$\gamma=0.8$	$\gamma=0$	$\gamma=0.3$	$\gamma=0.55$	$\gamma=0.8$
20	1.00	—	—	—	1.00	—	—	—
300	0.99	0.99	0.99	0.99	0.99	1.01	0.99	0.99
400	0.98	1.00	1.00	1.01	0.99	1.02	1.01	1.04
500	0.99	1.00	1.00	1.01	0.99	1.02	1.04	1.06
600	0.96	0.96	0.95	0.92	0.97	0.97	0.96	0.91
700	0.74	0.73	0.66	0.66	0.77	0.75	0.68	0.69
800	0.48	0.47	0.44	0.41	0.83	0.88	0.78	0.76

续表

T/℃	η'_E				η'_δ			
	$\gamma=0$	$\gamma=0.3$	$\gamma=0.55$	$\gamma=0.8$	$\gamma=0$	$\gamma=0.3$	$\gamma=0.55$	$\gamma=0.8$
20	1.00	—	—	—	1.00	—	—	—
300	1.01	1.02	1.03	1.01	0.95	1.05	1.02	1.03
400	1.01	1.03	1.07	1.01	1.05	1.09	1.05	1.07
500	1.03	1.05	1.03	0.99	1.02	1.04	1.00	1.03
600	1.02	1.02	1.03	1.01	1.06	1.05	1.06	0.92
700	1.02	1.04	0.99	1.01	1.14	1.04	1.07	0.96
800	0.85	0.88	0.86	0.88	1.02	0.92	1.09	1.22

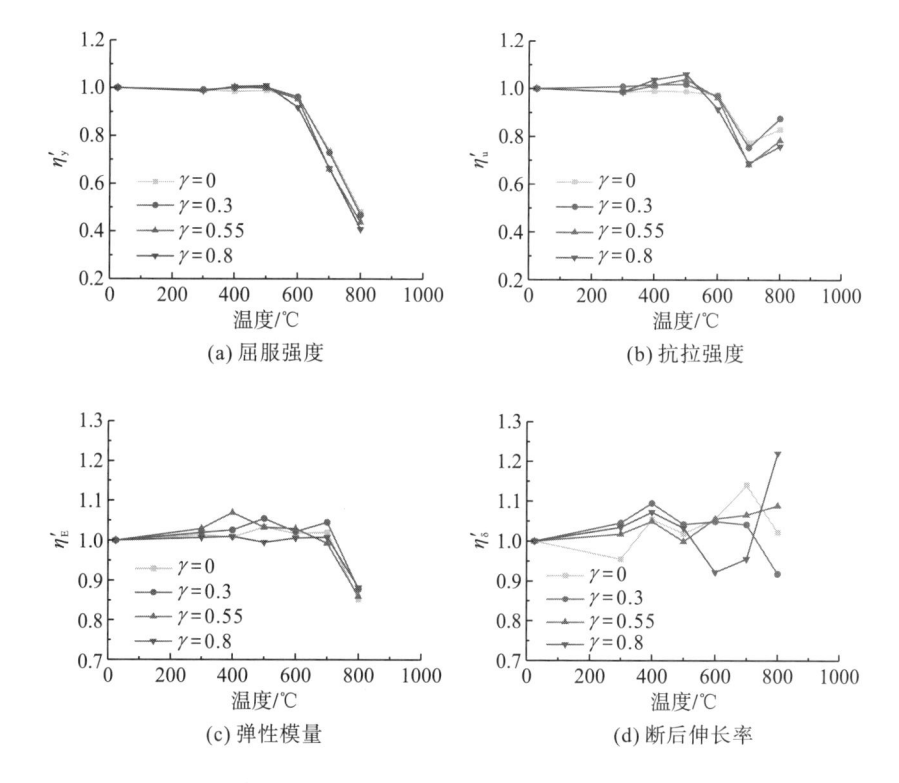

(a) 屈服强度

(b) 抗拉强度

(c) 弹性模量

(d) 断后伸长率

图 5-23 不同温度和不同应力水平下 Q960 钢高温后力学性能折减系数对比

图 5-23 展示了在不同温度和不同应力水平条件下 Q960 钢高温后力学性能折减系数的对比。由图 5-23(a)可以看出，在温度低于或等于 500℃时，无论在何种应力比条件下，Q960 钢的高温后屈服强度都能保持相对稳定，与常温下屈服强度非常接近。当温度达到 600℃时，Q960 钢的高温后屈服强度略有下降，而当温度达到 700℃后，Q960 钢高温后屈服强度开始大幅度降低。相比之下，

Q960 钢高温后抗拉强度在过火温度达到 700℃ 之前的变化趋势与高温后屈服强度比较接近，而当温度达到 800℃ 时，Q960 钢高温后抗拉强度有一定幅度的回升，但仍未达到常温下屈服强度水平[图 5-23(b)]。图 5-23(c)展示了在过火温度低于或等于 700℃ 的条件下，不同应力水平下 Q960 钢高温后弹性模量均基本稳定，而在 800℃ 条件下略有下降。图 5-23(d)表明，Q960 钢高温后的断后伸长率没有明显规律，大多数试件断后伸长率折减系数都大于 1，可以认为预加应力对 Q960 钢断后伸长率没有显著影响，Q960 钢高温后断后伸长率相比于常温下会有不同程度的提升，即延性会有一定程度的提高。

当过火温度在 300～500℃ 时，预加应力试件的高温后屈服强度和抗拉强度基本高于未预加应力试件（最大幅度为 0.07）。而在过火温度达到 600℃ 后，预加应力试件的屈服强度和抗拉强度普遍低于未预加应力试件。此结果表明，在过火温度不超过 500℃ 的情况下，预加应力会对 Q960 钢的高温后屈服强度和抗拉强度产生提高效果，尽管这种提高相对较为有限。然而，在过火温度达到 600℃ 后，预加应力对 Q960 钢的高温后屈服强度产生不利影响，Q960 钢的高温后屈服强度随应力比的增加而降低，最大降幅为 0.08(700℃时，应力比$\gamma=0.8$ 的试件高温后屈服强度由应力比$\gamma=0$ 的 0.74 下降到 0.66)。过火温度达到 600℃ 后，预加应力对高温后抗拉强度同样有不利影响，高温后抗拉强度基本随应力比的增加而降低，在 700℃ 时降幅最大，由应力比$\gamma=0$ 的 0.77 下降到应力比$\gamma=0.8$ 的 0.69。因此，在过火温度达到 600℃ 后，应考虑应力水平对 Q960 钢高温后强度的影响。

在不同应力水平下，Q960 钢的高温后弹性模量并未呈现明显的变化趋势，表明应力水平对其高温后弹性模量没有显著影响。在过火温度为 300～500℃ 时，预加应力能够在一定程度上提升 Q960 钢的高温后断后伸长率，但断后伸长率与应力比γ之间并没有明显的相关性。然而，在过火温度达到 600～700℃ 时，预加应力会导致 Q960 钢的高温后断后伸长率降低，且随着应力比γ的增加，降低程度逐渐加剧。在 800℃ 的过火温度下，断后伸长率出现一定程度的提升，其中当应力比γ为 0.8 时提升效果最显著，从$\gamma=0$ 的 1.02 提升至 1.22。

5.5 小　　结

本章对 Q460、Q690 和 Q960 三种高强钢进行了不同应力水平下的高温后拉伸试验，得到了不同应力水平下高强钢的应力-应变关系、破坏模式及弹性模量、屈服强度和抗拉强度等主要力学性能指标。

在过火温度达到 600℃ 之前，应力水平对 Q460 钢屈服强度折减系数和抗拉强度折减系数的影响不显著。当过火温度为 700~800℃时，预加应力显著降低 Q460 钢的屈服强度和抗拉强度，并且这种降低幅度随着应力水平的增加而增加。应力水平对屈服强度和抗拉强度的最大降低幅度分别为 0.078 和 0.066。不同应力水平下 Q460 钢高温后弹性模量基本上都高于常温水平，整体上变化不大。

当过火温度低于 700℃时，Q690 钢的高温后屈服强度、抗拉强度和弹性模量变化不大；当过火温度达到 800℃时则有明显的退化。在过火温度不超过 600℃时，预加应力对 Q690 钢的高温后强度产生有利影响，提高幅度随着应力水平的增加而增大，最大提高 0.08。而当过火温度达到 800℃时，预加应力对 Q690 钢的高温后强度产生不利影响，Q690 钢的高温后强度随着应力比的增加而降低。因此，当过火温度高于 800℃时，应考虑应力对高温后强度的影响。

在过火温度不超过 500℃的情况下，预加应力会对 Q960 钢的高温后屈服强度和抗拉强度产生提高效果，尽管这种提高相对较为有限。然而，在过火温度达到 600℃后，预加应力对 Q960 钢的高温后屈服强度和抗拉强度产生不利影响，高温后屈服强度和抗拉强度普遍随着应力比的增加而降低。因此，在过火温度达到 600℃后，应考虑应力水平对 Q960 钢高温后强度的影响。在不同应力水平下，Q960 钢的高温后弹性模量并未呈现明显的变化趋势，表明应力水平对其高温后弹性模量没有显著影响。

不同应力水平对高强钢力学性能的影响总体上表现为：应力水平对高强钢高温后弹性模量没有显著影响。在较低的过火温度范围(300~600℃)内，应力水平对高温后屈服强度和抗拉强度的影响不显著；在较高的过火温度范围(700~800℃)内，应力水平对高温后屈服强度和抗拉强度有不利影响，高温后屈服强度和抗拉强度普遍随着应力比的增加而降低。

第6章　高强结构钢高温下蠕变性能

6.1　引　　言

本章对 Q460、Q690 和 Q960 三种高强钢进行高温下蠕变试验。在试验中考虑了不同温度和不同应力水平等因素,旨在研究这些因素对高强钢高温下蠕变破坏模式及蠕变应变-时间曲线的影响。

6.2　高强 Q460 钢高温下蠕变试验

6.2.1　试件设计

Q460 钢高温蠕变试验的试件取自一块 20mm 厚的国产高强 Q460 建筑结构钢板。试件尺寸按照《金属材料　拉伸试验　第 1 部分:室温试验方法》GB/T 228.1—2021[86]和《金属材料　拉伸试验　第 2 部分:高温试验方法》GB/T 228.2—2015[87]的相关规定进行设计。试件取样位置和加工精度均符合《钢及钢产品　力学性能试验取样位置及试样制备》GB/T 2975—2018[90]的要求。高温蠕变试验的试件为棒状,试件总长 187mm,凸耳中心线距离即标距,长为 100mm,其长度范围内直径为 10mm,端部螺纹的直径为 16mm。凸耳与螺纹之间的直径大于标距内的直径,以确保试件断裂发生在标距段内。具体尺寸及实际加工试件如图 6-1 所示。共加工试件 49 个。

(a) Q460钢高温蠕变试验试件尺寸(单位:mm)

(b) 部分实际加工试件

图 6-1　Q460 钢高温蠕变试验试件设计尺寸及实际加工试件

Q460 钢常温拉伸试验采用 CMT5305 微机控制电子万能试验机，准确度等级为 0.5 级，最大试验力为 300kN。Q460 钢常温下的弹性模量 E、屈服强度 f_y 和抗拉强度 f_u 列于表 6-1 中，数据为 10 个试件测量结果的平均值。

表 6-1　Q460 钢常温弹性模量和强度平均值

力学性能指标	弹性模量 E/GPa	屈服强度 f_y/MPa	抗拉强度 f_u/MPa
平均值	202.1	492.0	621.5

表 6-2 为 Q460 钢蠕变试验温度及应力条件。Q460 钢高温下屈服强度 $f_{y,T}$ 根据高温下拉伸试验得到，应力比 γ 定义为施加应力 σ 与高温下屈服强度 $f_{y,T}$ 的比值。

表 6-2　Q460 钢蠕变试验温度及应力条件

试验温度 T/℃	屈服强度 f_y/MPa	施加应力 σ/MPa	应力比 γ
300	575	457，483，495，509	0.79～0.89
400	518	406，432，458，476	0.78～0.92
450	532	369，382，394，400，406	0.69～0.76
500	430	242，254，267，280	0.56～0.65
550	374	165，178，204，210	0.44～0.56
600	367	89，102，114，127，178	0.24～0.49
700	182	25.5，38，51，64	0.14～0.35
800	89	13，19，25.5，32，38	0.15～0.43
900	—	13，19，25.5，32	—

6.2.2 试验装置及程序

Q460 钢高温蠕变试验设备选用 RMT-D5 电子式高温蠕变持久强度试验机[图 6-2(a)]，其包括三个主要组成部分，分别是热电炉、位移采集系统和控制系统。试验机最大加载量程达 50kN，准确度等级为 0.5 级，试验力测量范围为 1%～100%FS(最大负荷)，试验力示值误差保持在±0.5%以内，变形测量范围为 0～10mm，速度调整范围为 0～50mm/min，变形分辨率为 0.001mm。热电炉的温度控制范围为 200～1100℃，其控温精度达到±3℃。采用防火棉丝将 3 个热电偶固定在试件的上、中、下三个部位，通过将这些热电偶采集到的温度数据反馈到温度控制器，以实现对热电炉加热功率的调节[图 6-2(b)]。上下两对连杆牢固地连接于试件的凸台，其相对位移通过连杆传递到位移计，用于记录试件的蠕变变形[图 6-2(c)]。

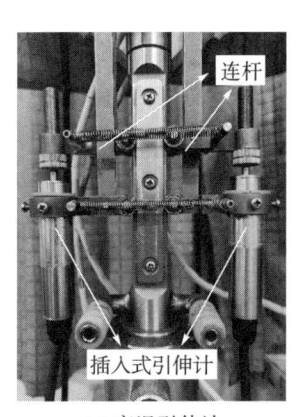

(a) 蠕变试验机　　　　(b) 热电偶　　　　(c) 高温引伸计

图 6-2　Q460 钢高温蠕变试验装置

Q460 钢高温蠕变试验采用恒温恒载单轴拉伸的试验方法，主要步骤如下。

(1)准备：对每个试件进行编号，并记录其几何尺寸。设置试验的条件和参数。

(2)升温：安装试件，采用 20～40℃/min 的升温速率，在试验炉中对试件进行空载加热，升温到指定的温度。达到指定温度后，进行 10min 的保温，并在升温的同时采集试件的温度数据。

(3)加载：保温完成后，按照 0.5～5kN/min 的加载速度加载试件到指定的荷载。在加载的过程中，同时采集荷载和位移数据。

(4)蠕变：在恒温恒载的条件下，采集试件的位移和时间数据，直至蠕变充分发展至试件断裂。如果试件没有断裂，可持续蠕变发展 10~12h，然后结束试验。

（5）记录：试验结束后，待试件自然冷却降至室温后，记录试件的特征，保存试验数据。

6.2.3 试验结果及分析

1. 破坏模式

Q460 钢高温蠕变试验试件破坏模式如图 6-3 所示。每个温度下的试件按照应力大小从左至右排列。试件破坏模式主要分为断裂和未断两大类，其中断裂试件极限蠕变应变见表 6-3。总计有 14 个试件发生了断裂，最大蠕变应变范围为 9%~25%。

在图 6-3(c)~(e)中，观察到在 450~550℃的温度范围内，Q460 钢断裂试件并无显示明显的颈缩现象，而呈现脆性断裂的特征。另外，由图 6-3(g)~(i)可以看出，随着温度升高，Q460 钢表现出较好的塑性。在温度 800℃和应力 32MPa 的条件下，Q460 钢的蠕变应变可达到 45%以上，在试件破坏之前发生了显著的塑性伸长。而当温度较低时，即使在较高的应力水平下（例如，在温度 300℃和应力 509MPa 的条件下），蠕变变形仍然较小。

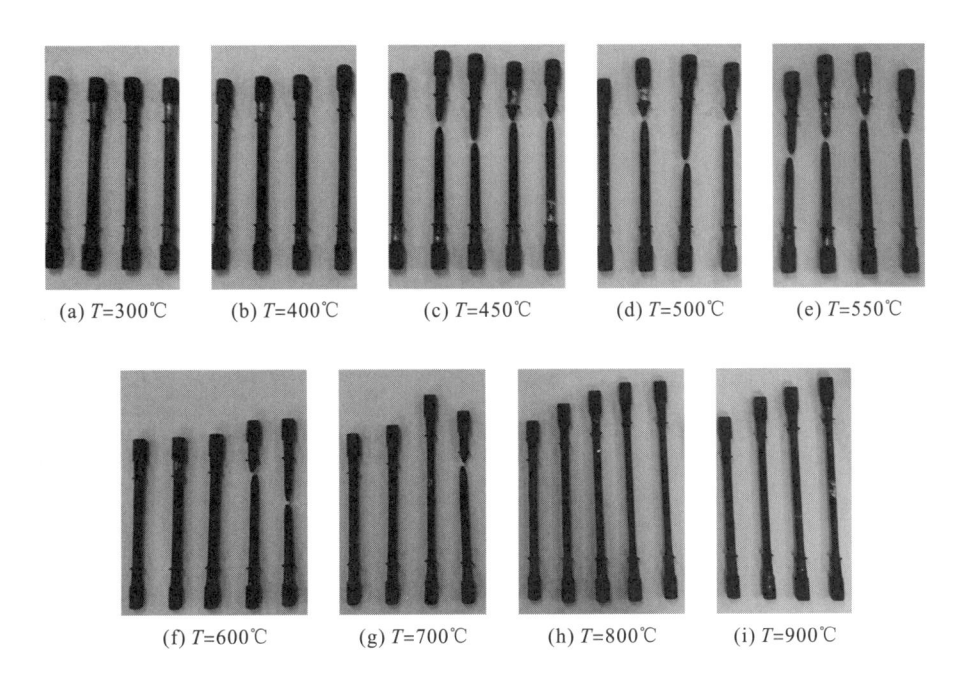

(a) T=300℃   (b) T=400℃   (c) T=450℃   (d) T=500℃   (e) T=550℃

(f) T=600℃   (g) T=700℃   (h) T=800℃   (i) T=900℃

图 6-3 Q460 钢部分试件破坏模式

表 6-3　Q460 钢断裂试件极限蠕变应变

试件编号	T/℃	σ/MPa	极限蠕变应变/%	试件编号	T/℃	σ/MPa	极限蠕变应变/%
F-1	450	382	24.4	F-8	550	165	12.2
F-2	450	394	19.8	F-9	550	178	23.7
F-3	450	400	8.9	F-10	550	204	24.2
F-4	450	406	10.1	F-11	550	210	13.4
F-5	500	254	16.4	F-12	600	127	11.4
F-6	500	267	21.1	F-13	600	178	11.2
F-7	500	280	13.1	F-14	700	64	13.2

2. 蠕变应变-时间曲线

蠕变试验所得数据包含弹性应变和蠕变应变，结合 Q460 钢在高温下的弹性模量和施加应力的大小，去除弹性应变后，获得了不同温度和不同应力水平下 Q460 钢的蠕变应变-时间曲线。通常，蠕变过程可划分为三个阶段，包括瞬时蠕变阶段（又称蠕变第一阶段，其蠕变率逐渐降低）、稳态蠕变阶段（又称蠕变第二阶段，其蠕变率保持恒定）、加速蠕变阶段（又称蠕变第三阶段，其蠕变率迅速增加）。

1）不同应力水平下蠕变曲线

不同应力水平下 Q460 钢的蠕变应变-时间曲线见图 6-4。图中，符号"⊗"表示试件在蠕变第三阶段末期发生断裂，符号"⊕"表示蠕变第二阶段、第三阶段的分界点。根据试验结果，可以观察到以下规律。

(1) 在 300~400℃的较低温度范围下，蠕变曲线大致可分为两个阶段：蠕变第一阶段和蠕变第二阶段。蠕变第二阶段随时间的增长与温度和应力有关，持续时间较长，可达 10h 以上。应力水平较高时蠕变曲线才出现第三阶段。

(2) 在 450~550℃的中等温度范围下，蠕变第一阶段随着应力水平的提高逐渐变短，蠕变第二阶段和蠕变第三阶段增长速度很快，大部分试件在这个温度范围内发生断裂。在较大的应力下，断裂之前的蠕变应变相对较小，而在相对较低的应力下，试件在断裂时的蠕变应变较大。

(3) 在 600~800℃的较高温度范围内，蠕变曲线主要由蠕变第二阶段和蠕变第三阶段组成，蠕变第一阶段变得很短，在几分钟之内完成。由于受热软化的影响，蠕变第二阶段迅速增长，被认为是火灾情况下非常重要的阶段，其增长速率恒定。在蠕变第三阶段中，试件发生明显的颈缩，导致横截面应力水平急剧增大，蠕变增长速率明显加快。随着温度的升高，Q460 钢表现出良好的塑性，蠕变较大。在 900℃时，蠕变发展趋势与 800℃时比较接近。

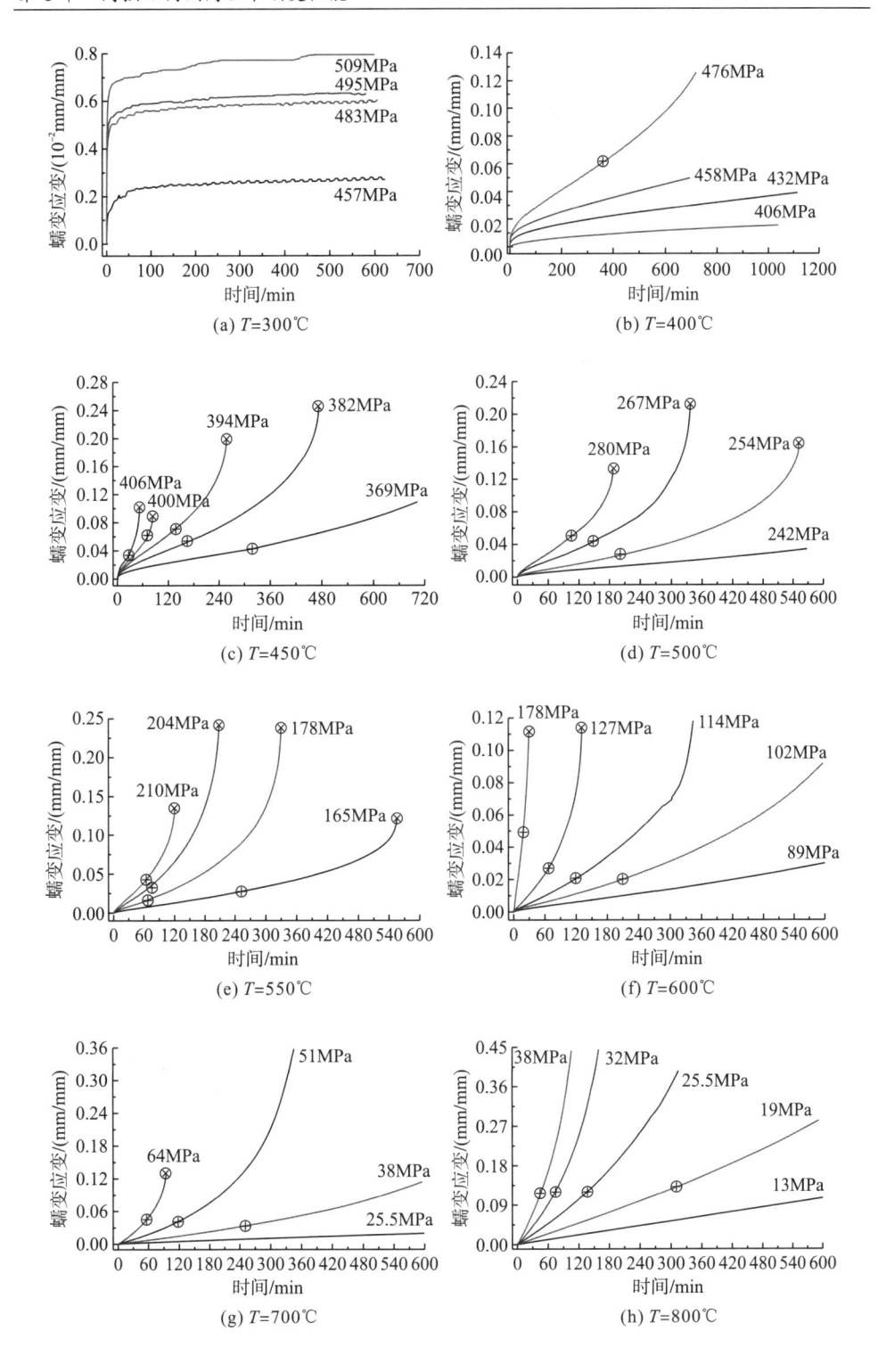

第6章 高强结构钢高温下蠕变性能

(a) $T=300℃$

(b) $T=400℃$

(c) $T=450℃$

(d) $T=500℃$

(e) $T=550℃$

(f) $T=600℃$

(g) $T=700℃$

(h) $T=800℃$

(i) $T=900℃$

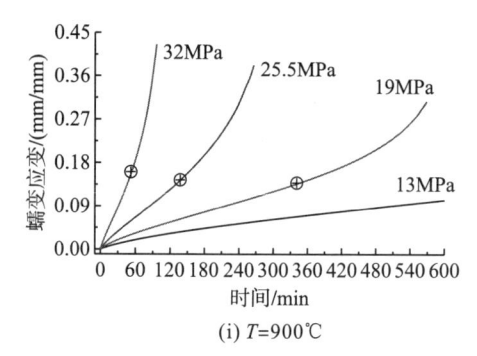

图 6-4　不同应力水平下 Q460 钢蠕变应变-时间曲线

2) 不同温度下蠕变曲线

不同温度下 Q460 钢的蠕变应变-时间曲线见图 6-5，可以观察到以下规律。

(1) 在 300～800℃的温度范围内，同一应力水平下，蠕变随着温度的升高而显著增长。例如，当应力水平为 406MPa 时，蠕变应变在 450℃比 400℃时明显增长加快；当应力水平为 38MPa 时，蠕变应变在 800℃时比在 700℃时明显增长加快。

(2) 在 800～900℃的温度范围内，相同应力水平下，温度对蠕变响应的影响不明显，尤其是在较低应力水平时，蠕变应变随时间的发展基本一致。此时，应力水平是影响蠕变发展的主要因素。

(a) $\sigma=406\text{MPa}$、457MPa

(b) $\sigma=38\text{MPa}$、178MPa

(c) $\sigma=25.5\text{MPa}$

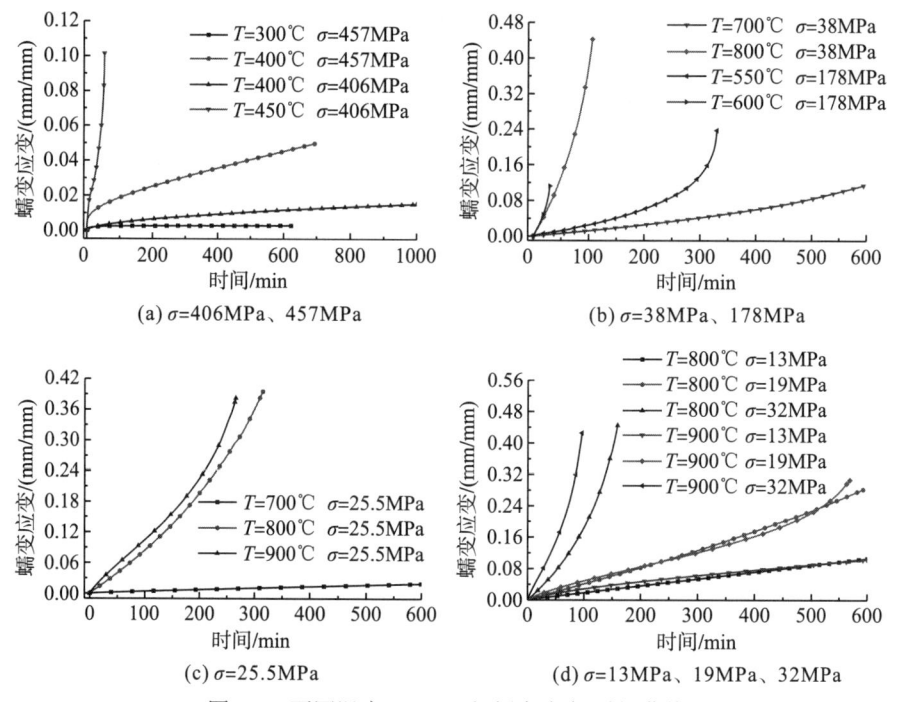

(d) $\sigma=13\text{MPa}$、19MPa、32MPa

图 6-5　不同温度下 Q460 钢蠕变应变-时间曲线

6.3 高强 Q690 钢高温下蠕变试验

6.3.1 试件设计

Q690 钢高温蠕变试验试件与高温下拉伸试验试件取自同一块 20mm 厚的国产高强 Q690 建筑结构钢板。试件尺寸按照《金属材料 拉伸试验 第 1 部分：室温试验方法》GB/T 228.1—2021[86]和《金属材料 拉伸试验 第 2 部分：高温试验方法》GB/T 228.2—2015[87]的相关规定进行设计。试件取样位置和加工精度均符合《钢及钢产品 力学性能试验取样位置及试样制备》GB/T 2975—2018[90]的要求。高温蠕变试验的试件为棒状，试件总长 186mm，凸耳中心线距离即标距，长为 100mm，其长度范围内直径为 10mm，端部螺纹的直径为 16mm。凸缘与螺纹之间的直径为 10.5mm，其大于标距内的直径，以确保试件断裂发生在标距段内。试件具体尺寸如图 6-6 所示。共加工 23 个试件。

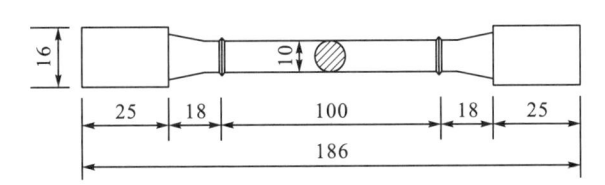

图 6-6 Q690 钢高温蠕变试验试件尺寸(单位：mm)

Q690 钢蠕变试验包括 7 个试验温度(450℃、500℃、550℃、600℃、700℃、800℃、900℃)和不同应力水平，见表 6-4。应力比 γ 定义为施加应力 σ 与高温下屈服强度 $f_{0.2,T}$ 的比值。Q690 钢高温下屈服强度 $f_{0.2,T}$ 依据 2.3 节 Q690 钢高温下拉伸试验得到。

表 6-4 Q690 钢高温蠕变试验温度及应力条件

试验温度/℃	屈服强度 $f_{0.2,T}$/MPa	施加应力 σ/MPa	应力比 γ
450	567.1	500，515，539，567	0.88～1.00
500	506.4	400，410，429	0.78～0.85
550	318.9	242，252，278，297	0.76～0.93
600	179.9	139，157，175	0.77～0.97
700	47.9	39，43，50	0.81～1.04
800	36.8	25，32，40	0.67～1.08
900	31.7	26，29，32	0.82～1.00

6.3.2 试验装置及程序

Q690 钢高温蠕变试验采用和 Q460 钢高温蠕变试验相同的试验装置(图 6-2)。Q690 钢高温蠕变试验采用恒温恒载单轴拉伸的试验方法，主要步骤包括准备、升温、加载、蠕变和记录等。在试验开始之前，对试件进行编号并测量其几何尺寸。设置并记录试验条件和参数。试件、热电偶和位移计安装完成后，启动热电炉。热电炉以 20~40℃/min 的升温速率进行空载加热，待预设温度达到后进行 10min 的保温。保温结束后，按照 0.5~5kN/min 的加载速率加载到目标荷载，在加载的同时采集荷载、位移及温度数据。保持荷载和温度的恒定，直至试件断裂或加载时间超过 10h 后结束试验。

6.3.3 试验结果及分析

1. 破坏模式

Q690 钢在高温蠕变试验后的试件照片见图 6-7。观察图中的试件可以发现，在 450~600℃的温度范围内，断裂的试件出现了明显的颈缩现象。在相同温度下，随着应力的增加，部分试件的极限蠕变略微减小，这可能是因为在较低应力条件下，试件在断裂前经历了更长的蠕变时间，使得蠕变变形更充分。随着温度

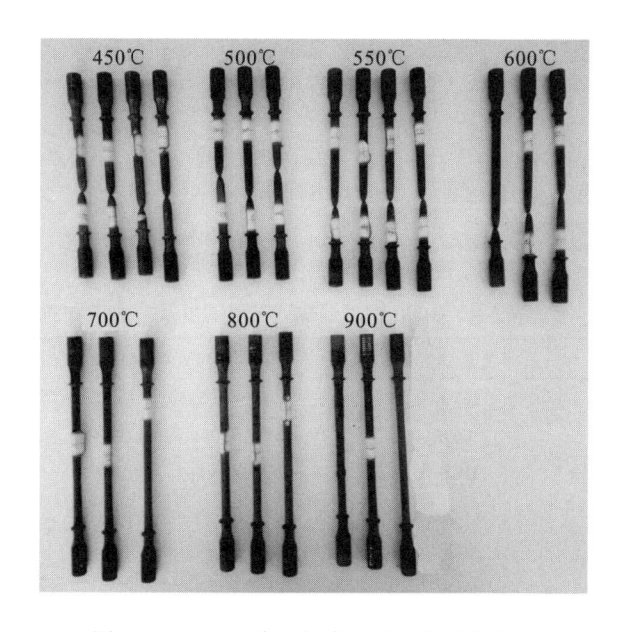

图 6-7 Q690 钢高温蠕变试验后的试件照片

的升高，极限蠕变逐渐增加。在 450℃时，极限蠕变保持在 10%以内，而在 700~900℃的温度范围内，试件呈现显著的塑性特性，整体伸长，横截面变小，由于试验装置的量程限制，未能采集到此温度范围内试件断裂的情况。

2. 蠕变应变-时间曲线

蠕变试验所得数据包含弹性应变和蠕变应变，结合 Q690 钢在高温下的弹性模量和施加应力的大小，去除弹性应变后，获得不同温度和不同应力水平下 Q690 钢的蠕变应变-时间曲线，如图 6-8 所示。

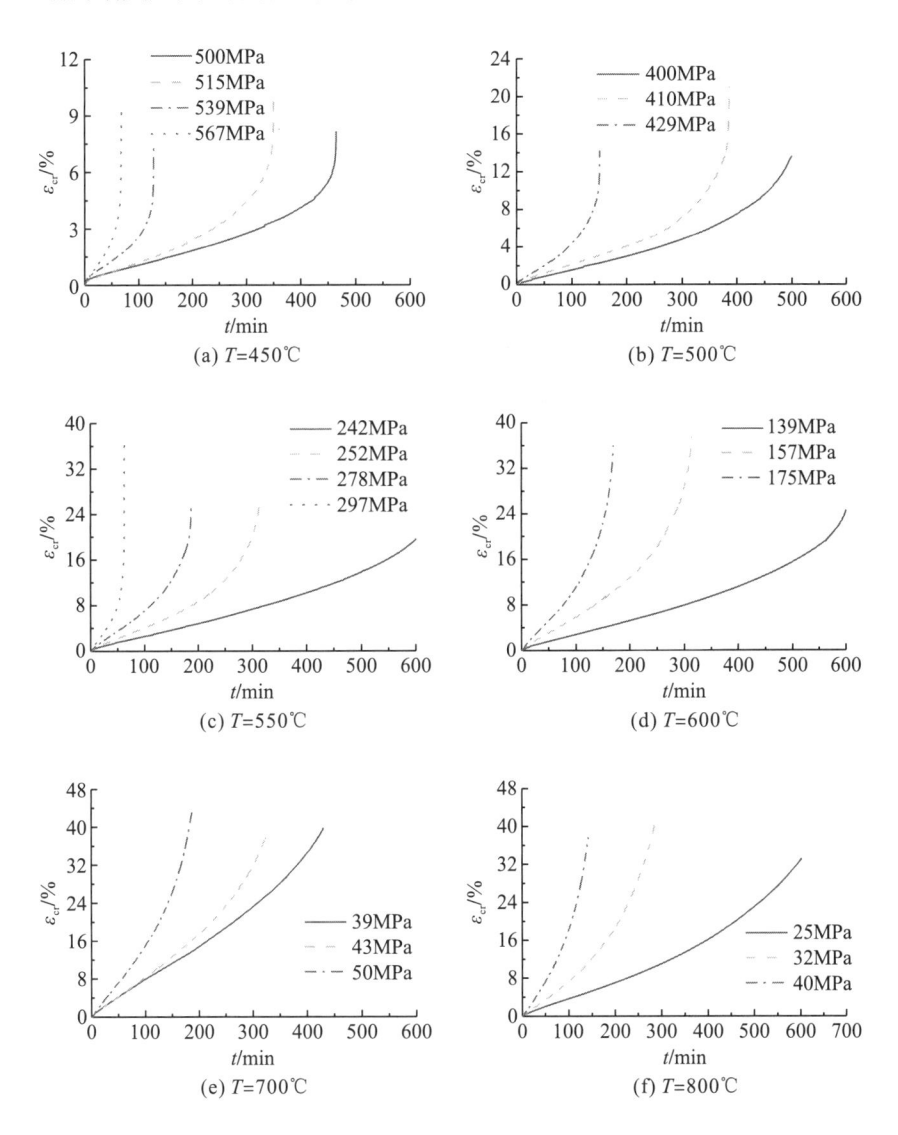

(g) $T=900℃$

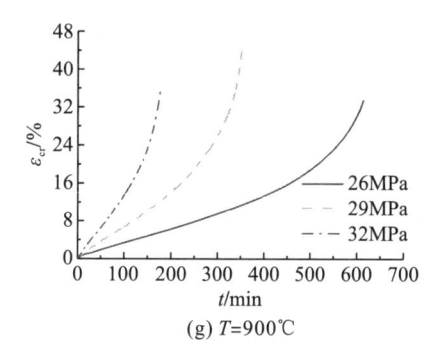

图 6-8 Q690 钢高温蠕变应变-时间曲线

通过图 6-8 可以观察到以下规律。

(1) 蠕变曲线由三个主要阶段组成，其中第一阶段蠕变所占比重相对较小，主要由第二阶段和第三阶段蠕变组成。第二阶段蠕变的时间最长，而第三阶段的蠕变发展速度最快。

(2) 在 450～600℃ 的高温条件下，试件在断裂时的极限蠕变随温度升高而增加，并表现出明显的颈缩现象。在相同温度下，试件在较大应力下断裂时间较短。以 550℃ 为例，当应力为 242MPa 时，第二阶段蠕变可持续超过 6h，总蠕变时间为 10h；而在应力为 297MPa 及更高的情况下，第二阶段蠕变时间明显缩短，甚至仅有 0.5h 左右，总蠕变时间仅为 1h。

(3) 在 700～900℃ 的更高温度条件下，由于受热软化的影响，Q690 钢表现出良好的塑性，试件能够在整体伸长的同时发生第二阶段蠕变的显著增长，这是蠕变响应中非常关键的阶段。在第三阶段蠕变中，试件发生颈缩，导致横截面上的应力明显增加，蠕变发展速度急剧加快。尽管在 700～900℃ 情况下未能采集到第三阶段临近断裂的数据，但可以观察到试件在这一阶段的极限蠕变均在 35% 以上，这进一步证实了第一、第二阶段蠕变对结构抗火性能的主要影响。

(4) 一般情况下，在相同应力水平下，随着温度升高，蠕变发展更充分。但是，在某些情况下，如图 6-8(f) 和 (g) 所示，温度为 900℃ 时 $\sigma=26$MPa 和温度为 800℃ 时 $\sigma=25$MPa 的蠕变拉伸时间相近。这可能是由于施加的应力接近屈服强度。在 900℃ 时，即使应力只提高 6MPa，从 $\sigma=26$MPa 到 $\sigma=32$MPa，蠕变时间由 600min 减少到 160min。而在 800℃ 的情况下，尽管应力提高了 7MPa，从 $\sigma=25$MPa 到 $\sigma=32$MPa，蠕变时间仅由 600min 减少到约 270min。这表明在 $\sigma=32$MPa 时，900℃ 的试件蠕变发展速度较 800℃ 更快。

3. 对比分析

由于化学成分和冶炼工艺的不同，在相同温度和应力水平下，不同强度等级的钢材表现出不同的蠕变发展趋势。为了深入研究 Q690 钢与其他钢材在高温蠕变方面的差异,将 Q690 钢的高温蠕变试验结果与 Q345 钢[96]和 Q460 钢的试验结果进行对比分析。采用荷载比 $\alpha=\sigma/f_y$,即施加应力和常温屈服强度的比值来表示钢材的应力水平。不同强度钢材高温蠕变性能对比如图 6-9 所示。

通过对比可以观察到以下规律。

(1) 在 450～500℃的温度范围内,Q690 钢的极限蠕变小于 Q460 钢和 Q345 钢。这可能是由于 Q690 钢在这个温度范围内的蠕变发展较缓慢,相对于其他两种钢材而言,其极限蠕变较小。

(2) 在 550～600℃的温度范围内,Q690 钢的极限蠕变明显大于其他两种钢材。这可能是由于 Q690 钢在这个温度范围内表现出更显著的蠕变特性,其极限蠕变相对较大。

(3) 在 700～800℃的温度范围内,由于试验仪器量程的限制,三种钢材均未能测量出极限蠕变,但可确定极限蠕变均在 35%以上。这表明在这一高温范围内,钢材发生了显著的蠕变,并且 Q690 钢、Q460 钢和 Q345 钢的性能趋于一致。

(4) 在 900℃的温度下,Q690 钢和 Q460 钢同样未能测量出极限蠕变,但均大于 Q345 钢的极限蠕变。这可能意味着在更高的温度条件下,Q690 钢和 Q460 钢的蠕变性能相对更显著。

另外,值得注意的是,在相同温度条件下,Q690 钢的荷载比均小于或等于另外两种钢材,但蠕变发展时间短于其他两种钢材。特别显著的是在 700℃时,Q690 钢的荷载比为其他两种钢材的 63%,但蠕变时间为其他两种钢材的 1/2。这表明在相同温度和荷载比下,Q690 钢的蠕变发展相对更迅速。此外,Q460 钢相较于 Q345 钢在所有温度下的荷载比均小,蠕变总时间同样均短于 Q345 钢。这说明在相同温度和荷载比下,强度等级越高的钢材蠕变发展越快。这些观察结果表明,在高温结构分析中,更需要考虑高强钢在高温蠕变方面对结构抗火性能的显著影响。

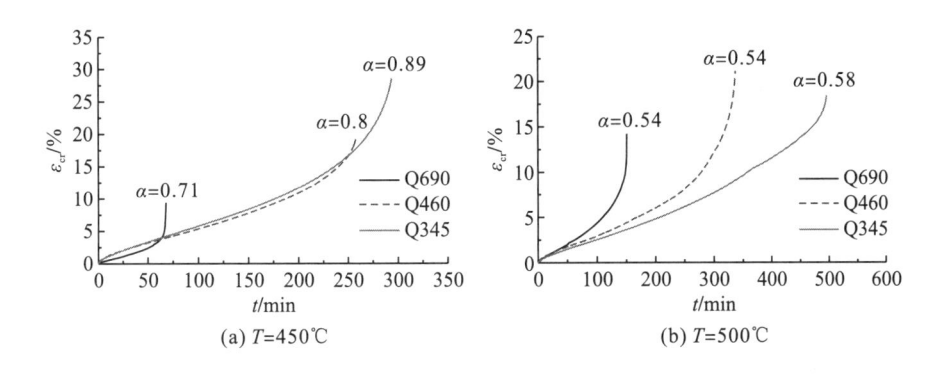

(a) $T=450℃$

(b) $T=500℃$

(c) $T=550$℃

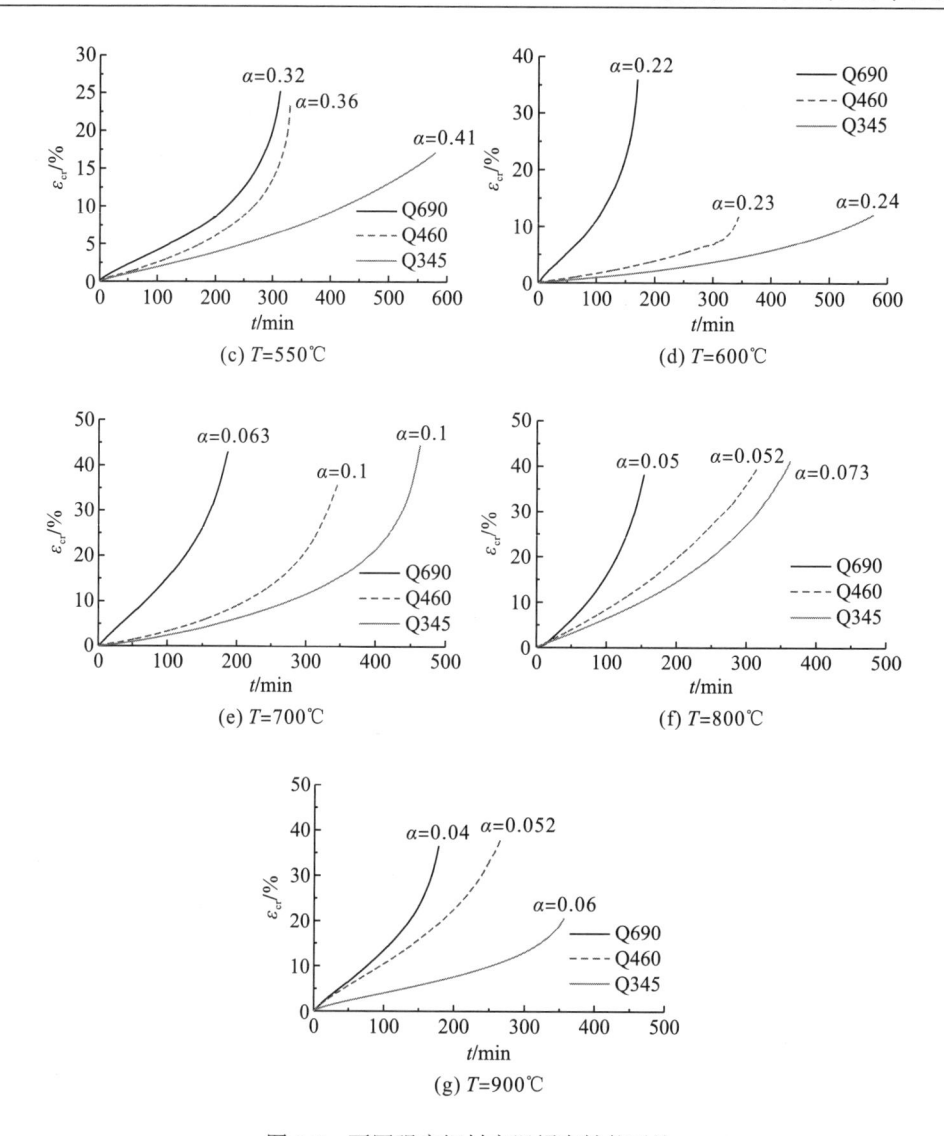

(d) $T=600$℃

(e) $T=700$℃

(f) $T=800$℃

(g) $T=900$℃

图 6-9　不同强度钢材高温蠕变性能对比

6.4　高强 Q960 钢高温下蠕变试验

6.4.1　试件设计

Q960 钢高温蠕变试验试件取自一块 20mm 厚的国产高强 Q960 建筑结构钢板。试件取样位置和加工精度均符合《钢及钢产品　力学性能试验取样位置及试样制备》GB/T 2975—2018[90]和《金属材料　拉伸试验　第 2 部分：高温试验方

第6章 高强结构钢高温下蠕变性能

法》GB/T 228.2—2015[87]的相关规定。试件总长度为187mm，其中，标距段(试件上两个凸台之间的距离)直径为10mm，长度为100mm，端部螺纹直径为16mm。试件设计尺寸及实际加工试件如图6-10所示。

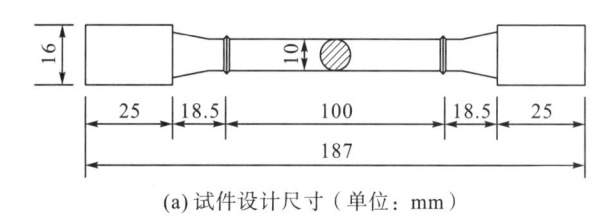

(a) 试件设计尺寸（单位：mm）

(b) 实际加工试件

图6-10 Q960钢高温蠕变试验试件设计尺寸及实际加工试件

Q960钢常温拉伸试验采用MTS万能试验机，最大加载量程为100kN，控制精度为±1%，引伸计型号为MTS632.53F-11。Q960钢常温下的弹性模量、屈服强度、抗拉强度和断后伸长率列于表6-5中，数据为3个试件测量结果的平均值。取0.2%塑性变形应力$f_{0.2}$为Q960钢材的名义屈服强度。

表6-5 Q960钢常温力学性能指标平均值

力学性能指标	弹性模量 E/GPa	屈服强度 $f_{0.2}$/MPa	抗拉强度 f_u/MPa	断后伸长率 δ/%
平均值	213.2	1021.0	1040.1	14.9

表6-6为Q960钢高温蠕变试验温度及应力条件。在Q960钢高温拉伸试验中拟合得到了Q960钢高温下屈服强度折减系数的简化计算公式，见7.2.3节式(7-6)。蠕变试验与高温拉伸试验取自两块板厚不同的Q960钢板，因此高温蠕变试验中Q960钢高温下屈服强度$f_{y,T}$根据其常温屈服强度及式(7-6)计算得到。应力比γ定义为施加应力σ与高温下屈服强度$f_{y,T}$的比值。

表6-6 Q960钢高温蠕变试验温度及应力条件

试验温度/℃	屈服强度/MPa	施加应力 σ/MPa	应力比 γ
450	867.9	820，805，780，700	0.94，0.93，0.90，0.83
550	806.6	610，580，565，425	0.71，0.67，0.66，0.49

续表

试验温度/℃	屈服强度/MPa	施加应力σ/MPa	应力比γ
600	663.7	465，438，407，370，355	0.70，0.66，0.61，0.56，0.53
700	224.6	120，90，75	0.53，0.40，0.33
800	71.5	46，35，28	0.64，0.49，0.40
900	51.1	41，35，30	0.80，0.68，0.59

6.4.2 试验装置及程序

Q960钢高温蠕变试验采用和Q460钢高温蠕变试验相同的试验装置(图6-2)。Q960钢高温蠕变试验采用恒温恒载单轴拉伸的试验方法。在试验开始之前，对试件进行编号并测量其几何尺寸。试件、热电偶和位移计安装完成后，启动热电炉。热电炉以20℃/min的升温速率进行空载加热，待预设温度达到后进行10min的保温。保温结束后，按照5kN/min的加载速率加载到目标荷载，保持荷载和温度恒定，直至试件断裂或加载时间超过6h，方可结束试验，并保存试验数据。

6.4.3 试验结果及分析

1. 破坏模式

Q960钢高温蠕变试验后的试件根据试验温度和应力大小，按照从左到右的顺序依次排列，破坏模式如图6-11所示。

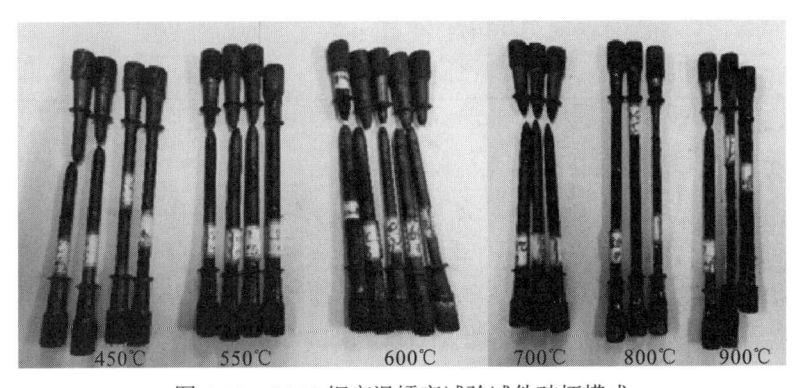

图6-11 Q960钢高温蠕变试验试件破坏模式

由图6-11可以观察到以下现象。

(1) 大多数试件经历了断裂破坏，并且断裂位置普遍出现在标距段范围内。随着温度升高，试件的断口截面逐渐减小，颈缩现象更加显著。

(2) 在 800℃和 900℃时，试件的蠕变变形较大，超出了蠕变试验机的最大位移量程，导致大部分试件未能完全拉断。

(3) 温度升高导致断裂前的蠕变变形量增加，表明在高温下，Q960 钢具有较显著的塑性。

(4) 在不同温度下，试件表面呈现明显的颜色差异。随着温度的升高，试件表面的颜色变得更深，特别是当温度超过 700℃时，试件表面存在明显的氧化层脱落现象。

2. 蠕变应变-时间曲线

蠕变试验所得数据包含弹性应变和蠕变应变，结合 Q960 钢材在高温下的弹性模量和施加应力的大小，去除弹性应变后，获得了不同温度和不同应力水平下 Q960 钢的蠕变应变-时间曲线，如图 6-12 所示。在图 6-12 中，符号"⊗"表示蠕变第二阶段和蠕变第三阶段的分界点，符号"⊕"表示蠕变第三阶段末期试件发生了蠕变断裂破坏。

根据试验结果，可得出以下结论。

(1) 蠕变曲线主要由蠕变第二阶段和第三阶段组成。在蠕变第二阶段，应变增长缓慢，速率几乎不变；而在蠕变第三阶段，应变增长速率显著加快，直至试件发生颈缩并导致断裂破坏。

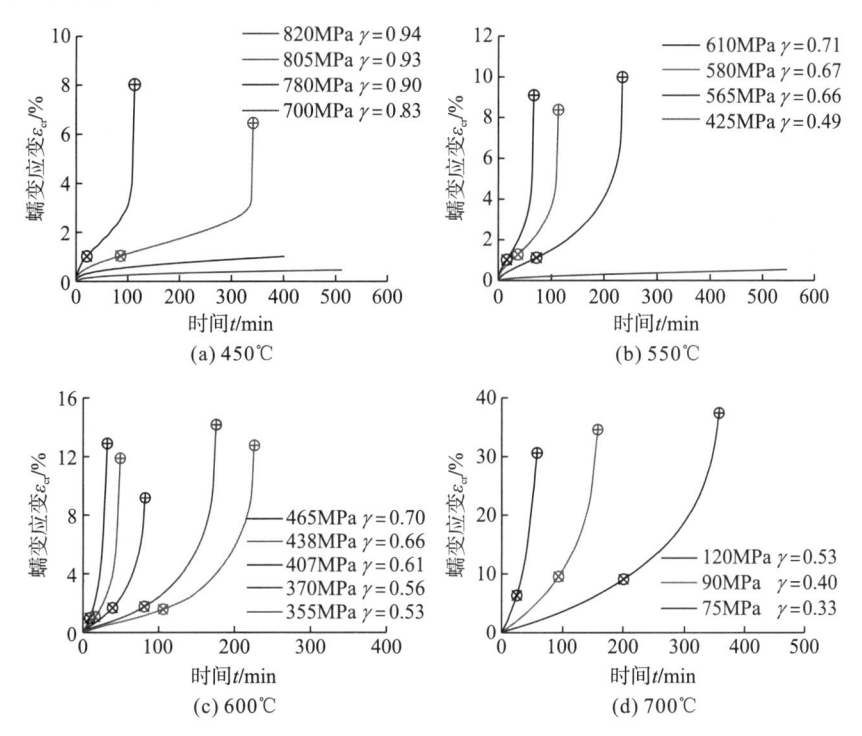

(a) 450℃

(b) 550℃

(c) 600℃

(d) 700℃

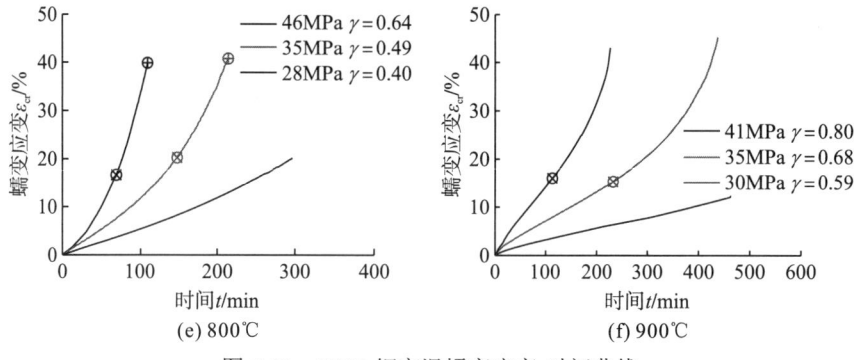

图 6-12 Q960 钢高温蠕变应变-时间曲线

（2）在不同温度条件下，蠕变应变的发展程度存在明显差异。在 450~700℃的温度范围内，大多数试件均被拉断。然而，由于蠕变试验机量程的限制，在 800℃和 900℃的高温条件下，试件未能拉断，导致蠕变第三阶段试件临近断裂时的数据未能完全采集。随着温度的升高，试件断裂前的蠕变总变形量增加。在 450~600℃的中等温度条件下，试件断裂时的最大蠕变应变不超过 15%；而在 700℃时，试件断裂时的蠕变应变超过 30%；在 800℃和 900℃的高温条件下，最大蠕变应变超过 40%。这表明，高温条件下 Q960 钢由于受热软化，表现出良好的延性，并且温度越高，蠕变变形量越大。

（3）在相同温度下，蠕变曲线与试件的应力水平相关。当应力较大时，蠕变第二阶段持续时间较短，直接进入蠕变第三阶段；而当应力较小时，蠕变第二阶段可以维持较长时间。以 450℃为例，当应力为 820MPa 时，蠕变第二阶段仅持续了 30min；而当应力为 780MPa 时，蠕变第二阶段的持续时间超过了 400min。

有关研究表明，蠕变的发生与否与材料的熔点温度 T_m 有关[69]。当温度低于 $3/T_m$ 时，蠕变较小，可以忽略其影响。对钢材而言，其熔点约为 1500℃，因此 $3/T_m$ 大约为 500℃。对比试验结果可见，在 450℃时，若要产生较为明显的蠕变效应，则需要较大的荷载比。当荷载比较小时，蠕变变形发展十分缓慢，几乎可以不考虑其影响。然而，当温度高于 450℃时，温度越高，蠕变效应越显著，即使在较小的荷载比下，蠕变变形也会迅速发展。以 700℃为例，当 $\gamma=0.5$ 时，150min 后试件就发生了蠕变断裂破坏。因此，在对 Q960 钢结构进行抗火分析时，当温度高于 450℃时，蠕变的影响不可忽略，需要考虑蠕变效应对钢结构高温下受力性能的影响。

3. 对比分析

为了比较不同高强钢在蠕变性能上的差异，将 Q460、Q690 和 Q960 钢蠕变试验结果进行对比，荷载比 α 为施加的应力与常温下钢材屈服强度的比值。不同

第 6 章 高强结构钢高温下蠕变性能

强度钢材蠕变性能对比如图 6-13 所示。

由图 6-13 可以观察到，在相同或较低荷载比和相同的时间条件下，Q460 钢的蠕变应变随时间的增长相较于 Q690 钢和 Q960 钢更为缓慢。这可能是由于蠕变随时间的发展与应力大小有关，而 Q460 钢屈服强度较低，在相同荷载比条件下承受应力更小，因此蠕变发展相对较慢。温度低于 700℃时，在相同或较低荷载比和相同的时间条件下，Q690 钢的蠕变应变明显大于 Q460 钢和 Q960 钢。这表明在温度低于 700℃的条件下，Q690 钢的蠕变发展相对较显著。温度大于 800℃时，Q690 钢和 Q960 钢的蠕变发展均较显著。

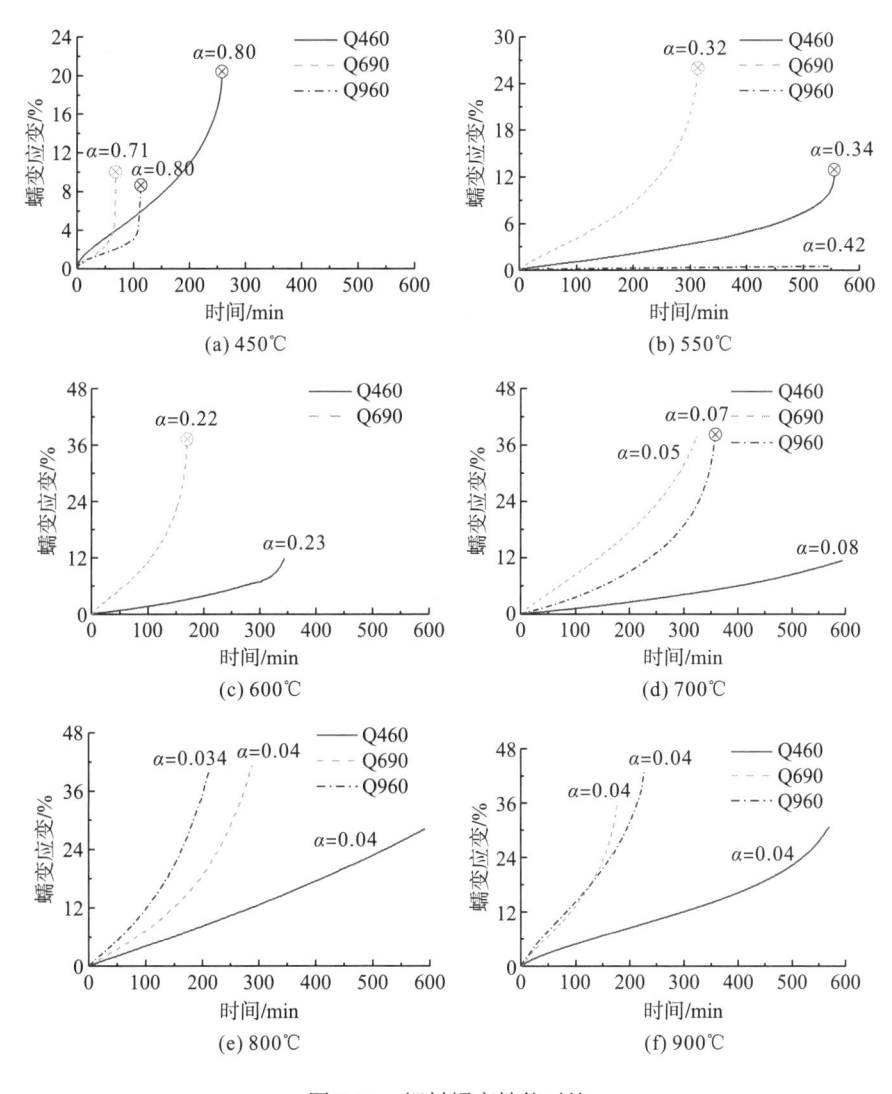

图 6-13 钢材蠕变性能对比

6.5 小　　结

本章对 Q460、Q690 和 Q960 三种高强钢进行了高温下蠕变试验，试验考虑了不同温度和不同应力水平等因素，得到了不同条件下高强钢的蠕变破坏模式及蠕变应变-时间曲线。

大多数试件经历了断裂破坏，并且断裂位置普遍出现在试件标距段的范围内。随着温度升高，试件的断口截面逐渐减小，颈缩现象更加显著。在较高的温度时，试件的蠕变变形较大，超过了蠕变试验机的最大位移量程，导致大部分试件未能拉断。

温度低于 400℃或应力水平较低时，高强钢的蠕变主要表现为蠕变第一阶段和第二阶段；温度超过 400℃后，蠕变曲线主要由蠕变第二阶段和第三阶段组成。在蠕变第二阶段，应变增长缓慢，速率几乎不变；而在蠕变第三阶段，应变增长速率显著加快，直至试件发生颈缩并导致断裂破坏。

在相同或较低荷载比和相同的时间条件下，Q460 钢的蠕变应变随时间的增长相比于 Q690 钢和 Q960 钢更为缓慢。温度低于 700℃时，Q690 钢的蠕变应变显著大于 Q460 钢和 Q960 钢。当温度超过 800℃时，Q690 钢和 Q960 钢的蠕变发展均变得显著。

第7章 高强结构钢高温下和高温后力学性能指标

7.1 引　　言

本章基于 Q460、Q690 和 Q960 三种高强钢的高温下和高温后拉伸试验结果，对其高温下和高温后力学性能指标进行拟合，并提出相应的简化计算公式。同时，通过对国内外高强钢在高温下和高温后力学性能试验数据的总结和归纳，统计分析高强钢在高温下和高温后的屈服强度和弹性模量的折减系数，提出高强钢在高温下和高温后具有95%保证率的力学性能指标计算公式。

7.2　高强结构钢高温下力学性能指标

7.2.1　Q460钢

为了便于实际工程中的应用，采用多项式模型对 2.2 节中得到的 Q460 钢在高温下拉伸试验的弹性模量、屈服强度(应变为 1.0%时的强度)和抗拉强度的折减系数进行拟合，得到相应的简化计算公式[式(7-1)～式(7-3)]。将简化公式与试验结果进行比较，如图 7-1 所示，可以看出简化公式计算结果与试验结果具有良好的一致性。

$$\frac{f_{y,T}}{f_y} = -5.589 \times 10^{-14} T^5 + 1.379 \times 10^{-10} T^4 - 1.2126 \times 10^{-7} T^3 + 4.180 \times 10^{-5} T^2 \\ -4.67 \times 10^{-3} T + 1.068, \quad 20℃ \leqslant T \leqslant 800℃ \tag{7-1}$$

$$\frac{f_{u,T}}{f_u} = -2.860 \times 10^{-11} T^4 - 4.641 \times 10^{-8} T^3 + 2.111 \times 10^{-5} T^2 - 2.95 \times 10^{-3} T \\ +1.051, \quad 20℃ \leqslant T \leqslant 800℃ \tag{7-2}$$

$$\frac{E_T}{E} = -1.3836 \times 10^{-9}T^3 + 7.4042 \times 10^{-7}T^2 - 3.6861 \times 10^{-4}T + 1.0108, \tag{7-3}$$
$$20℃ \leqslant T \leqslant 800℃$$

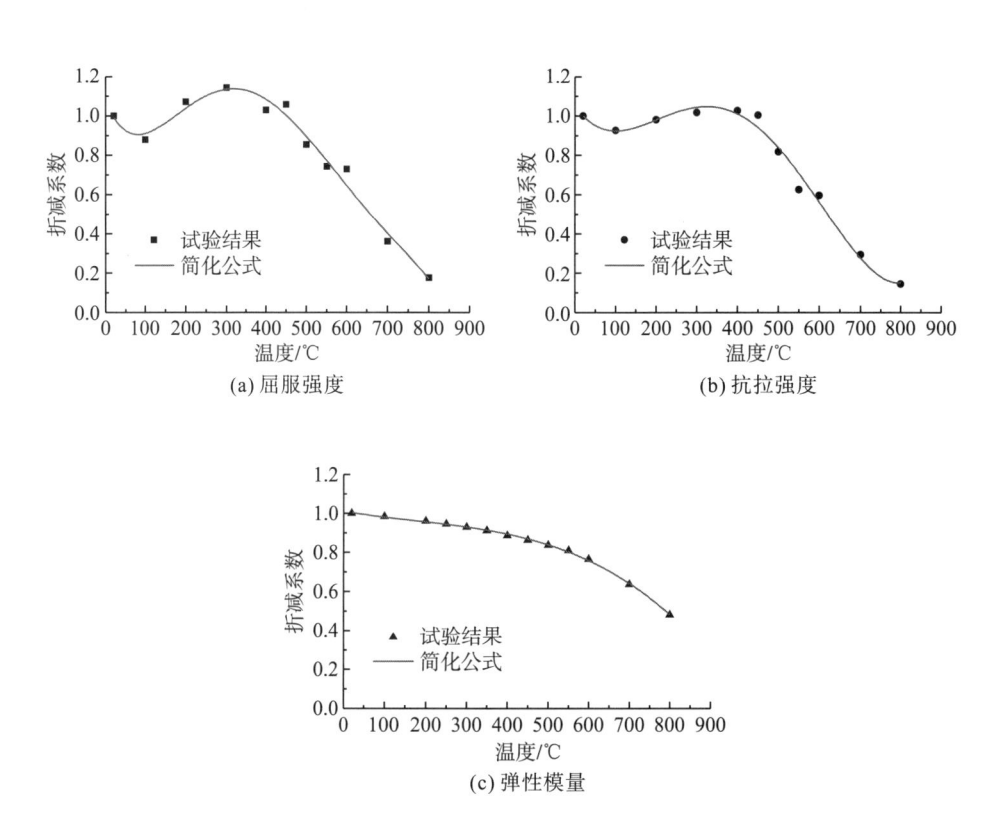

(a) 屈服强度

(b) 抗拉强度

(c) 弹性模量

图 7-1 Q460 钢高温下力学性能简化公式与试验结果对比

7.2.2 Q690 钢

对 2.3 节 Q690 钢高温下弹性模量和屈服强度进行拟合，提出力学性能折减系数的简化计算公式，见式(7-4)和式(7-5)。将简化计算公式与试验结果进行对比(图 7-2)，可以看出简化公式计算结果和试验结果吻合良好。

$$E_T / E = 1 / [1 + (T/534)^{5.5}] \tag{7-4}$$

$$f_{y,T} / f_y = 1 / [1 + (T/538)^{10}] \tag{7-5}$$

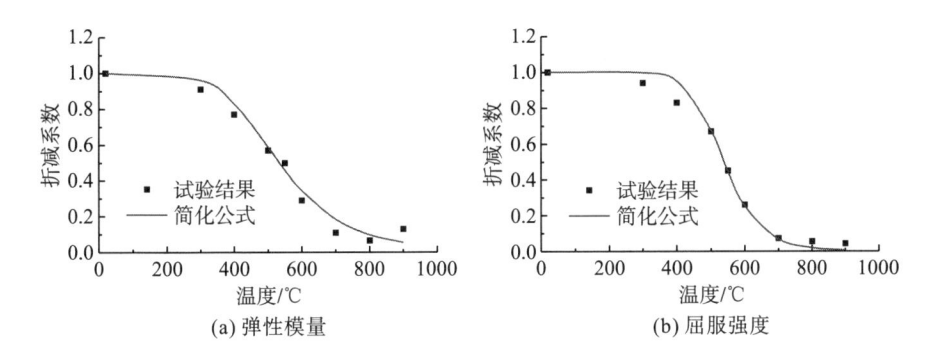

图 7-2　Q690 钢高温下力学性能简化公式与试验结果对比

7.2.3　Q960 钢

基于 2.4 节的试验结果，对 Q960 钢高温下屈服强度和弹性模量的折减系数进行拟合，提出相应的简化计算公式 [式(7-6)和式(7-7)]。由于 0.2%塑性变形屈服强度相比于 1.0%、1.5%和 2.0%应变对应的屈服强度退化更严重，本书对 0.2%塑性变形屈服强度折减系数进行拟合。简化公式与试验结果对比如图 7-3 所示，结果表明，通过简化公式计算得到的屈服强度和弹性模量的折减系数与试验结果吻合较好。

$$f_{y,T}/f_y = \frac{1}{1.05 + 1.29 \times 10^{-4} \times e^{T/70}} \tag{7-6}$$

$$E_T/E = \frac{1}{1.02 + 3.96 \times 10^{-4} \times e^{T/89}} \tag{7-7}$$

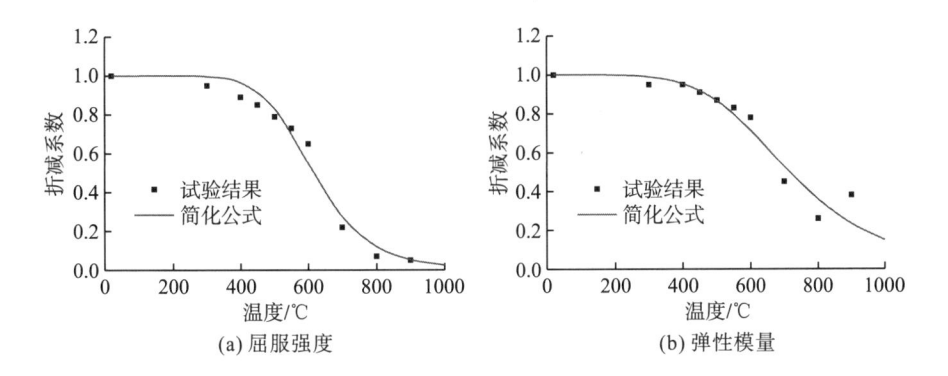

图 7-3　Q960 钢高温下力学性能简化公式与试验结果对比

7.3 高强结构钢高温后力学性能指标

7.3.1 Q460 钢

由 3.2 节的试验结果可知，Q460 钢在不同受火温度和不同冷却方式下的力学性能表现出较大差异。为了便于工程应用，分别给出 Q460 钢在自然冷却和浸水冷却方式下的各项力学性能指标折减系数的简化计算公式[式(7-8)～式(7-15)]，为火灾后建筑结构的检测及安全评估提供参考。鉴于受火温度是导致 Q460 钢力学性能退化的主要影响因素，因此简化计算公式中自变量为受火温度，即参数 T。利用简化计算公式即可得到不同受火温度后 Q460 钢的力学性能折减系数。

通过最小二乘法对试验结果进行拟合，得到不同冷却方式下的 Q460 钢高温后屈服强度、抗拉强度、弹性模量和断后伸长率的计算公式。简化计算公式和试验结果的对比见图 7-4。可以看出，本书给出的简化计算公式和试验结果吻合较好，可以准确预测 Q460 钢高温后的力学性能。

1) 弹性模量

自然冷却：

$$E'_{\text{T}} / E = -4.0 \times 10^{-10} T^3 + 3.93 \times 10^{-7} T^2 - 7.79 \times 10^{-5} T + 1.0 \tag{7-8}$$

浸水冷却：

$$E'_{\text{T}} / E = -7.15 \times 10^{-10} T^3 + 6.86 \times 10^{-7} T^2 - 9.27 \times 10^{-5} T + 1.0 \tag{7-9}$$

2) 屈服强度

自然冷却：

$$f'_{\text{y,T}} / f_{\text{y}} = -1.17 \times 10^{-9} T^3 + 5.54 \times 10^{-7} T^2 + 1.33 \times 10^{-4} T + 1.0 \tag{7-10}$$

浸水冷却：

$$f'_{\text{y,T}} / f_{\text{y}} = -1.73 \times 10^{-9} T^3 + 1.25 \times 10^{-6} T^2 - 8.05 \times 10^{-5} T + 1.0 \tag{7-11}$$

3) 抗拉强度

自然冷却：

$$f'_{\text{u,T}} / f_{\text{u}} = -3.81 \times 10^{-10} T^3 - 6.36 \times 10^{-8} T^2 + 1.79 \times 10^{-4} T + 1.0 \tag{7-12}$$

浸水冷却：

$$f'_{\text{u,T}} / f_{\text{u}} = 8.11 \times 10^{-10} T^3 - 7.03 \times 10^{-7} T^2 + 1.93 \times 10^{-4} T + 1.0 \tag{7-13}$$

4) 断后伸长率

自然冷却：

$$\delta'_\mathrm{T}/\delta = 1.68\times10^{-9}T^3 - 9.55\times10^{-7}T^2 - 1.62\times10^{-4}T + 1.0 \tag{7-14}$$

浸水冷却：

$$\delta'_\mathrm{T}/\delta = -1.37\times10^{-9}T^3 + 1.78\times10^{-6}T^2 - 7.62\times10^{-4}T + 1.01 \tag{7-15}$$

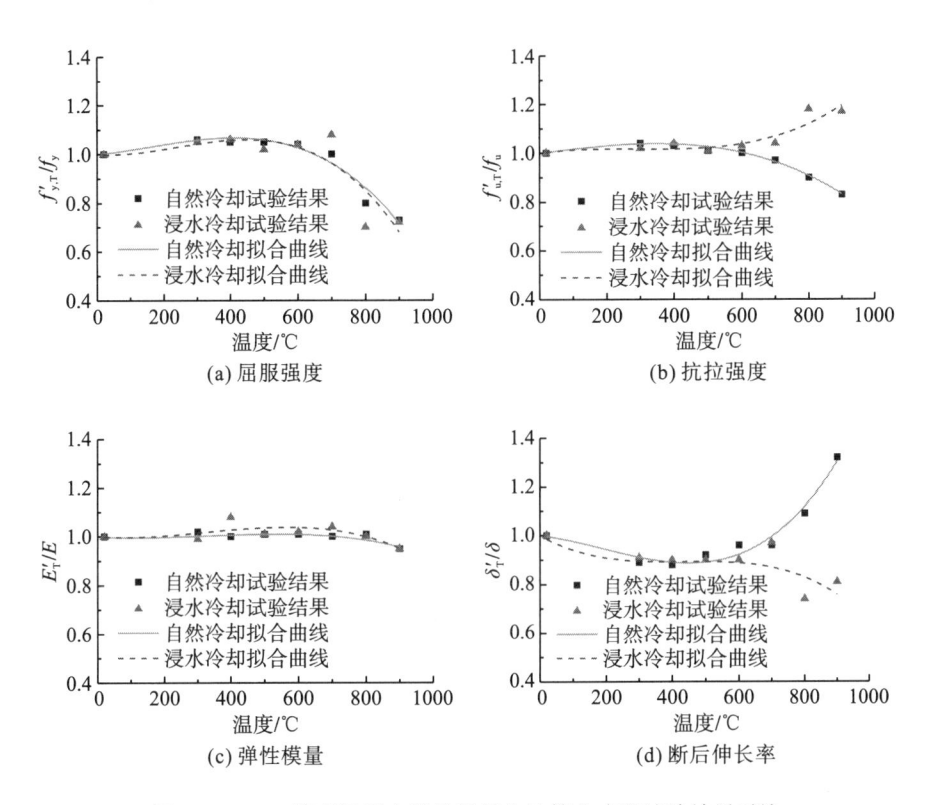

图 7-4 Q460 钢高温后力学性能简化计算公式和试验结果对比

7.3.2 Q690 钢

根据 3.3 节的试验结果，采用最小二乘法对 Q690 钢高温后力学性能随温度变化的关系进行拟合，分别给出 Q690 钢在自然冷却和浸水冷却方式下的各项力学性能指标折减系数的简化计算公式[式(7-16)～式(7-23)]。简化计算公式中自变量为受火温度，即参数 T。简化计算公式和试验结果的对比见图 7-5。可以看出，本书给出的公式计算结果和试验结果吻合较好。

1)弹性模量

自然冷却：

$$E'_\mathrm{T}/E = \begin{cases} 1.0, & T \leqslant 700℃ \\ 1.23 \times 10^{-6}T^2 - 2.44 \times 10^{-3}T + 2.1, & T > 700℃ \end{cases} \quad (7\text{-}16)$$

浸水冷却：

$$E'_\mathrm{T}/E = 1.0 \quad (7\text{-}17)$$

2)屈服强度

自然冷却：

$$f'_{\mathrm{y},\mathrm{T}}/f_\mathrm{y} = \begin{cases} 1, & T \leqslant 600℃ \\ 1.23 \times 10^{-6}T^2 - 2.44 \times 10^{-3}T + 2.1, & 600℃ < T \leqslant 800℃ \\ 0.54, & T > 800℃ \end{cases} \quad (7\text{-}18)$$

浸水冷却：

$$f'_{\mathrm{y},\mathrm{T}}/f_\mathrm{y} = \begin{cases} 1, & T \leqslant 600℃ \\ 1.634 \times 10^{-5}T^2 - 2.4 \times 10^{-2}T + 9.54, & 600℃ < T \leqslant 900℃ \\ 1.19, & T > 900℃ \end{cases} \quad (7\text{-}19)$$

3)抗拉强度

自然冷却：

$$f'_{\mathrm{u},\mathrm{T}}/f_\mathrm{u} = \begin{cases} 1, & T \leqslant 600℃ \\ -2.27 \times 10^{-2}T + 2.6, & 600℃ < T \leqslant 700℃ \\ 0.75, & T > 700℃ \end{cases} \quad (7\text{-}20)$$

浸水冷却：

$$f'_{\mathrm{u},\mathrm{T}}/f_\mathrm{u} = \begin{cases} 1.0, & T \leqslant 600℃ \\ -1.8 \times 10^{-7}T^3 - 4.16 \times 10^{-4}T^2 - 0.314T + 78.57, & 600℃ < T \leqslant 900℃ \\ 1.56, & T > 900℃ \end{cases} \quad (7\text{-}21)$$

4)断后伸长率

自然冷却：

$$\delta'_\mathrm{T}/\delta = -8.2 \times 10^{-10}T^3 + 1.72 \times 10^{-6}T^2 - 7 \times 10^{-4}T + 1.04 \quad (7\text{-}22)$$

浸水冷却：

$$\delta'_\mathrm{T}/\delta = -1.1 \times 10^{-9}T^3 + 7.46 \times 10^{-7}T^2 - 7.07 \times 10^{-5}T + 1.0 \quad (7\text{-}23)$$

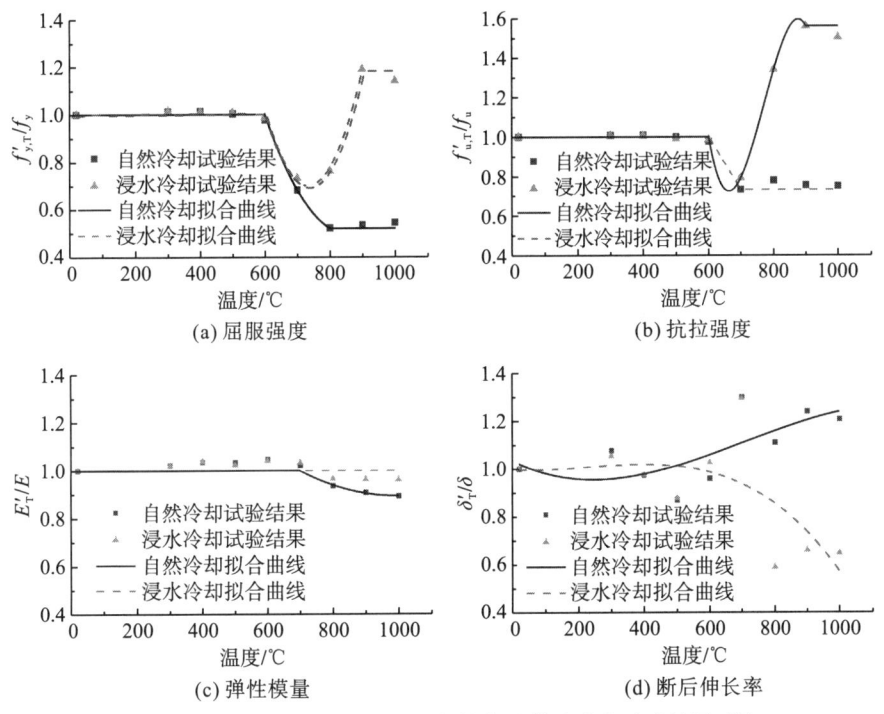

图 7-5 (a) 屈服强度 (b) 抗拉强度 (c) 弹性模量 (d) 断后伸长率

图 7-5　Q690 钢高温后力学性能简化计算公式和试验结果对比

7.3.3　Q960 钢

基于 3.4 节的试验结果，可以看出 Q960 钢在不同受火温度和不同冷却方式下的力学性能表现出较大差异。为了便于工程应用，采用数学方法对试验结果进行拟合，得到 Q960 钢在自然冷却和浸水冷却条件下的高温后屈服强度、抗拉强度和弹性模量的折减系数的简化计算公式[式(7-24)~式(7-29)]。简化计算公式以受火温度 T 为自变量。简化计算公式和试验结果的对比如图 7-6 所示。可以看出，简化计算公式与试验结果比较吻合，可以准确预测 Q960 钢在自然冷却和浸水冷却条件下的高温后力学性能。

1) 弹性模量

自然冷却：

$$E'_T/E = \begin{cases} 1.0, & T \leqslant 700℃ \\ 3\times10^{-6}T^2 - 6\times10^{-3}T + 3.73, & 700℃ < T \leqslant 900℃ \end{cases} \quad (7\text{-}24)$$

浸水冷却：

$$E'_T/E = 1.0 \quad (7\text{-}25)$$

2) 屈服强度

自然冷却：
$$f'_{y,T}/f_y = \begin{cases} 1.0, & T \leqslant 600℃ \\ 1.15 \times 10^{-5}T^2 - 1.85 \times 10^{-2}T + 7.98, & 600℃ < T \leqslant 900℃ \end{cases} \quad (7\text{-}26)$$

浸水冷却：
$$f'_{y,T}/f_y = \begin{cases} 1.0, & T \leqslant 600℃ \\ 1.1 \times 10^{-5}T^2 - 1.7 \times 10^{-2}T + 7.28, & 600℃ < T \leqslant 900℃ \end{cases} \quad (7\text{-}27)$$

3) 抗拉强度

自然冷却：
$$f'_{u,T}/f_y = \begin{cases} 1.0, & T \leqslant 600℃ \\ 9.5 \times 10^{-6}T^2 - 1.46 \times 10^{-2}T + 6.325, & 600℃ < T \leqslant 900℃ \end{cases} \quad (7\text{-}28)$$

浸水冷却：
$$f'_{u,T}/f_y = \begin{cases} 1.0, & T \leqslant 600℃ \\ -1.1 \times 10^{-7}T^3 + 2.57 \times 10^{-4}T^2 - 0.1966T + 50.19, & 600℃ < T \leqslant 900℃ \end{cases} \quad (7\text{-}29)$$

(a) 弹性模量

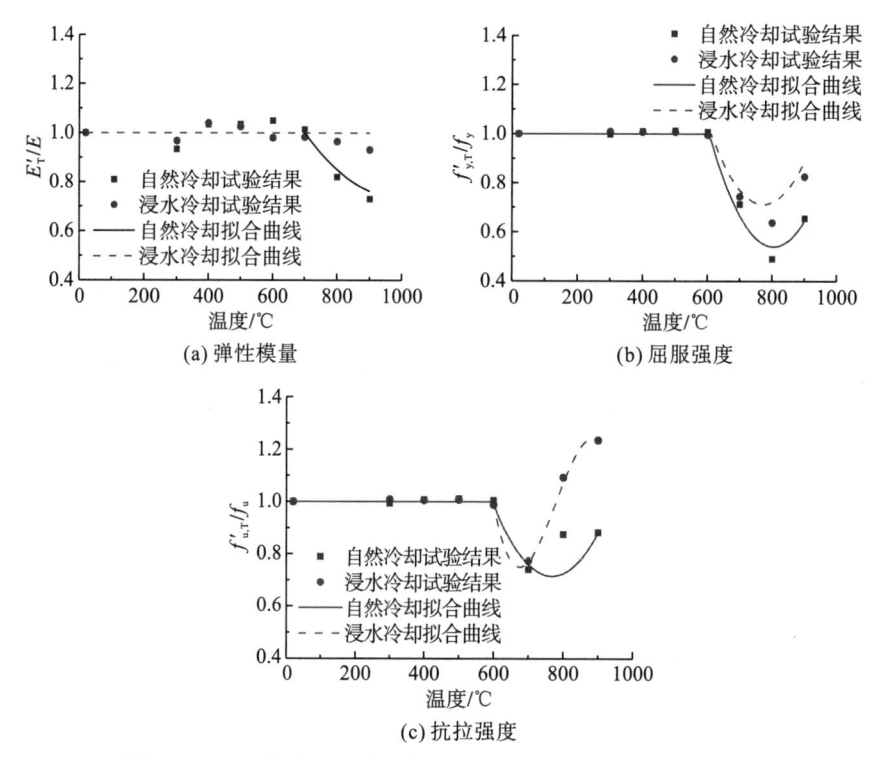

(b) 屈服强度

(c) 抗拉强度

图 7-6　Q960 钢高温后力学性能简化计算公式和试验结果对比

7.4 高强结构钢高温下力学性能指标标准值

7.4.1 试验概况

本书对目前国内外高强钢高温下力学性能试验所采用的试验设备、试验方法和试验参数进行归纳与总结,列于表 7-1 中。由表 7-1 可以看出,试验研究的最高温度为 940℃,这是因为钢材在 900℃以上的高温下强度极低,不能继续承受荷载;稳态试验中有应力加载和应变加载两种方式,通常采用应变加载控制。

表 7-1 国内外高强钢高温下力学性能试验概况

参考文献	钢材种类	试验设备	试验方法	目标温度/应力水平	加热速率	加载速率
Chen 等[27]	BISPLATE 80	MTS 810 万能试验机	稳态	22～940℃	不详	0.006/min^{-1}
			瞬态	1～700MPa	不详	—
Aziz 和 Kodur[97]	ASTM A572	带有加载系统的钢框架	稳态	400～800℃	10℃/min	0.5kN/s
Lange 和 Wohlfeil[16]	S460M S460N	拉伸试验机 高温炉	瞬态	3～460MPa	10K/min	—
Chiew 等[28]	RQT-S690	ISTRON558 伺服液压万能试验机	稳态	100～800℃	20℃/min	0.003min^{-1}
Qiang 等[19]	S460N	不详	稳态	100～700℃	50℃/min	0.005min^{-1}
			瞬态	100～800MPa	10℃/min	—
Qiang 等[20]	S690QL	Gleeble 3800 系统	稳态	100～700℃	50℃/min	0.005min^{-1}
			瞬态	100～900MPa	10℃/min	—
Qiang 等[34]	S960	不详	稳态	100～700℃	50℃/min	0.005min^{-1}
			瞬态	100～1000MPa	10℃/min	—
Wang 等[22]	Q460	微机控制电液伺服万能试验机	稳态	100～800℃	10℃/min	0.5kN/s
		DCY-3 型动态弹性模量测定仪	动态	100～800℃	不详	—
Wang 等[29]	Q690	CMT5305 电子万能试验机	稳态	300～900℃	20℃/min	0.003min^{-1}
Wang 等[35]	Q960	MTS 伺服液压测试系统	稳态	300～900℃	不详	0.015min^{-1}
李国强等[25]	Q550	高温电子材料试验机 GW900 高温炉	稳态	200～800℃	10℃/min	0.003min^{-1}
李国强等[26]	Q690					
李国强等[33]	Q890					
Li 和 Song[98]	TMCP Q690	MTS 高温电子材料测试系统	稳态	200～800℃	20℃/min	0.2mm/min
李国强等[99]	Q550	国产 DTM-II 型动态法弹性模量测试仪	动态	200～800℃	10℃/min	—
	Q690					
	Q890					
范圣刚等[24]	Q550D	UTM5305 电子万能试验机	稳态	100～900℃	20℃/min	0.1mm/min

续表

参考文献	钢材种类	试验设备	试验方法	目标温度/应力水平	加热速率	加载速率
许诗朦[100]	Q460GJ	SANS 微机控制电子万能试验机	稳态	100~900℃	不详	0.3kN/min
		DCY-3 型动态弹性模量测定仪	动态	100~900℃	不详	—

7.4.2 屈服强度

高温下，高强钢应力-应变曲线的屈服平台消失，因此高强钢高温下的名义屈服强度通常以发生一定塑性变形(也称名义应变)时对应的应力来确定。常用的名义应变有 0.2%残余应变、0.5%、1.0%、1.5%及 2.0%应变。不同高强钢常温下的屈服强度各不相同，因此常用屈服强度折减系数(即 $f_{y,T}/f_T$，其中 $f_{y,T}$ 和 f_T 分别为钢材在高温 T 和常温下的屈服强度)对不同钢材进行对比分析。国内外高强钢高温下拉伸试验所得的高温屈服强度折减系数汇总列于表 7-2~表 7-4 中。其中，文献[19]、[22]、[28]、[98]中未给出 0.2%塑性变形屈服强度，因此表 7-2 中文献[19]、[28]、[98]的屈服强度应变水平为 2.0%，文献[22]的屈服强度应变水平为 1.0%，其余文献的屈服强度应变水平为 0.2%，后续分析中忽略不同应变水平对屈服强度的影响。高强 BISPLATE 80 钢在不同温度下数值由线性插值得到。已有研究中高强钢屈服强度折减系数随温度变化曲线如图 7-7 所示。由图可以看出，随着温度的升高，高强钢屈服强度整体上呈下降趋势，当温度达到 400℃时，屈服强度下降速度加快。不同高强钢的屈服强度折减系数呈带状分布，在较低温度(20~200℃)和较高温度(700℃以上)的离散程度较小，在 300~800℃的离散程度较大。屈服强度折减系数在温度为 600℃时最低为 0.16，最高为 0.73，离散程度最大。

表 7-2 国内外高强钢高温下屈服强度折减系数(汇总一)

T/℃	A572[97]	S460M[16]	S460N[16]	S460[19](稳态)	S460[19](瞬态)	Q460[22]	Q460GJ[100](8mm)
20	1	1	1	1	1	1	1
100	—	0.947	0.878	0.987	0.989	0.88	1.03
150	—	—	—	—	0.975	—	—
200	0.98	0.949	0.924	0.994	0.97	1.07	1.04
250	—	—	—	—	0.966	—	—
300	—	0.954	0.901	1.001	0.962	1.14	1.05
350	—	—	—	0.984	0.958	—	—
400	0.74	0.958	0.867	0.949	0.942	1.03	0.99
450	—	—	—	0.877	0.899	1.06	—
500	0.69	0.874	0.67	0.739	0.771	0.85	0.71
550	—	—	—	0.559	0.639	0.74	—
600	0.55	0.57	0.432	0.415	0.495	0.73	0.5
650	—	—	—	0.313	0.381	—	—
700	0.3	0.32	0.2	0.187	0.247	0.36	0.3

续表

T/℃	A572[97]	S460M[16]	S460N[16]	S460[19]（稳态）	S460[19]（瞬态）	Q460[22]	Q460GJ[100]（8mm）
800	0.13	0.12	0.071	—	—	0.18	0.16
900	—	0.048	0.034	—	—	—	0.11

表 7-3　国内外高强钢高温下屈服强度折减系数（汇总二）

T/℃	Q460GJ[100]（10mm）	Q550[25]	Q550D[24]	BISPLATE 80[27]	RQT-S690[28]	S690[20]（稳态）	S690[20]（瞬态）
20	1	1	1	1	1	1	1
100	1.01	—	0.91	0.94	0.96	0.947	0.985
150	—	—	—	0.96	—	—	—
200	1	0.969	0.87	0.91	0.97	0.884	0.863
250	—	—	—	0.89	—	—	0.858
300	1.02	0.902	0.85	0.9	0.98	0.879	0.837
350	—	—	—	0.89	—	—	0.803
400	0.95	0.825	0.77	0.87	0.87	0.794	0.797
450	—	0.773	—	0.81	0.67	—	0.758
500	0.79	0.661	0.54	0.77	0.51	0.628	0.627
550	—	0.564	—	0.72	—	0.554	0.54
600	0.58	0.433	0.36	0.6	0.16	0.38	0.396
650	—	—	—	0.46	—	—	0.295
700	0.36	0.143	0.13	0.28	0.07	0.1	0.163
800	0.19	0.041	0.04	0.11	0.07	—	—
900	0.14	—	0.03	0.06	—	—	—

表 7-4　国内外高强钢高温下屈服强度折减系数（汇总三）

T/℃	Q690[29]	Q690[26]	TMCP Q690[98]	Q890[33]	S960[34]（稳态）	S960[34]（瞬态）	Q960[35]
20	1	1	1	1	1	1	1
100	—	—	—	—	0.947	0.953	—
150	—	—	—	—	—	—	—
200	—	0.916	0.97	0.89	0.904	0.925	—
250	—	—	—	—	—	—	—
300	0.88	0.895	0.95	0.844	0.859	0.863	0.9
350	—	—	—	—	—	0.857	—
400	0.79	0.831	0.85	0.796	0.819	0.813	0.89
450	—	0.787	0.76	0.759	—	0.806	0.85
500	0.66	0.704	0.6	0.696	0.734	0.74	0.79
550	0.4	0.578	0.42	0.591	0.631	0.679	0.73
600	0.23	0.414	0.28	0.44	0.472	0.462	0.65
650	—	—	—	—	0.28	0.345	—
700	0.061	0.121	0.09	0.104	0.138	0.102	0.22
800	0.046	0.025	0.04	0.037	—	—	0.07
900	0.04	—	—	—	—	—	0.05

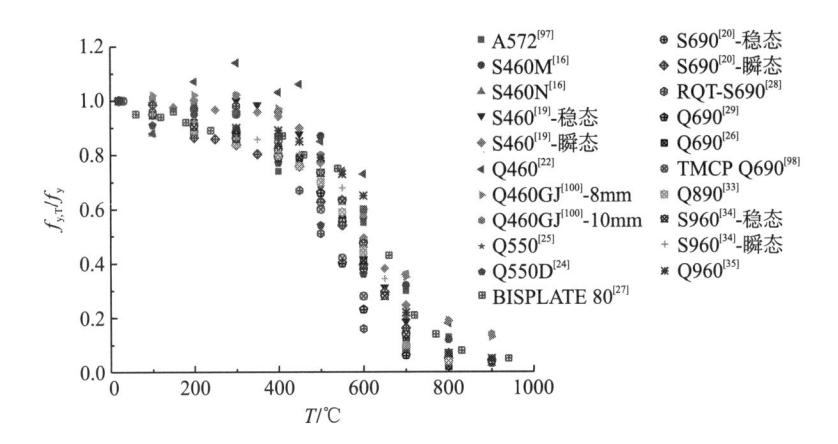

图 7-7　国内外高强钢高温下屈服强度折减系数试验结果

Aziz 和 Kodur[97]、Qiang 等[19,34]、Wang 等[22,29,35]、李国强等[25,26,33,98]和许诗朦[100]分别基于各自的试验结果提出了高强钢高温屈服强度折减系数的计算公式，计算得到的 $f_{y,T}/f_y$ 随时间变化的曲线如图 7-8 所示。由图可以看出，不同拟合公式计算结果之间的差别较大。例如，在文献[26]和[29]中都对 Q690 钢高温下的屈服强度折减系数进行了预测，但在 600℃时，文献[29]中对 Q690 钢屈服强度的预测值仅为常温下的 25%，而文献[26]中对 Q690 钢屈服强度的预测值为常温下的 42%，二者相差较大。由此可见，即使对于相同强度的钢材，不同学者提出的预测公式也有很大的差别。

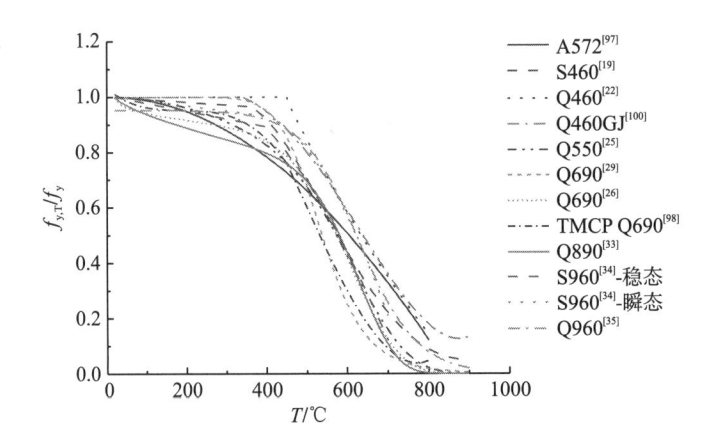

图 7-8　国内外高强钢高温下屈服强度折减系数计算公式

7.4.3　弹性模量

国内外高强钢高温下拉伸试验所得的弹性模量折减系数(即 E_T/E，其中 E_T 和

E 分别为钢材在高温和常温下的弹性模量)试验结果汇总列于表 7-5～表 7-7 和图 7-9。由图 7-9 可以看出,随着温度的升高,高强钢的弹性模量整体上呈下降趋势,且试验结果的离散程度逐渐增大。当温度为 100℃时,弹性模量折减系数最大为 1,最小为 0.9,两者之间相差 10%;而当温度升高至 900℃时,弹性模量折减系数最大为 0.27,最小仅为 0.01,两者之间相差 96%。文献[22]和文献[99]采用动态法,测得的弹性模量下降速度较慢,在较高温度下(700℃以上)弹性模量折减系数大于静态法的结果。以 Q550 钢为例,在 800℃时,采用动态法得到的弹性模量折减系数为 0.521[99],而采用静态法测得的弹性模量折减系数为 0.153[25],仅为动态法数据的 29%。

Aziz 和 Kodur[97]、Qiang 等[19,34]、Wang 等[22,29,35]、李国强等[25,26,33,98,99]基于各自的试验结果提出了高强钢高温下弹性模量折减系数的计算方法,计算得到的 E_T/E 随温度的变化曲线如图 7-10 所示。由图 7-10 可以看出,不同计算公式的计算结果相差较大。例如,Q460[22]和 S460[19]虽然在常温下具有相同的名义屈服强度,但文献[19]中所提出的预测值远小于文献[22]中的预测值。例如,在温度 T=800℃时,文献[22]中对 Q460 钢弹性模量的预测值为常温的 40%,而文献[19]中对 Q460 钢弹性模量的预测值已下降至常温的 5%。因此,上述文献中对高温下高强钢弹性模量所提出的计算公式并不具有通用性。

表 7-5 国内外高强钢高温下弹性模量折减系数(汇总一)

T/℃	A572[97]	S460M[16]	S460N[16]	S460[19] (稳态)	S460[19] (瞬态)	Q460[22]	Q460GJ[100] (8mm)	Q460GJ[100] (10mm)
20	1	1	1	1	1	1	1	1
100	—	1	1	0.985	0.989	0.983	0.96	0.97
200	0.81	0.976	0.885	0.881	0.87	0.96	0.94	0.94
250	—	—	—	—	—	0.945	—	—
300	—	0.952	0.791	0.799	0.792	0.928	0.91	0.92
350	—	—	—	0.712	0.702	0.911	—	—
400	0.59	0.887	0.668	0.669	0.666	0.885	0.87	0.87
450	—	—	—	0.578	0.585	0.862	—	—
500	0.54	0.704	0.481	0.509	0.482	0.836	0.84	0.84
550	—	—	—	0.374	0.359	0.809	—	—
600	0.49	0.041	0.302	0.291	0.272	0.764	0.79	0.79
650	—	—	—	0.248	0.222	—	—	—
700	0.3	0.204	0.135	0.153	0.132	0.636	0.68	0.69
800	0.16	0.105	0.049	—	—	0.48	0.48	0.5
900	—	0.085	0.017	—	—	—	0.25	0.27

表 7-6 国内外高强钢高温下弹性模量折减系数（汇总二）

T/℃	Q550[25]	Q550[99]	Q550D[24]	BIS80[27]（稳态）	BIS80[27]（瞬态）	RQT-S690[28]	S690[20]（稳态）	S690[20]（瞬态）	Q690[29]
20	1	1	1	1	1	1	1	1	1
100	—	—	0.84	1.02	0.9	1.01	1	0.982	—
150	—	—	—	1.04	0.86	—	—	—	—
200	0.985	0.945	0.97	1	0.8	1.02	0.875	0.869	—
250	—	—	—	0.98	0.76	—	—	0.857	—
300	0.961	0.913	0.86	0.99	0.74	0.96	0.839	0.841	0.91
350	—	—	—	0.96	0.69	—	—	0.781	—
400	0.914	0.868	0.96	0.93	0.65	1.01	0.775	0.736	0.77
450	0.831	0.845	—	0.94	0.61	0.91	—	0.692	—
500	0.825	0.819	0.7	0.9	0.6	0.77	0.685	0.647	0.57
550	0.689	0.788	—	0.85	0.57	—	0.546	0.537	0.5
600	0.593	0.743	0.24	0.73	0.44	0.66	0.372	0.37	0.29
650	—	—	—	0.73	0.34	—	—	0.204	—
700	0.408	0.616	0.14	0.58	—	0.38	0.141	0.099	0.11
800	0.153	0.521	0.01	0.4	—	0.29	—	—	0.066
900	—	—	—	0.01	0.2	—	—	—	0.13

表 7-7 国内外高强钢高温下弹性模量折减系数（汇总三）

T/℃	Q690[26]	Q690[99]	TMCP Q690[98]	Q890[33]	Q890[99]	S960[34]（稳态）	S960[34]（瞬态）	Q960[35]
20	1	1	1	1	1	1	1	1
100	—	—	—	—	—	0.989	1.001	—
150	—	—	—	—	—	—	—	—
200	1.023	0.951	1.01	0.997	0.947	0.868	0.863	—
250	—	—	—	—	—	—	0.812	—
300	1.001	0.917	0.93	0.981	0.914	0.81	0.754	0.95
350	—	—	—	—	—	—	0.706	—
400	0.963	0.869	0.85	0.895	0.87	0.725	0.699	0.95
450	0.905	0.845	0.78	0.857	0.843	—	0.591	0.91
500	0.885	0.818	0.65	0.85	0.817	0.539	0.509	0.87
550	0.87	0.786	0.62	0.735	0.79	0.501	0.294	0.83
600	0.776	0.738	0.49	0.646	0.757	0.328	0.277	0.78
650	—	—	—	—	—	0.239	0.229	—
700	0.406	0.619	0.25	0.294	0.65	0.169	0.101	0.45
800	0.115	0.529	0.12	0.113	0.558	—	—	0.26
900	—	—	—	—	—	—	—	0.38

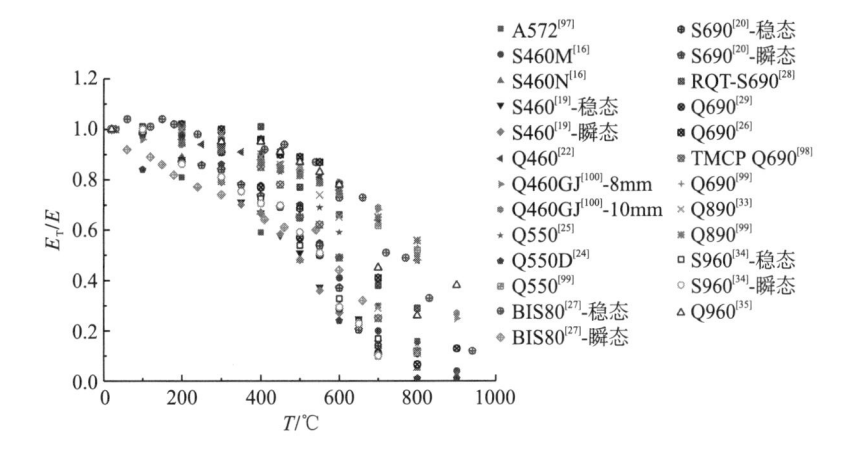

图 7-9　国内外高强钢高温下弹性模量折减系数

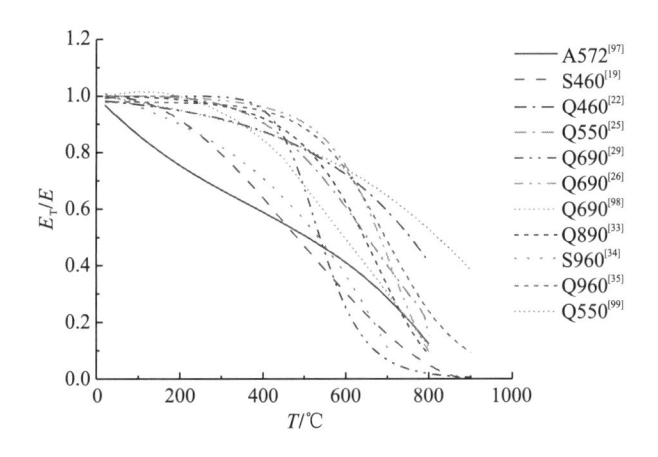

图 7-10　国内外高强钢高温下弹性模量折减系数计算公式

7.4.4　高温下力学性能指标标准值

欧洲规范 EC3[89]和我国规范 GB 51249—2017[13]中均给出了普通钢的高温下力学性能指标计算公式，而高强钢由于添加了合金元素，其在高温下的力学性能指标必然与普通钢存在差异，因此规范中的预测公式并不适用于高强钢。同时，由前文分析可知，文献中提出的计算公式仅适用于各自试验所测量的钢材，不同公式计算结果相差很大，不具有普适性，对实际工程指导意义不大，因此需要提出统一的计算公式以便于工程应用。由于试验仪器、加热速率、加载速率、试验方法等的影响，不同试验所得的高强钢高温下力学性能离散程度很大，如果取所有数据的最小值作为标准值会过于保守，如果取平均值则会偏于不安全，因此需要通过统计方法对所有试验数据进行更精确的分析和处理。目前，关于高强钢高温下和高温后的试验数据仍然偏少，为扩大样本容量，将不同试验方法所得到的试验数据作为总样本，采用数理统计的方法进行标准值分析。将高强钢高温下和高温后力学性能指标的保证率取为 95%，以保证计算公式具有足够的安全性和经济性。分析过程可分为三步，具体如下。

(1) 采用 K-S 检验法（显著性水平为 0.05），对数据是否服从正态分布或对数正态分布进行检验。若服从，则可以运用数理统计中置信区间的计算原理对其进行置信区间的分析，以保证后续步骤所求得的标准值更具有代表性。

(2) 计算平均值、标准差及满足 95%保证率的标准值。将某一温度下力学性能折减系数（屈服强度或者弹性模量的折减系数）的测定值 $X=(X_1, X_2, X_3, \cdots, X_n)$ 视作一个样本，则样本的平均值 $\bar{X}$ 为

$$\bar{X} = \sum_{i=1}^{n} X_i \tag{7-30}$$

标准差 S 为

$$S = \sqrt{\frac{1}{n-1}\sum_{i=1}^{n}(X_i - \bar{X})^2} = \sqrt{\frac{1}{n-1}\sum_{i=1}^{n}(X_i^2 - n\bar{X}^2)} \tag{7-31}$$

对于小样本数据，可以构造随机变量：

$$t = \frac{\bar{X} - \mu}{S/\sqrt{n}} \tag{7-32}$$

即服从自由度为 $n-1$ 的 t 分布。由于 t 分布具有对称性，满足 95%保证率的标准值可取为置信度为 95%的单侧置信下限 R_L，即

$$R_L = \bar{X} - t_p(n-1)S/\sqrt{n} \tag{7-33}$$

式中，$t_p(n-1)$ 为自由度为 $n-1$ 的 t 分布的 p 分位数，可通过积分或查表[101]得到。

(3) 采用最小二乘法对各温度下的标准值进行数值拟合，得到高强钢高温下力学性能指标的计算公式。

根据表 7-2～表 7-7 中的数据，对过火温度 100～900℃下高强钢的屈服强度和弹性模量的折减系数进行统计分析。从表中可以看出，钢材力学性能折减系数与钢材强度的相关性不大，因此可以忽略钢材强度对力学性能折减系数的影响，对各等级的钢材采用统一的折减系数预测公式。利用数值分析软件 SPSS 对目标温度下的屈服强度、弹性模量折减系数进行正态性检验（K-S 检验），结果如表 7-8 和表 7-9 所示。从表中可以看出，大多数温度下屈服强度、弹性模量折减系数均服从正态分布或对数正态分布，可以采用正态分布拟合高温下钢材弹性模量、屈服强度的折减系数的概率分布。

根据式(7-30)～式(7-33)求出各温度下屈服强度、弹性模量折减系数的平均值、标准差及具有 95%保证率的标准值，如表 7-8 和表 7-9 所示。从表中可以看

出，高强钢高温下的屈服强度、弹性模量折减系数随温度升高而降低。

屈服强度折减系数在高温下的拟合公式可表示为

$$\frac{f_{y,T}}{f_y} = \begin{cases} -8.95\times10^{-9}T^3 + 5.63\times10^{-6}T^2 - 1.29\times10^{-3}T + 1.02, & 20℃ \leqslant T \leqslant 500℃ \\ 4.2\times10^{-9}T^3 - 4.27\times10^{-6}T^2 - 1.94\times10^{-3}T + 2.18, & 500℃ < T \leqslant 900℃ \end{cases} \quad (7\text{-}34)$$

弹性模量折减系数在高温下的拟合公式可表示为

$$\frac{E_T}{E} = 6.20\times10^{-12}T^4 - 9.56\times10^{-9}T^3 + 3.35\times10^{-6}T^2 - 8.09\times10^{-4}T + 1.01 \quad (7\text{-}35)$$

表 7-8 高强钢高温下屈服强度统计分析及标准值

$T/℃$	K-S 检验 正态分布	K-S 检验 对数正态分布	平均值	标准差	样本数	$t_{0.05}(n-1)$	标准值
100	√	√	0.9545	0.0445	14	1.771	0.9334
200	√	√	0.9473	0.0564	19	1.734	0.9248
300	√	√	0.9284	0.0787	20	1.729	0.8979
400	×	√	0.8639	0.0790	21	1.725	0.8341
500	√	√	0.7026	0.0921	21	1.725	0.6679
600	√	√	0.4547	0.1355	21	1.725	0.4037
700	√	√	0.1903	0.0973	21	1.725	0.1536
800	√	√	0.0887	0.0557	15	1.761	0.0633
900	×	√	0.0640	0.0396	8	1.895	0.0375

表 7-9 高强钢高温下弹性模量统计分析及标准值

$T/℃$	K-S 检验 正态分布	K-S 检验 对数正态分布	平均值	标准差	样本数	$t_{0.05}(n-1)$	标准值
100	√	√	0.9753	0.0467	15	1.761	0.9540
200	√	√	0.9298	0.0660	23	1.717	0.9062
300	√	√	0.8901	0.0768	24	1.714	0.8633
400	×	×	0.8216	0.1169	25	1.711	0.7816
500	√	√	0.7074	0.1439	25	1.711	0.6582
600	√	√	0.5188	0.2280	25	1.711	0.4408
700	√	√	0.3476	0.2169	24	1.714	0.2717
800	√	√	0.2727	0.1961	18	1.740	0.1923
900	√	√	0.1678	0.1305	8	1.895	0.0803

将式(7-34)和式(7-35)计算值与试验数据进行对比，如图 7-11 所示。可以看

出，大部分试验数据位于拟合曲线之上，小部分试验数据位于拟合曲线之下，说明式(7-34)和式(7-35)能较好地反映高强钢在不同温度下屈服强度和弹性模量的变化趋势，既能保证安全性又不过于保守。此外，图 7-11 中还将式(7-34)和式 (7-35)与欧洲规范 EC3[89]和我国规范 GB 51249—2017[13]中推荐公式的计算结果进行对比。可以看出，对于屈服强度，规范推荐公式的计算值大于式(7-34)的计算值。对于弹性模量，欧洲规范 EC3 公式的计算值小于式(7-35)的计算值；GB 51249—2017 公式在温度 $T \leqslant 600\,°C$时的计算值大于式(7-35)的计算值，在温度 $T > 600\,°C$时的计算值小于式(7-35)的计算值。

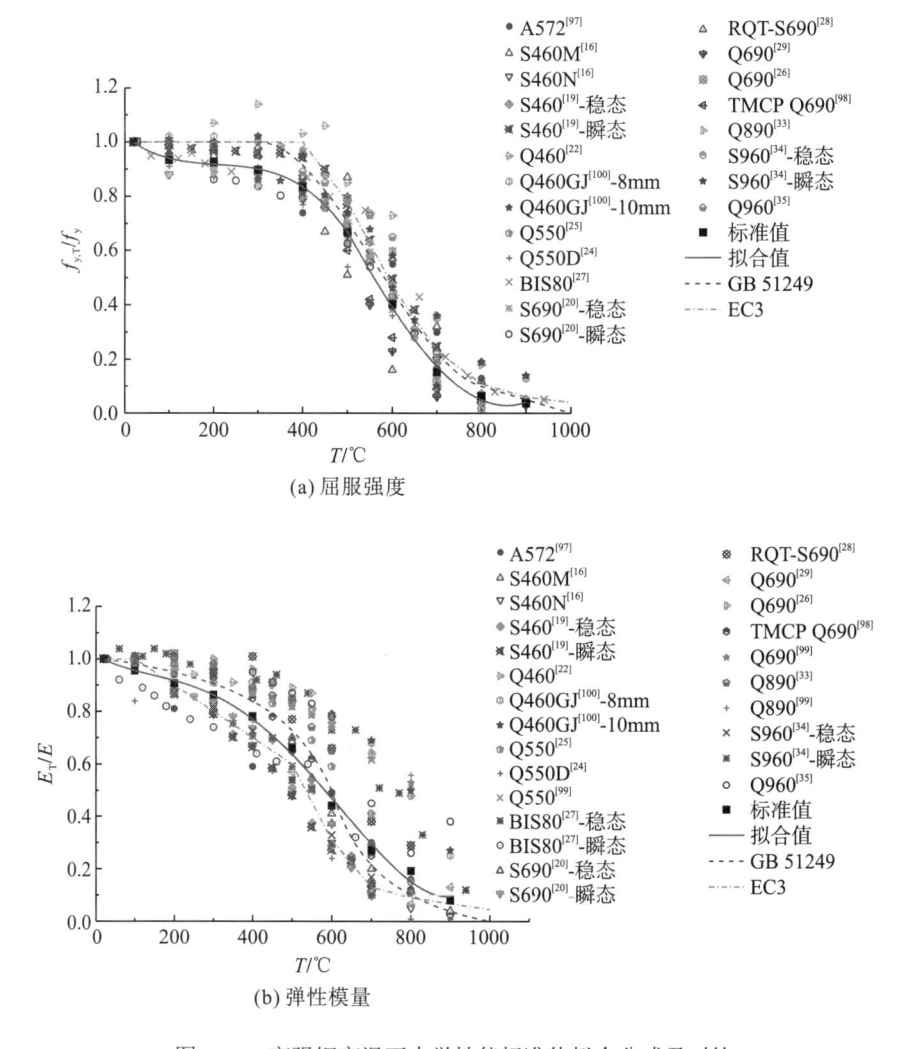

(a) 屈服强度

(b) 弹性模量

图 7-11 高强钢高温下力学性能标准值拟合公式及对比

7.5 高强结构钢高温后力学性能指标标准值

7.5.1 试验概况

多数情况下,钢结构发生火灾后不会立即倒塌,经过加固修复后仍可以继续使用,因此合理地评估火灾后钢结构的残余承载力并确定灾后处理措施已成为钢结构抗火研究中急需解决的问题。钢材高温后力学性能试验研究通常考虑自然冷却和浸水冷却两种冷却方式,分别模拟建筑火灾发生后自然灭火和消防灭火两种情况。将国内外高强钢高温后力学性能试验研究所采用的设备、冷却方式和试验参数等进行归纳与总结,列于表 7-10 中。由表 7-10 可以看出,已有试验研究的目标温度主要集中在 300~1000℃ 的范围内。

表 7-10 国内外高强钢高温后拉伸试验概况

参考文献	钢材种类	试验设备	目标温度	冷却方式	加载速率
Aziz 和 Kodur[97]	A572	MTS 810 试验机	400~1000℃	自然冷却 浸水冷却	0.002mm/s
Chiew 等[28]	RQT-S690	—	400~1000℃	自然冷却	—
Qiang 等[60]	S460 S690	温控电炉 Gleeble 3800 系统	300~1000℃ 100~1000℃	自然冷却	0.005min^{-1}
Qiang 等[61]	S960	温控电炉 Gleeble 3800 系统	300~1000℃	自然冷却	0.005min^{-1}
Wang 等[63]	Q460	电炉 SANA 拉伸试验机	300~900℃	自然冷却 浸水冷却	弹性阶段:10MPa/s 屈服阶段:0.001s^{-1}
Zhou 等[65]	Q690	电炉 电子万能试验机	300~1000℃	自然冷却 浸水冷却	0.00025s^{-1}
王卫永等[68]	Q960	SX2-12 型箱式电阻升温炉 CMT5015 电子万能试验机	300~900℃	自然冷却 浸水冷却	0.00025s^{-1}
Li 等[64]	Q550	电炉 电子万能试验机	200~900℃	自然冷却 浸水冷却	2mm/min
李国强等[102]	Q690	电炉 电子万能试验机	300~900℃	自然冷却 浸水冷却	2mm/min
Song 和 Li[103]	Q550 Q690	MTS653 加热炉 万能试验机	200~900℃	自然冷却 浸水冷却	2mm/min
范圣刚等[24]	Q550	SX2-5-12 箱式电阻升温炉 CMT5015 电子万能试验机	100~900℃	自然冷却 浸水冷却	0.6mm/min

7.5.2 屈服强度

已有研究表明，当过火温度超过 700℃时，钢材应力-应变曲线的屈服平台会逐渐消失[68]，文献中均以 0.2%塑性变形应力作为其屈服强度。将表 7-10 中国内外高强钢在自然冷却和浸水冷却条件下高温后力学性能试验研究所得的屈服强度折减系数进行归纳汇总，列于表 7-11 和表 7-12 中，其中 A 表示自然冷却，W 表示浸水冷却。可以看出，在温度 300~900℃范围内的试验数据较多。不同过火温度下国内外高强钢屈服强度折减系数（$f'_{y,T}/f_y$）试验结果如图 7-12 所示。由图 7-12 可以看出，当过火温度不超过 600℃时，屈服强度的变化不大，离散程度较小。当过火温度超过 600℃时，离散程度增大，自然冷却条件下屈服强度随过火温度的升高而降低；浸水冷却条件下屈服强度先下降，而后由于淬火作用迅速上升。这种现象是由于钢材经历了高温和快速冷却，即淬火过程，试件内部形成细小的马氏体组织，强度会显著提高。

表 7-11 国内外高强钢高温后屈服强度折减系数（汇总一）

T/℃	A572[97] A	A572[97] W	S460[60] A	Q460[63] A	Q460[63] W	Q550[64] A	Q550[64] W	Q550[103] A	Q550[103] W	Q550D[24] A	Q550D[24] W
20	1	1	1	1	1	1	1	1	1	1	1
100	—	—	—	—	—	—	—	—	—	1.01	0.99
200	—	1.04	—	—	—	0.99	0.99	1.01	0.99	1	1.01
300	—	—	1	1.06	1.05	—	—	1.02	1	1	1.03
400	1.06	1.04	0.997	1.05	1.06	1	0.99	0.96	1.03	1.02	1
500	1.03	0.96	1.007	1.05	1.02	1	0.99	1.04	1.01	0.99	1.01
600	1	0.95	0.98	1.04	1.02	0.99	1	0.97	1	1.03	1.02
650	—	—	0.95	—	—	—	—	—	—	—	—
700	0.72	0.85	0.968	1	1.08	0.78	0.81	0.79	0.79	0.74	0.82
750	—	—	0.901	—	—	0.64	0.66	0.62	0.75	—	—
800	0.6	0.74	0.874	0.8	0.7	0.61	0.71	0.57	0.69	0.57	0.64
850	—	—	0.871	—	—	—	—	—	—	—	—
900	—	—	0.871	0.73	0.72	0.48	1.33	0.39	1.19	0.47	0.64
1000	0.45	0.92	0.763	—	—	—	—	—	—	—	—

表 7-12 国内外高强钢高温后屈服强度折减系数（汇总二）

T/℃	RQT-S690[28]	S690[60]	Q690[65]		Q690[102]		Q690[103]		S960[61]	Q960[68]	
	A	A	A	W	A	W	A	W	A	A	W
20	1	1	1	1	1	1	1	1	1	1	1
100	—	0.998	—	—	—	—	—	—	—	—	—
200	—	0.998	—	—	—	—	1	1	—	—	—
300	—	0.995	1.01	1.01	1.01	1.05	1	0.99	1.006	0.99	1.01
400	1.07	0.997	1.02	1.01	1.02	1.07	0.98	1	1.004	1.01	1
500	—	0.997	1	1.01	1	0.97	1	1	1.008	1.01	1.01
600	0.98	0.995	0.98	0.99	0.98	0.84	1	1	0.99	1	0.99
650	—	1.006	—	—	—	—	—	—	0.925	—	—
700	—	0.894	0.68	0.73	0.68	0.66	0.54	0.44	0.722	0.7	0.74
750	—	0.749	—	—	—	—	0.51	0.61	0.671	—	—
800	0.61	0.614	0.52	0.76	0.52	0.59	0.47	0.62	0.601	0.49	0.64
850	—	0.532	—	—	—	—	—	—	0.506	—	—
900	0.36	0.405	0.53	1.19	0.53	1.2	0.35	1.06	0.371	0.65	0.83
1000	0.35	0.381	0.54	1.14	0.54	—	—	—	0.367	—	—

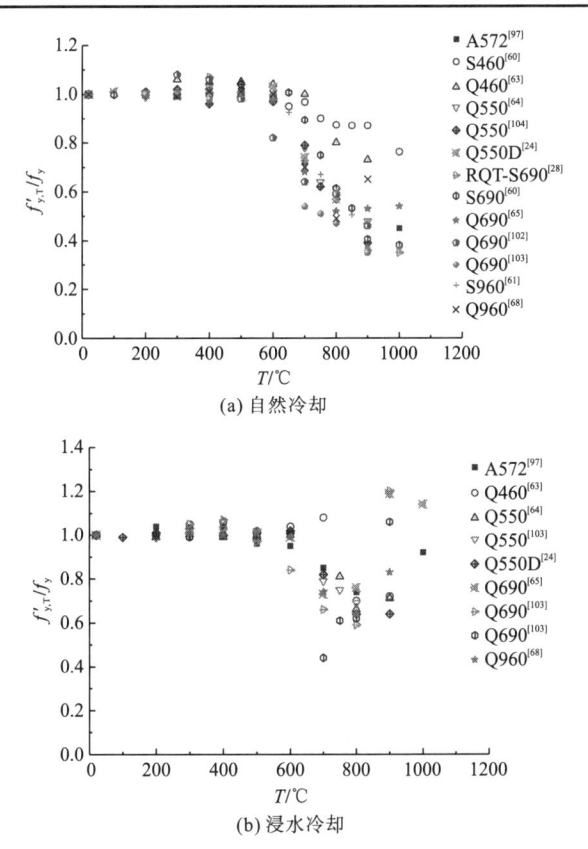

(a) 自然冷却

(b) 浸水冷却

图 7-12 国内外高强钢高温后屈服强度折减系数试验结果

Aziz 和 Kodur[97]、Qiang 等[60,61]、Wang 等[63,68]、Zhou 等[65]、Li 等[64,102]及 Song 和 Li[103]分别基于各自的试验结果提出了高强钢高温冷却后屈服强度折减系数的计算公式，计算得到的折减系数-温度曲线如图 7-13 所示。由图 7-13 可以看出，不同计算公式得到的结果相差较大。例如，在过火温度为 1000℃时，自然冷却条件下文献[63]中对 Q460 钢屈服强度的预测值仅为常温下的 50%，而文献[60]中对 S460 钢屈服强度的预测值为常温下的 78%，二者差异很大，说明上述文献中所提出的计算公式均不具有通用性。

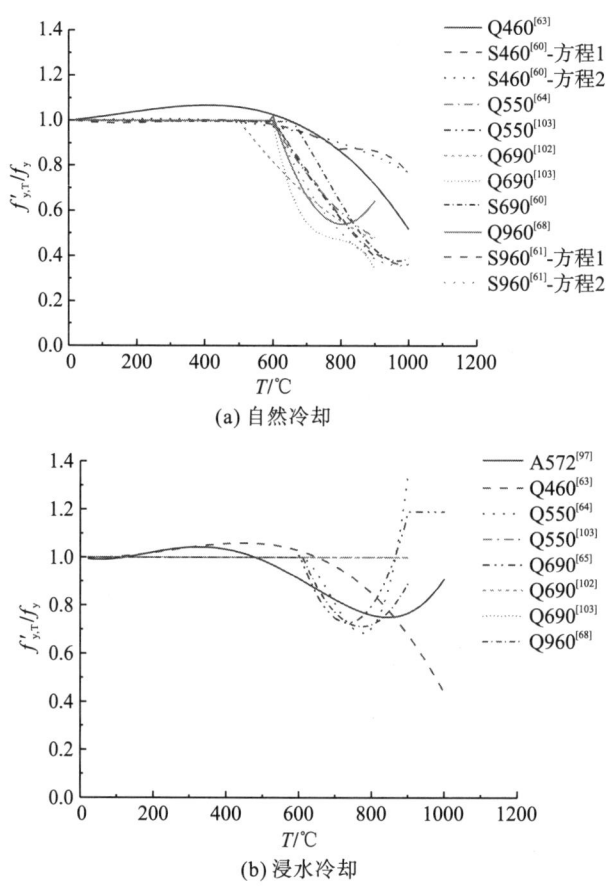

(a) 自然冷却

(b) 浸水冷却

图 7-13　国内外高强钢高温后屈服强度折减系数计算公式

7.5.3　弹性模量

将表 7-11 和表 7-12 中高强钢在自然冷却和浸水冷却条件下高温后力学性能试验研究所得的弹性模量折减系数进行归纳汇总，列于表 7-13 和表 7-14 中，其与过火温度的关系如图 7-14 所示。由图 7-14 可以看出，Aziz 和 Kodur[97]的试验数据与其他文献的试验数据相差很大，这是由材料本身化学成分的差异造成的。自然冷却条件下，当过火温度不超过 600℃时，弹性模量的变化较小，离散程度较小；当过火温度超过 600℃时，弹性模量随过火温度的升高而降低，且离散程度增大。浸水冷却条件下，过火温度对弹性模量的影响较小。

表 7-13　国内外高强钢高温后弹性模量折减系数（汇总一）

T/℃	A572[97] A	A572[97] W	S460[60] A	Q460[63] A	Q460[63] W	Q550[64] A	Q550[64] W	Q550[103] A	Q550[103] W	Q550D[24] A	Q550D[24] W
20	1	1	1	1	1	1	1	1	1	1	1
100	—	—	—	—	—	—	—	—	—	1.04	1.09
200	—	1.18	—	—	—	1	1.02	0.99	0.99	1.01	1.07
300	—	—	0.998	1.02	0.99	—	—	0.97	1	0.97	1.09
400	1.2	1.18	0.981	1	1.08	1	1	0.99	0.98	1.06	1.05
500	1.17	1.25	0.962	1.01	1.01	1	1.02	1	0.99	1.09	1.06
600	1.32	1.31	0.944	1.01	1.02	1	0.99	0.99	0.99	1.08	1.15
650	—	—	0.938	—	—	—	—	—	—	—	—
700	1.29	1.06	0.919	1	1.04	0.99	0.99	0.96	0.96	1.05	1.09
750	—	—	0.87	—	—	0.97	1.01	0.88	0.92	—	—
800	1.26	0.54	0.857	1.01	1	0.97	0.99	0.9	0.98	0.99	1.03
850	—	—	0.843	—	—	—	—	—	—	—	—
900	—	—	0.809	0.95	0.95	0.98	1	0.97	0.97	0.97	0.94
1000	1.13	1.03	0.713	—	—	—	—	—	—	—	—

表 7-14　国内外高强钢高温后弹性模量折减系数（汇总二）

T/℃	RQT-S690[28] A	S690[60] A	Q690[65] A	Q690[65] W	Q690[102] A	Q690[102] W	Q690[103] A	Q690[103] W	S960[61] A	Q960[68] A	Q960[68] W
20	—	0.997	—	—	—	—	—	—	—	—	—
100	—	0.992	—	—	—	—	0.99	1	—	—	—
200	—	0.99	1.02	1.02	1	1.02	1	1.01	1.017	0.96	0.98
300	0.95	0.983	1.04	1.04	0.98	1.01	0.97	1.01	0.978	1.01	1.01
400	—	0.969	1.03	1.02	1	1	1.02	0.99	0.966	1.03	1.01
500	0.96	0.958	1.05	1.04	1	0.99	0.97	0.98	0.945	1.03	0.99
600	—	0.919	—	—	—	—	—	—	0.907	—	—
650	—	0.87	1.02	1.03	1.01	0.95	1.03	0.95	0.874	1.02	1
700	—	0.795	—	—	—	—	0.92	0.99	0.803	—	—
750	1.01	0.753	0.94	0.97	1.05	1.05	0.96	0.97	0.752	0.85	1
800	—	0.704	—	—	—	—	—	—	0.709	—	—
850	0.88	0.671	0.91	0.96	0.99	1	0.99	0.95	0.661	0.76	0.94

续表

T/℃	RQT-S690[28]	S690[60]	Q690[65]		Q690[102]		Q690[103]		S960[61]	Q960[68]	
	A	A	A	W	A	W	A	W	A	A	W
900	1.02	0.645	0.89	0.96	—	—	—	—	0.649	—	—
1000	—	0.997	—	—	—	—	—	—	—	—	—

Qiang 等[60,61]、Wang 等[63,68]、Zhou 等[65]、Li 等[64,102]及 Song 和 Li[103]分别基于各自的试验结果提出了高强钢高温冷却后弹性模量折减系数的计算公式，计算得到的弹性模量折减系数随温度的变化曲线如图 7-15 所示。由图 7-15 可以看出，不同计算公式的计算结果相差较大。例如，在自然冷却条件下，文献[103]中认为 Q690 钢高温后弹性模量不发生变化，与常温下相同；而文献[60]中对 S690 钢的弹性模量试验结果进行了多项式拟合，其预测值在温度高于 400℃时随过火温度的升高持续下降。

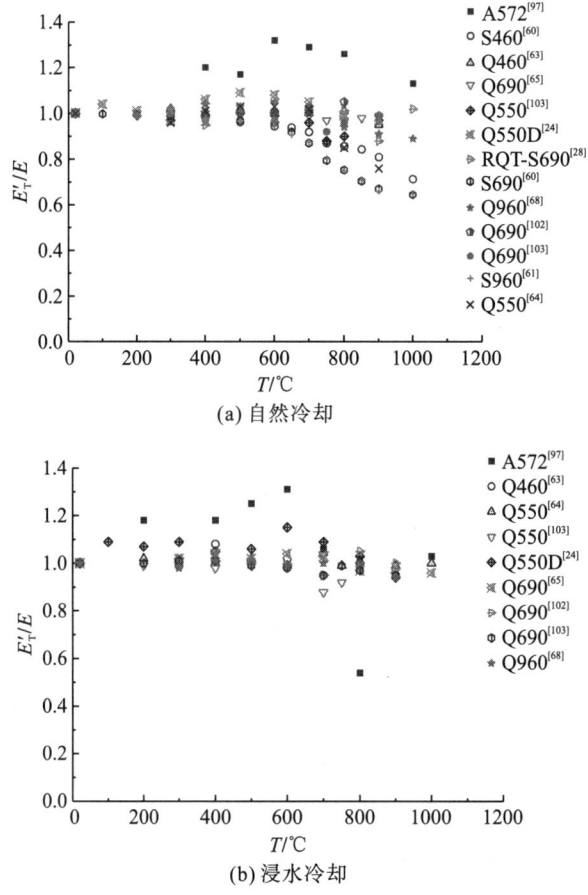

(a) 自然冷却

(b) 浸水冷却

图 7-14　国内外高强钢高温后弹性模量折减系数与过火温度的关系

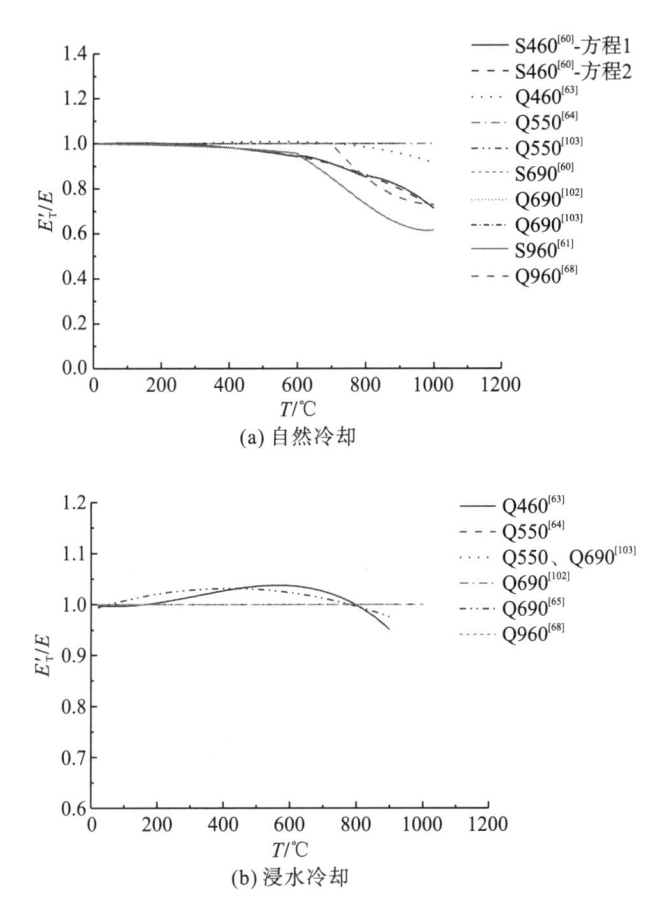

第 7 章 高强结构钢高温下和高温后力学性能指标

(a) 自然冷却

(b) 浸水冷却

图 7-15 国内外高强钢高温后弹性模量折减系数计算公式

7.5.4 高温后力学性能指标标准值

由表 7-11～表 7-14 可以看出，在过火温度为 100～300℃的范围内的试验数据较少，因此仅对过火温度为 300～900℃的条件下高强钢的屈服强度折减系数和弹性模量折减系数进行统计分析。由于文献[97]中高温后弹性模量的试验数据与其他文献相差过大，在分析时未考虑。利用数值分析软件 SPSS 对目标温度下的屈服强度、弹性模量的折减系数进行正态性检验(K-S 检验)，结果如表 7-15～表 7-18 所示。可以看出，大多数过火温度下高强钢高温后屈服强度和弹性模量的折减系数都服从正态分布或对数正态分布，可以采用正态分布拟合其概率分布。

根据式(7-30)～式(7-33)求出各温度下屈服强度和弹性模量的折减系数的平均值、标准差及具有 95%保证率的标准值，如表 7-15～表 7-18 和图 7-16 所示。由表 7-15 和图 7-16 可以看出，在自然冷却条件下，钢材屈服强度发生明显下降的转折点温度是 600℃，即当过火温度不超过 600℃时，钢材屈服强度随温度的衰减较小；当过火温度达到700℃时，屈服强度标准值低于常温下的95%，并且随过火温度的升高逐渐降低。由表7-17和图7-16可见，在浸水冷却条件下，钢材强度发生明显下降的转折点温度是500℃，即当过火温度超过500℃时，钢材的屈服强度先下降，而后由于淬火作用上升。拟合得到了高强钢高温后屈服强度折减系数和弹性模量折减系数标准值计算式。

表 7-15　自然冷却后屈服强度统计分析及标准值

T/℃	K-S 检验 正态分布	K-S 检验 对数正态分布	平均值	标准差	样本数	$t_{0.05}(n-1)$	标准值
300	×	×	1.0091	0.0198	10	1.833	0.9976
400	√	√	1.0145	0.0311	13	1.782	0.9991
500	×	×	1.0110	0.0188	12	1.796	1.0013
600	√	√	0.9950	0.0202	13	1.782	0.9850
700	√	√	0.7678	0.1306	12	1.796	0.7001
800	×	√	0.6038	0.1151	13	1.782	0.5469
900	√	√	0.5114	0.1636	12	1.796	0.4266

表 7-16　自然冷却后弹性模量统计分析及标准值

T/℃	K-S 检验 正态分布	K-S 检验 对数正态分布	平均值	标准差	样本数	$t_{0.05}(n-1)$	标准值
300	√	√	0.9945	0.0218	10	1.833	0.9818
400	√	√	0.9952	0.0302	12	1.796	0.9795
500	√	√	1.0070	0.0366	11	1.812	0.9870
600	√	√	0.9948	0.0427	12	1.796	0.9726
700	√	√	0.9766	0.0627	11	1.812	0.9424
800	√	√	0.9202	0.0990	12	1.796	0.8688
900	√	√	0.8784	0.1233	12	1.796	0.8145

表 7-17　浸水冷却后屈服强度统计分析及标准值

T/℃	K-S 检验 正态分布	K-S 检验 对数正态分布	平均值	标准差	样本数	$t_{0.05}(n-1)$	标准值
300	√	√	1.0200	0.0238	7	1.943	1.0025
400	√	√	1.0222	0.0291	9	1.860	1.0042
500	×	×	0.9978	0.0205	9	1.860	0.9851
600	×	×	0.9811	0.0582	9	1.860	0.9450
700	√	√	0.7689	0.1697	9	1.860	0.6637
800	√	√	0.6767	0.0572	9	1.860	0.6412
900	√	√	1.0200	0.2559	8	1.895	0.8486

表 7-18 浸水冷却后弹性模量统计分析及标准值

$T/℃$	K-S 检验 正态分布	K-S 检验 对数正态分布	平均值	标准差	样本数	$t_{0.05}(n-1)$	标准值
300	×	√	1.0157	0.0360	7	1.943	0.9893
400	√	√	1.0225	0.0320	8	1.895	1.0011
500	√	√	1.0125	0.0225	8	1.895	0.9974
600	√	√	1.0188	0.0567	8	1.895	0.9808
700	√	√	0.9913	0.0649	8	1.895	0.9478
800	√	√	0.9988	0.0285	8	1.895	0.9797
900	√	√	0.9638	0.0245	8	1.895	0.9474

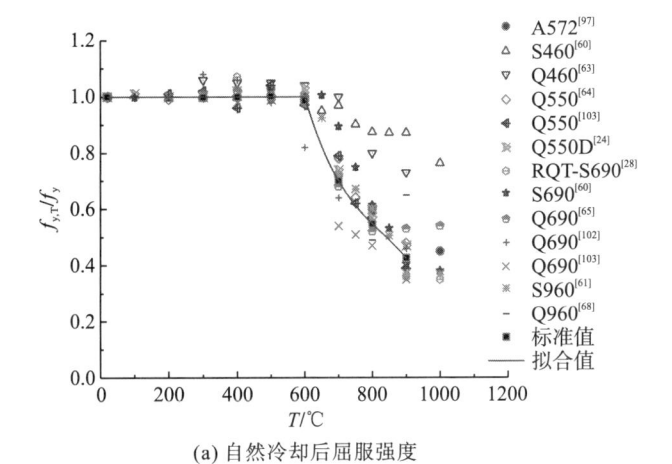

(a) 自然冷却后屈服强度

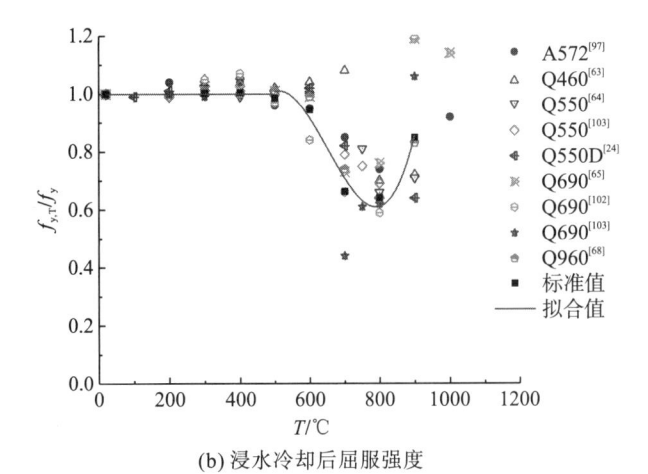

(b) 浸水冷却后屈服强度

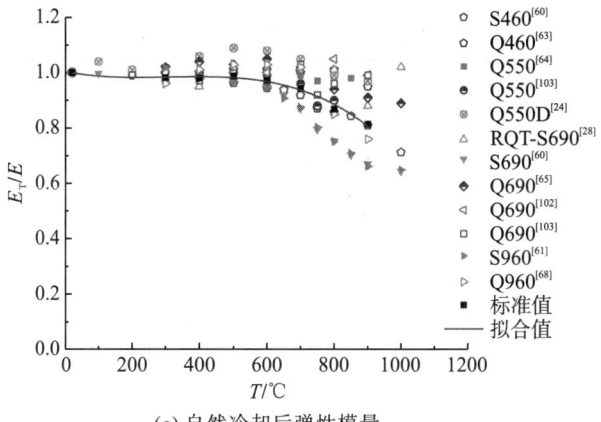

(c) 自然冷却后弹性模量

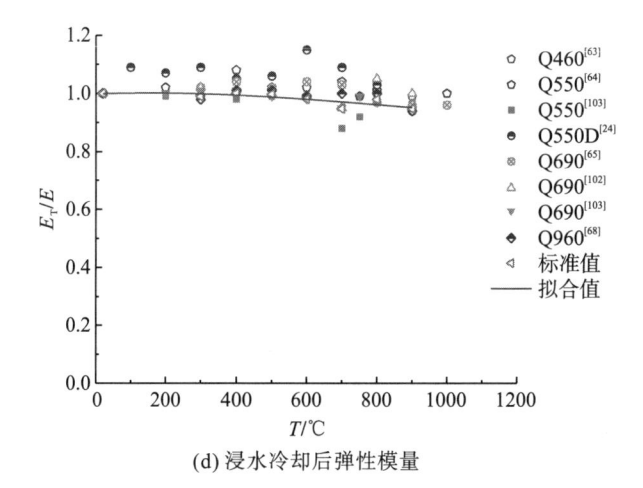

(d) 浸水冷却后弹性模量

图 7-16 高强钢高温后力学性能标准值拟合公式及对比

自然冷却条件下，屈服强度折减系数可表示为

$$\frac{f_{y,T}}{f_y} = \begin{cases} 1, & 20℃ \leqslant T \leqslant 600℃ \\ -1.9 \times 10^{-8}T^3 + 4.72 \times 10^{-5}T^2 - 0.04T + 12.25, & 600℃ < T \leqslant 900℃ \end{cases} \quad (7\text{-}36)$$

弹性模量折减系数可表示为

$$\frac{E_T}{E} = -9.14 \times 10^{-10}T^3 + 8.45 \times 10^{-7}T^2 - 2.38 \times 10^{-4}T + 1 \quad (7\text{-}37)$$

浸水冷却条件下，屈服强度折减系数可表示为

$$\frac{f_{y,T}}{f_y} = \begin{cases} 1, & 20℃ \leqslant T \leqslant 500℃ \\ 3.80 \times 10^{-8}T^3 - 7.42 \times 10^{-5}T^2 + 0.046T - 8.26, & 500℃ < T \leqslant 900℃ \end{cases} \quad (7\text{-}38)$$

弹性模量折减系数可表示为

$$\frac{E_\mathrm{T}}{E} = -6.2\times10^{-11}T^3 - 1.65\times10^{-7}T^2 + 4.61\times10^{-5}T + 0.998 \qquad (7\text{-}39)$$

将式(7-36)~式(7-39)计算值与试验数据进行对比,如图7-16所示。可以看出,大部分试验数据位于拟合曲线之上,小部分试验数据位于拟合曲线之下,说明式(7-36)~式(7-39)能较好地反映高强钢在高温后的屈服强度和弹性模量的变化,在保证安全性的前提下又不过于保守。

7.6 小　　结

本章基于 Q460、Q690 和 Q960 三种高强钢高温下和高温后拉伸试验结果,分别对三种高强钢高温下和高温后的力学性能折减系数采用数学方法进行拟合,并提出相应的简化计算公式。简化计算公式可以较准确地预测高强钢高温下和高温后的力学性能。

对目前国内外高强钢高温下和高温后力学性能试验进行了归纳总结,对比分析了国内外高强钢高温下和高温后力学性能试验结果。结果表明,由于试验仪器、加热速率、加载速率和试验方法等的影响,不同试验所得的高强钢高温下和高温后的屈服强度和弹性模量相差较大。国内外现有文献中提出的高强钢高温下和高温后力学性能计算公式仅适用于各自试验所测量的钢材,不同文献之间的预测值相差较大,不具有通用性,给工程应用带来困难。

采用统计方法对高强钢高温下和高温后的力学性能进行统计分析,得到指定温度下具有 95%保证率的标准值。对标准值进行数值拟合,得到高强钢高温下和高温后屈服强度和弹性模量的折减系数的计算公式。提出的预测公式能较好地反映高强钢屈服强度和弹性模量在高温下和高温后的变化,可供工程设计参考和选用。

第8章 高强结构钢高温下应力-应变关系及蠕变模型

8.1 引　　言

本章根据 Q460、Q690 和 Q960 三种高强钢在高温下拉伸试验和蠕变试验中得到的结果，采用数学方法对其在高温下的应力-应变关系及蠕变应变-时间关系进行拟合。基于这些拟合结果，提出适用于高强钢的高温下应力-应变关系和蠕变修正模型。

8.2 高强 Q460 钢高温下应力-应变关系

Wang 等[104]在 Ramberg-Osgood 模型[38]的基础上，对应力-应变关系模型进行了改进和补充，提出的改进模型表达式如式(8-1)～式(8-7)所示。

本书采用该模型对 Q460 钢实测应力-应变曲线进行拟合，拟合参数见表 8-1。拟合模型与试验曲线的对比见图 8-1，其中试验曲线以"S-试验厚度-温度-试验次序"的形式命名。由图可以看出，拟合结果和试验结果吻合较好，表明该模型能够比较准确地反映高温下 Q460 钢的应力-应变关系。

$$\varepsilon = \begin{cases} \dfrac{\sigma}{E_\mathrm{T}} + 0.002\left(\dfrac{\sigma}{f_\mathrm{yT}}\right)^{n_\mathrm{T}}, & \sigma \leqslant f_\mathrm{yT} \\ 0.002 + \dfrac{f_\mathrm{yT}}{E_\mathrm{T}} + \dfrac{\sigma - f_\mathrm{yT}}{E_\mathrm{yT}} + \varepsilon_\mathrm{upT}\left(\dfrac{\sigma - f_\mathrm{yT}}{f_\mathrm{uT} - f_\mathrm{yT}}\right)^{m_\mathrm{T}}, & f_\mathrm{yT} < \sigma \leqslant f_\mathrm{uT} \\ \varepsilon_\mathrm{uT} + (\varepsilon_\mathrm{FT} - \varepsilon_\mathrm{uT})\left(\dfrac{\sigma - f_\mathrm{uT}}{f_\mathrm{FT} - f_\mathrm{uT}}\right)^{p}, & f_\mathrm{uT} < \sigma \leqslant f_\mathrm{FT} \end{cases} \quad (8\text{-}1)$$

$$n_\mathrm{T} = \dfrac{\ln 20}{\ln\left(\dfrac{f_\mathrm{yT}}{f_{0.01\mathrm{T}}}\right)} \quad (8\text{-}2)$$

$$E_{yT} = \frac{E_T}{1 + 0.002 n_T E_T / f_{yT}} \tag{8-3}$$

$$m_T = 1 + 3.5 \frac{f_{yT}}{f_{uT}} \tag{8-4}$$

$$P_T = \frac{f_{uT} - f_{FT}}{E_{FT}(\varepsilon_{FT} - \varepsilon_{uT})} \leqslant 1 \tag{8-5}$$

$$\varepsilon_{upT} = \varepsilon_{uT} - 0.002 - \frac{f_{yT}}{E_T} - \frac{f_{uT} - f_{yT}}{E_{yT}} \tag{8-6}$$

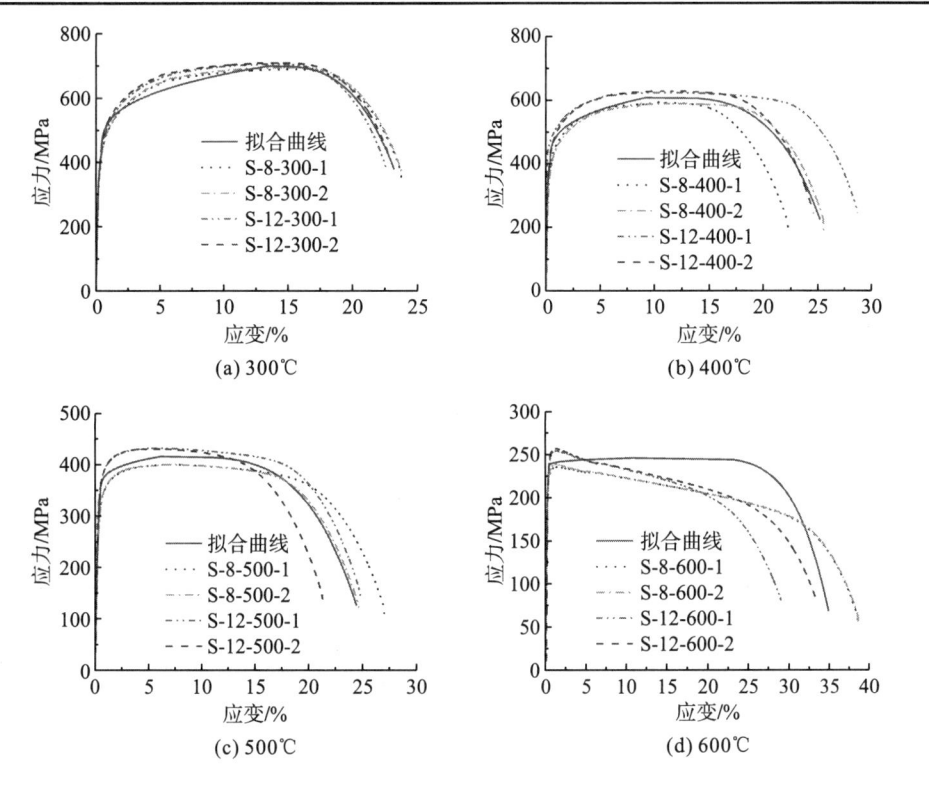

表 8-1　Q460 钢应力-应变关系模型拟合参数

$T/℃$	$f_{0.01T}$/MPa	E_{yT}/GPa	E_{FT}/GPa	ε_{upT}/%	n_T	m_T	p_T
300	270.73	196.49	10.49	12.92	6.98	3.13	0.31
400	291.03	203.86	9.83	8.86	9.82	3.27	0.26
500	196.25	115.70	6.44	5.47	5.80	3.84	0.24
600	142.72	94.17	2.58	1.07	6.68	4.33	0.21
700	88.43	67.56	1.93	0.47	11.65	4.37	0.14
800	47.94	15.13	0.35	0.39	25.99	4.18	0.15
900	32.32	6.39	0.27	0.62	22.71	3.58	0.19

(a) 300℃

(b) 400℃

(c) 500℃

(d) 600℃

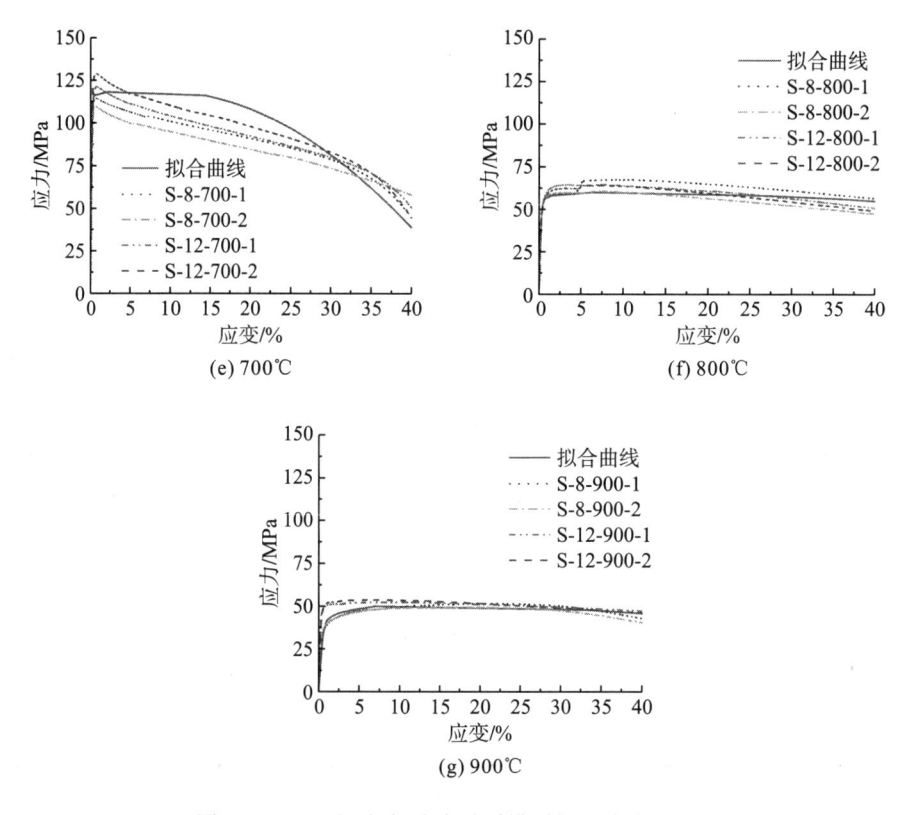

图 8-1 Q460 钢应力-应变关系模型与试验结果对比

8.3 高强 Q690 钢高温下应力-应变关系

描述高温下钢材应力-应变关系的模型大致分为两类，一类是分段直线模型，另一类是曲线模型。直线模型较为简单，给出一定温度下各控制点的应变值和应力值，相邻点直线连接；曲线模型较复杂，但与实际的钢材本构关系更符合，且曲线模型是光滑的，计算时更易收敛。Ma 等[45]提出的应力-应变模型数学原理明确，对于钢材高温下应力-应变关系拟合较好，表达式见式(8-7)～式(8-10)。

$$\varepsilon_p = \varepsilon - \frac{\varepsilon}{E} = 0.002\left(\frac{\sigma}{\sigma_{0.2}}\right)^n \tag{8-7}$$

$$n = f(\varepsilon_p) = n_0 + K\left(\varepsilon_p\right)^m \tag{8-8}$$

$$n_0 = \lg\left(\frac{0.2}{0.01}\right)\bigg/\lg\left(\frac{\sigma_{0.2}}{\sigma_{0.01}}\right) \tag{8-9}$$

$$K = \frac{\lg\left(\dfrac{\varepsilon_{\mathrm{pu}}}{0.002}\right)\bigg/\lg\left(\dfrac{\sigma_{\mathrm{u}}}{\sigma_{0.2}}\right) - n_0}{\left(\varepsilon_{\mathrm{pu}}\right)^m} \tag{8-10}$$

式中，ε_{p} 为塑性应变；E 为温度 T 时的弹性模量；$\sigma_{0.2}$ 为 0.2%塑性变形应力；n 为应变硬化指数；n_0 为初始应变硬化指数；$\sigma_{0.01}$ 为残余应变为 0.01%对应的应力；K 为系数；σ_{u} 为极限应力；$\varepsilon_{\mathrm{pu}}$ 为极限应力对应的塑性应变；m 为拟合得到的系数。

一个隐式的应力-应变关系可以由一组材料参数（E，$\sigma_{0.01}$，$\sigma_{0.2}$，σ_{u}，n_0 和 m）来确定。应力 σ 和总应变 ε 的显式解如下：

$$\sigma = \left(\frac{\varepsilon_{\mathrm{p}}}{0.002}\right)^{\left(\frac{1}{n_0 + K\varepsilon_{\mathrm{p}}^m}\right)} \sigma_{0.2} \tag{8-11}$$

$$\varepsilon = \varepsilon_{\mathrm{p}} + \frac{\sigma}{E} = \varepsilon_{\mathrm{p}} + \frac{\sigma_{0.2}}{E}\left(\frac{\varepsilon_{\mathrm{p}}}{0.002}\right)^{\left(\frac{1}{n_0 + K\varepsilon_{\mathrm{p}}^m}\right)} \tag{8-12}$$

模型中 n_0 保证曲线经过 $\sigma_{0.01}$，可以看出当应力为屈服应力时，n 的值为 $\lg\left(\dfrac{\varepsilon_{\mathrm{pu}}}{0.002}\right)\bigg/\lg\left(\dfrac{\sigma_{\mathrm{u}}}{\sigma_{0.2}}\right)$，保证曲线经过屈服应力 σ_{u}，显然该曲线还经过 $\sigma_{0.2}$。而式(8-8)使 n 从 n_0 渐变到 $\lg\left(\dfrac{\varepsilon_{\mathrm{pu}}}{0.002}\right)\bigg/\lg\left(\dfrac{\sigma_{\mathrm{u}}}{\sigma_{0.2}}\right)$。同时根据表达式的数学原理，该模型还经过比例极限 f_{p}。这一模型通过使用四个特定的应力点作为约束，且 n 值随着塑性应变的增加而渐变，从而能够有效地拟合高温下(或无明显屈服平台时)的应力-应变关系曲线。

此处采用该模型拟合 Q690 钢高温下应力-应变关系。通过 MATLAB 软件对应力-应变关系曲线进行拟合，得到系数 m。各试件应力-应变曲线的参数列于表 8-2 中。本试验在应变达到 1%之前拉伸速率是一致的，因此此处对应变 0~1%范围内的应力-应变曲线进行拟合。

拟合曲线与试验曲线的对比见图 8-2。试验初期测量仪器存在误差，导致在应变较小时应力-应变曲线出现轻微波动。这些波动发生在钢材的弹性阶段，并在随后迅速恢复稳定，因此对整体应力-应变曲线没有产生明显的影响。可以看出，拟合结果和试验结果吻合较好，这表明该模型能够较精确地描述 Q690 钢在高温条件下的应力-应变关系。

表 8-2　Q690 钢应力-应变关系模型拟合参数

温度/℃	300	400	500	550	600	700	800	900
m	0.4	1.0	1.0	1.0	1.0	1.0	0.55	0.48

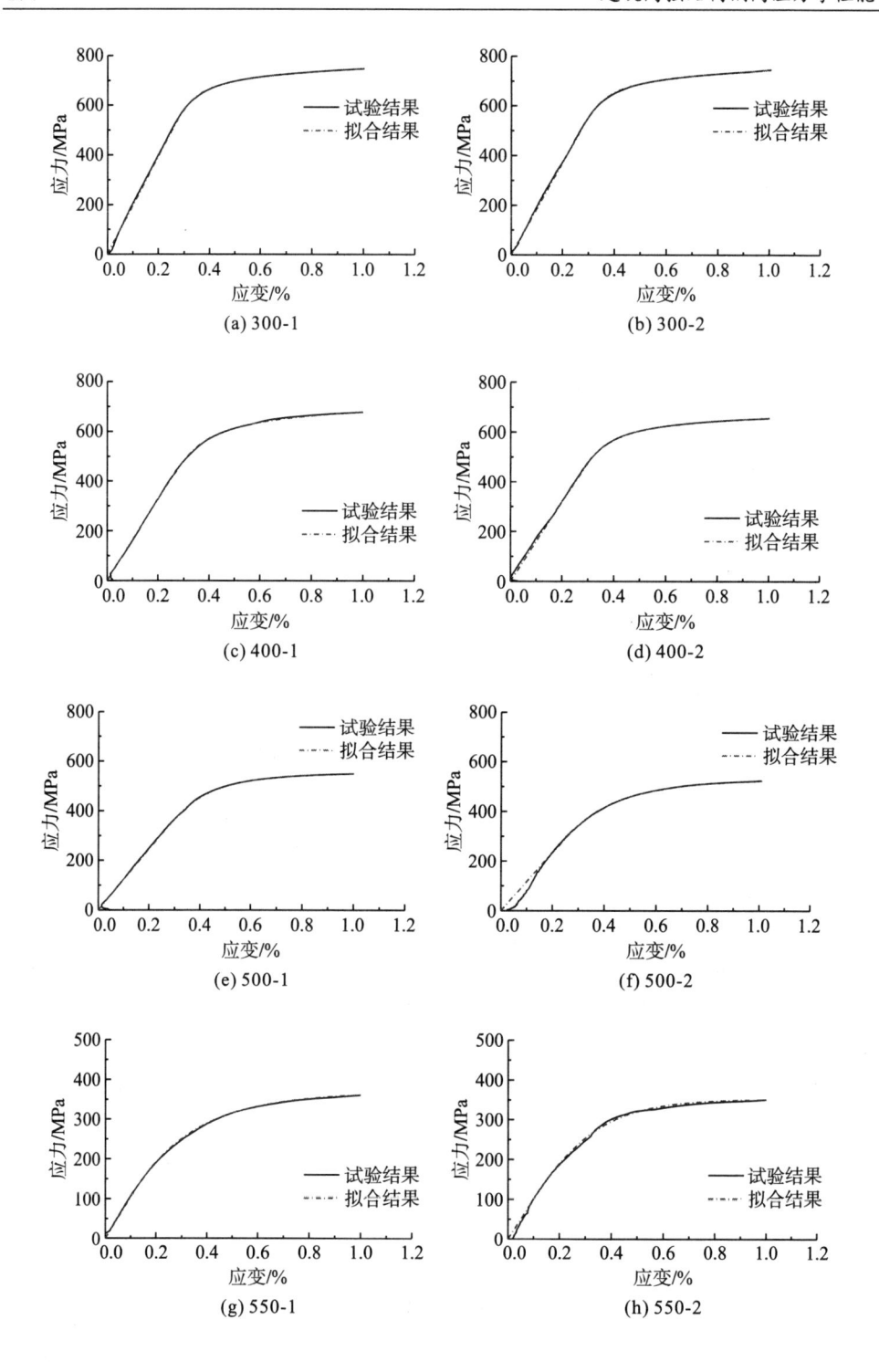

(a) 300-1　　(b) 300-2
(c) 400-1　　(d) 400-2
(e) 500-1　　(f) 500-2
(g) 550-1　　(h) 550-2

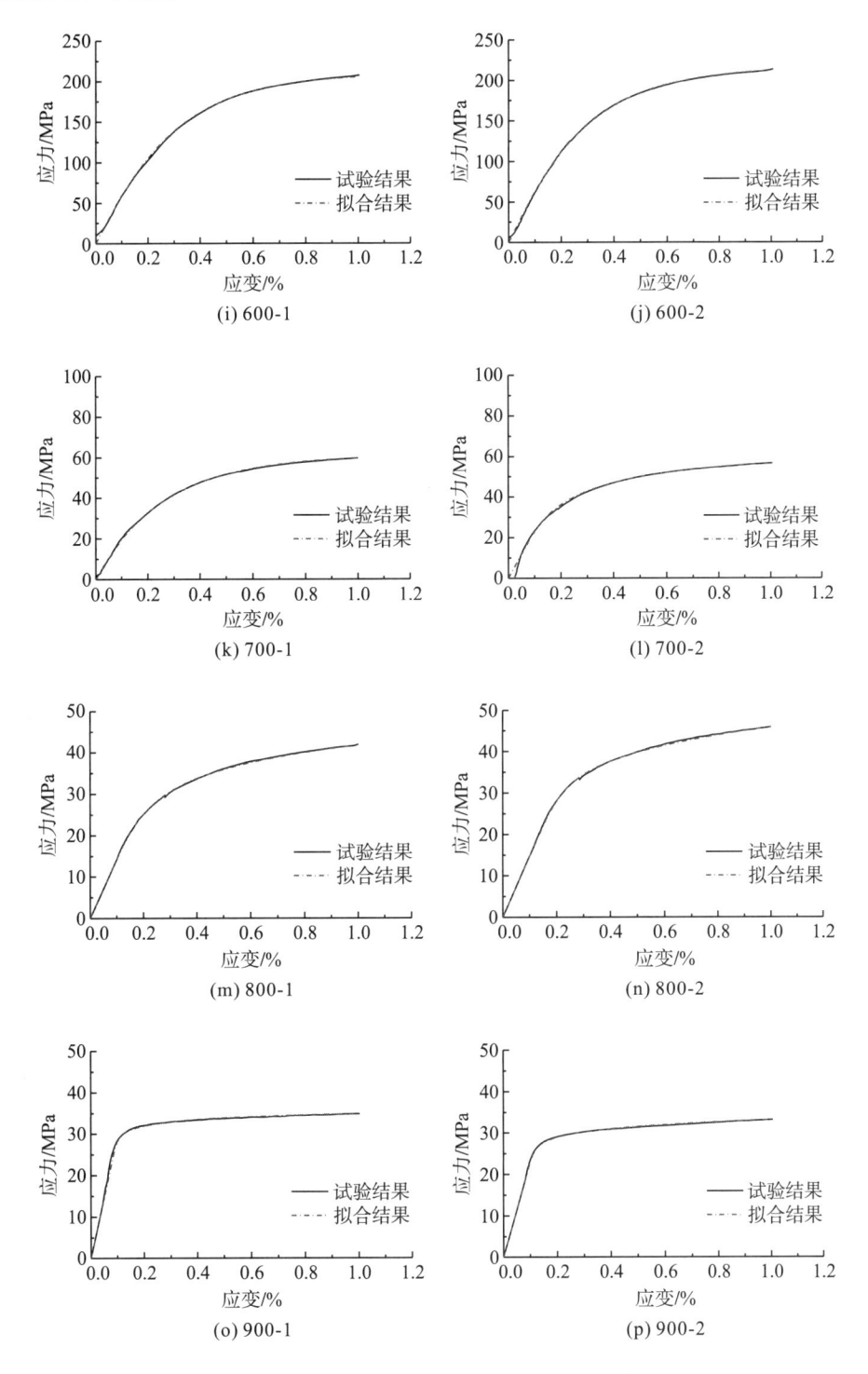

第 8 章 高强结构钢高温下应力-应变关系及蠕变模型　　175

(i) 600-1

(j) 600-2

(k) 700-1

(l) 700-2

(m) 800-1

(n) 800-2

(o) 900-1

(p) 900-2

图 8-2　Q690 钢应力-应变曲线拟合结果与试验结果对比

8.4 高强 Q960 钢高温下应力-应变关系

准确描述 Q960 钢材高温下的应力-应变关系对其结构抗火性能分析具有重要意义。本书在 Hill 模型[39][式(8-13)]的基础上对 Q960 钢高温下的应力-应变关系进行拟合。系数 n 的拟合值见表 8-3，拟合曲线与试验结果的对比如图 8-3 所示。可以看出，拟合结果和试验结果吻合较好，这表明该模型能够较精确地描述 Q960 钢在高温条件下的应力-应变关系。

$$\varepsilon = \frac{\sigma}{E_0} + 0.002 \left(\frac{\sigma}{\sigma_{0.2}} \right)^n \tag{8-13}$$

式中，$\sigma_{0.2}$ 为 0.2%塑性变形应力，即残余应变为 0.2%对应的应力。

表 8-3 Q960 钢应力-应变关系模型系数 n 拟合值

温度/℃	300	400	450	500	550	600	700	800	900
n	46.7	26.6	18.9	17.4	19.1	24.6	13.1	11.2	15.4

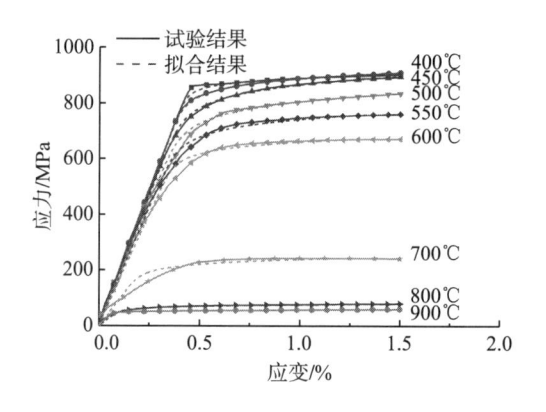

图 8-3 Q960 钢应力-应变曲线拟合结果与试验结果对比

8.5 高强 Q460 钢高温下蠕变模型

Fields & Fields 蠕变模型[式(8-14)][75]表达式简单，参数较少，适用性好。对 Q460 钢高温蠕变试验数据采用最小二乘法进行拟合，此处应力 σ 的单位为

KSI。Q460 钢 Fields & Fields 蠕变模型参数见表 8-4。拟合相关系数平均在 0.97 以上，拟合效果较好。参数 a、b、c 可表示为温度 T 的函数，其在不同温度下的取值见式(8-15)~式(8-17)。

$$\varepsilon_{cr} = at^b \sigma^c \tag{8-14}$$

式中，ε_{cr} 为蠕变应变；a、b、c 为与温度有关的参数，根据试验数据拟合得到；t 为时间(min)；σ 为应力。

Q460 钢 Fields & Fields 模型计算结果与试验结果的对比见图 8-4。可以看出，提出的模型计算结果与试验结果吻合良好，这表明该模型预测 Q460 钢高温蠕变具有较好的可靠性。

表 8-4 Q460 钢 Fields & Fields 蠕变模型参数

温度 T/℃	a	$\log a$	b	c	相关系数 R^2
300	1.24×10^{-21}	−20.91	0.05	9.99	0.992
400	6.48×10^{-24}	−23.19	0.49	11.25	0.985
450	1.00×10^{-27}	−27.00	0.62	13.94	0.947
500	1.55×10^{-23}	−22.81	0.80	12.37	0.979
550	9.38×10^{-14}	−13.03	0.89	6.75	0.984
600	4.20×10^{-11}	−10.38	0.95	5.53	0.978
700	2.52×10^{-7}	−6.60	1.05	3.50	0.988
800	5.00×10^{-5}	−4.30	0.98	2.25	0.993
900	4.00×10^{-4}	−3.40	0.66	1.98	0.910

$$\log a = \begin{cases} -56.797 + 0.2265T - 3.562 \times 10^{-4} T^2, & 300℃ \leqslant T \leqslant 450℃ \\ 2286.225 - 13.65927T + 2.65644 \times 10^{-2} T^2 - 1.6964 \times 10^{-5} T^3, & 450℃ < T \leqslant 600℃ \\ -69.01 + 0.155T - 1.040 \times 10^{-4} T^2 + 1.420 \times 10^{-8} T^3, & 600℃ < T \leqslant 900℃ \end{cases} \tag{8-15}$$

$$b = \begin{cases} -2.71 + 0.0128T - 1.20 \times 10^{-5} T^2, & 300℃ \leqslant T \leqslant 450℃ \\ -14.96 + 0.08T - 1.36 \times 10^{-4} T^2 + 7.81 \times 10^{-8} T^3, & 450℃ < T \leqslant 600℃ \\ 1.18 - 7.07 \times 10^{-3} T + 1.9 \times 10^{-5} T^2 - 1.31 \times 10^{-8} T^3, & 600℃ < T \leqslant 900℃ \end{cases} \tag{8-16}$$

$$c = \begin{cases} 39.25 - 0.18T + 2.75 \times 10^{-4} T^2, & 300℃ \leqslant T \leqslant 450℃ \\ -1557.61 + 9.21T - 1.78 \times 10^{-2} T^2 + 1.132 \times 10^{-5} T^3, & 450℃ < T \leqslant 600℃ \\ 22.52 - 2.07 \times 10^{-2} T - 3.34 \times 10^{-5} T^2 + 3.45 \times 10^{-8} T^3, & 600℃ < T \leqslant 900℃ \end{cases} \tag{8-17}$$

(a) $T=300℃$

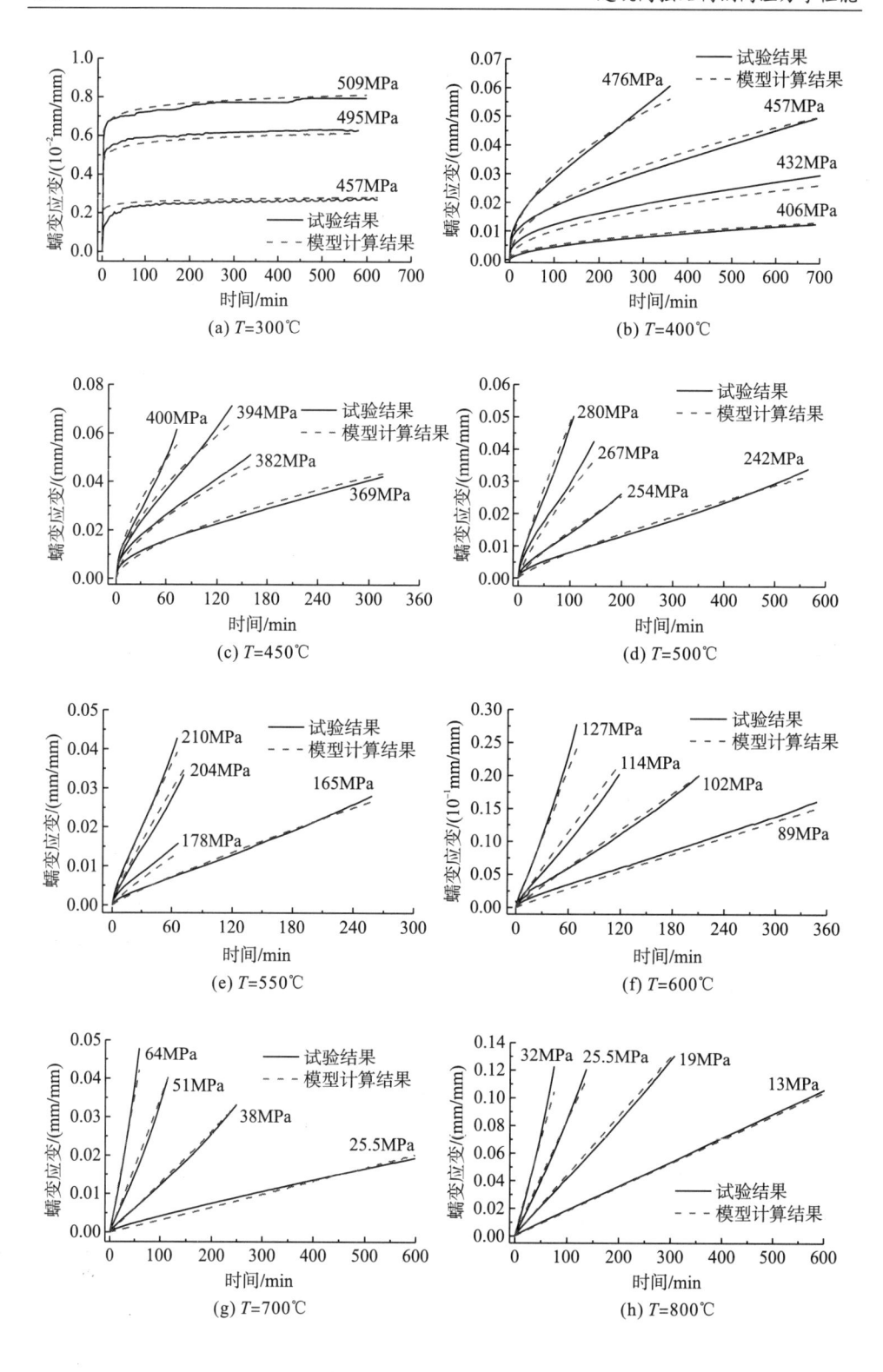

(b) $T=400℃$

(c) $T=450℃$

(d) $T=500℃$

(e) $T=550℃$

(f) $T=600℃$

(g) $T=700℃$

(h) $T=800℃$

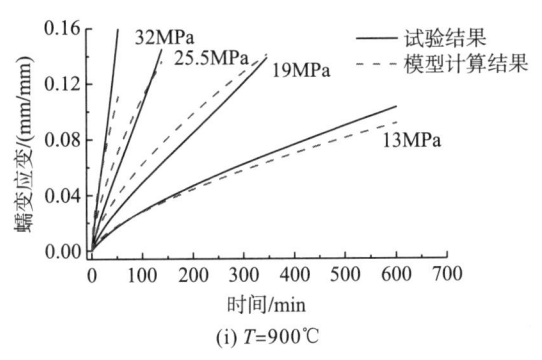

第8章 高强结构钢高温下应力-应变关系及蠕变模型　　179

(i) $T=900℃$

图 8-4　Q460 钢 Fields & Fields 蠕变模型计算结果与试验结果对比

ANSYS 有限元软件具有强大的非线性功能，其内置了 13 种隐式蠕变模型。为了便于在有限元分析中直接引入钢材高温蠕变模型，选择其中的复合时间强化模型[式(8-18)]对高温蠕变试验结果进行拟合，不考虑时间和应力或钢材温度的耦合效应，可用来预测蠕变应变。复合时间强化模型可考虑初始蠕变阶段和第二蠕变阶段，方程中有 7 个拟合参数，其基础理论是 Zienkiewicz 和 Cormeau[105]关于塑性和蠕变的统一理论。

$$\varepsilon_{cr} = \varepsilon_{primary} + \varepsilon_{secondary} = c_1 \sigma^{c_2} \frac{1}{c_3+1} t^{c_3+1} e^{\left(-\frac{c_4}{T_s}\right)} + c_5 t \sigma^{c_6} e^{\left(-\frac{c_7}{T_s}\right)} \quad (8\text{-}18)$$

式中，$c_1 \sim c_7$ 为待拟合参数，其中 $c_1>0$，$c_5>0$；σ 为应力(MPa)；t 为时间(min)；T_s 为钢材温度(℃)。

对 Q460 钢高温蠕变试验数据进行拟合，得到 ANSYS 模型具体参数，见表 8-5。拟合相关系数平均在 0.98 以上，拟合效果较好。Q460 钢 ANSYS 模型计算结果与试验结果的对比见图 8-5。可以看出，提出的 Q460 钢 ANSYS 模型计算结果与试验结果吻合良好，因此该模型可以用来预测 Q460 钢高温蠕变行为。

表 8-5　Q460 钢 ANSYS 蠕变模型参数

温度/℃	c_1	c_2	c_3	c_4	c_5	c_6	c_7	相关系数 R^2
300	5.90×10^{-14}	10.00	−0.95	12000	1.60×10^{-12}	0.05	7150	0.992
400	3.30×10^{-12}	10.85	−0.50	18800	1.30×10^{-12}	4.75×10^{-4}	40000	0.984
450	6.33×10^{-13}	14.05	−0.45	28000	1.03×10^{-12}	18.00	40000	0.982
500	3.45×10^{-2}	6.50	−0.80	20300	6.95×10^{-12}	14.35	31500	0.982
550	3.50×10^{-5}	3.35	−0.50	8600	1.75×10^{-11}	7.50	12600	0.985
600	2.47×10^{-11}	4.35	−0.05	2900	1.70×10^{-10}	16.55	40000	0.996
700	1.63×10^{-8}	3.25	−0.04	1900	3.20×10^{-9}	6.00×10^{-3}	32500	0.984
800	2.85×10^{-4}	4.75	−0.05	12500	6.75×10^{-6}	1.98	1450	0.998
900	1.68×10^{-6}	3.85	−0.20	4835	2.40×10^{-4}	0.04	600	0.980

(a) $T=300$℃

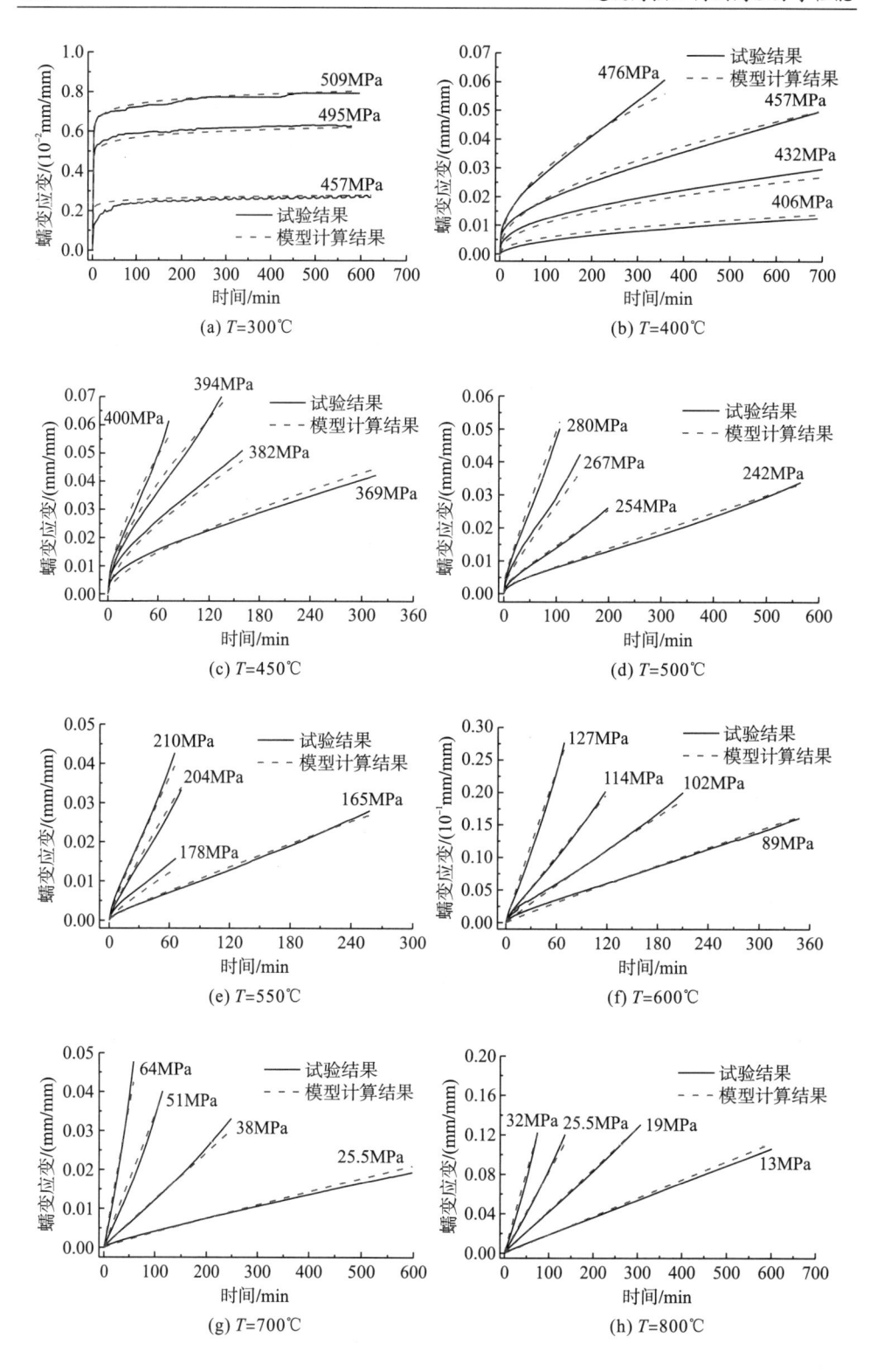

(b) $T=400$℃

(c) $T=450$℃

(d) $T=500$℃

(e) $T=550$℃

(f) $T=600$℃

(g) $T=700$℃

(h) $T=800$℃

(i) $T=900℃$

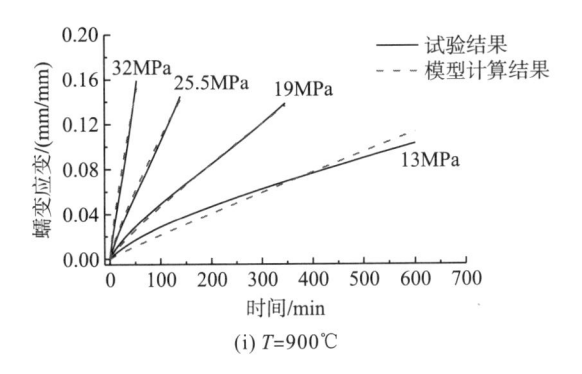

图 8-5　Q460 钢 ANSYS 模型计算结果与试验结果对比

8.6　高强 Q690 钢高温下蠕变模型

基于 Fields & Fields 模型，对 Q690 钢在高温下的蠕变试验结果进行拟合，并提出适用于 Q690 钢的修正蠕变模型，其中应力 σ 的单位为 MPa。Q690 钢修正 Fields & Fields 蠕变模型的参数列于表 8-6 中。参数 a、b、c 可表示为温度 T 的函数，其在不同温度下的取值见式(8-19)。

Q690 钢 Fields & Fields 模型的计算结果与试验数据的对比见图 8-6。由图可以看出，提出的模型计算结果与试验结果具有良好的吻合度，这表明该模型在预测 Q690 钢高温蠕变行为方面具有较好的可靠性。

表 8-6　Q690 钢 Fields & Fields 蠕变模型参数

温度/℃	a	b	c
450	$6.25×10^{-42}$	1	14.47989
500	$3.47×10^{-31}$	0.999075	11.00699
550	$3.08×10^{-22}$	0.996882	8.36215
600	$4.40×10^{-15}$	0.991713	5.97602
700	$3.69×10^{-6}$	0.950795	2.7462
800	$2.05×10^{-4}$	0.723366	2.04585

$$a = 10^{-218.6676+0.5559T-3.5897×10^{-4}T^2}$$
$$b = 1.0069 - 3.0446×10^{-7} × e^{T/58.3}$$
$$c = \begin{cases} 175.17203 - 0.7863×T + 0.00129T^2 - 7.51542×10^{-7}T^3, & 450℃ \leqslant T < 600℃ \\ 77.68907 - 0.19475×T + 1.25209×10^{-4}T^2, & 600℃ \leqslant T \leqslant 800℃ \end{cases}$$

(8-19)

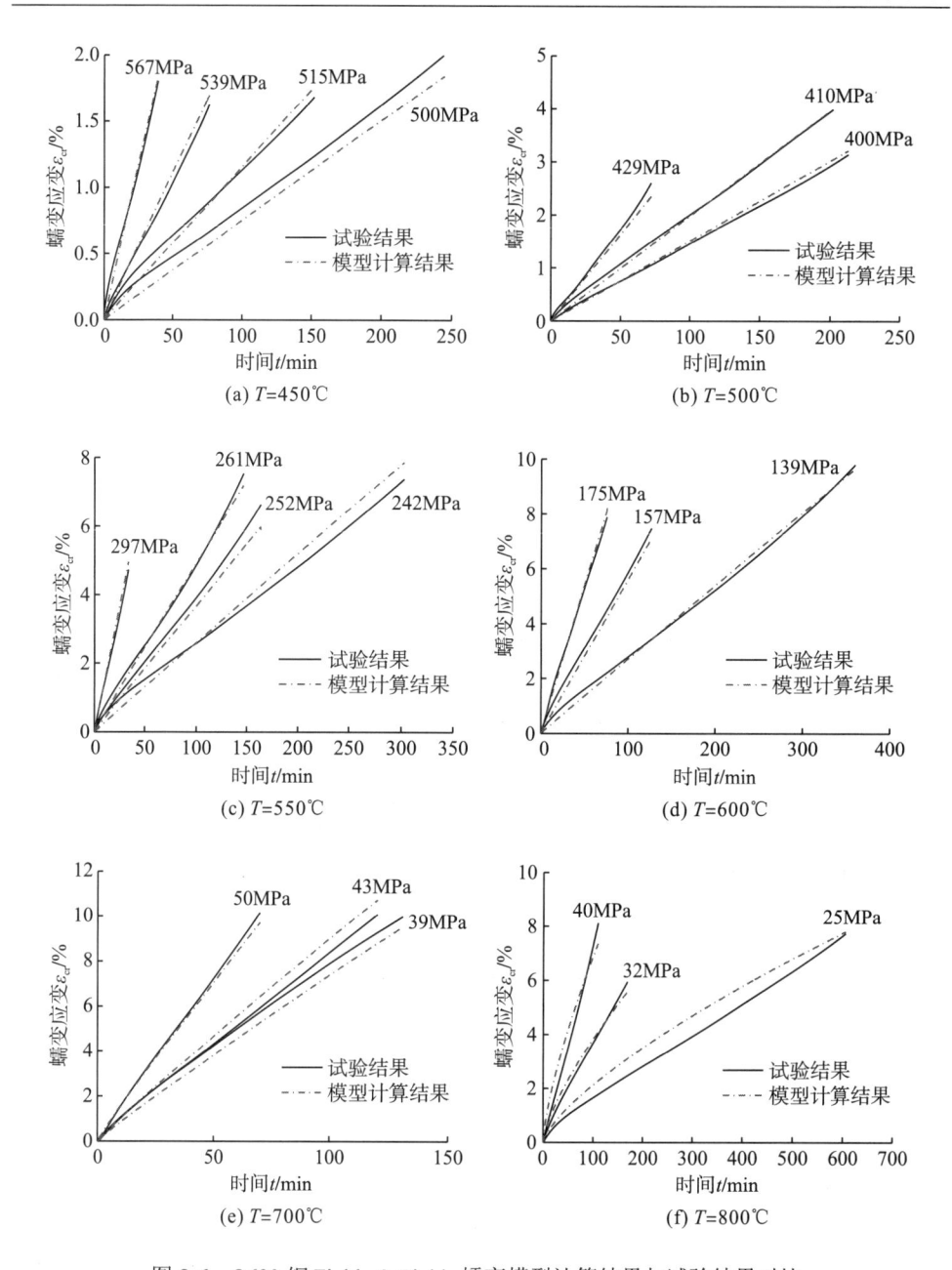

图 8-6　Q690 钢 Fields & Fields 蠕变模型计算结果与试验结果对比

8.7　高强 Q960 钢高温下蠕变模型

基于 Fields & Fields 模型，对 Q960 钢高温下蠕变试验数据进行拟合，提出

Q960 钢的蠕变模型，其中应力 σ 的单位为 MPa。Q960 钢修正 Fields & Fields 蠕变模型的参数列于表 8-7 中。拟合相关系数平均在 0.98 以上，拟合效果较好。

模型计算结果与试验结果的对比见图 8-7。可以看出，提出的 Q960 钢 Fields & Fields 模型计算结果与试验结果吻合良好，因此该模型可以用来预测 Q960 钢高温蠕变行为。

表 8-7 Q960 钢 Fields & Fields 蠕变模型参数

温度 T/℃	a	b	c	相关系数 R^2
450	7.38×10^{-35}	0.40	10.8	0.962
550	1.15×10^{-22}	0.55	6.89	0.963
600	3.33×10^{-20}	0.89	6.22	0.997
700	2.87×10^{-14}	1.26	5.11	0.983
800	8.13×10^{-10}	1.25	3.62	0.993
900	3.24×10^{-11}	0.86	4.92	0.989

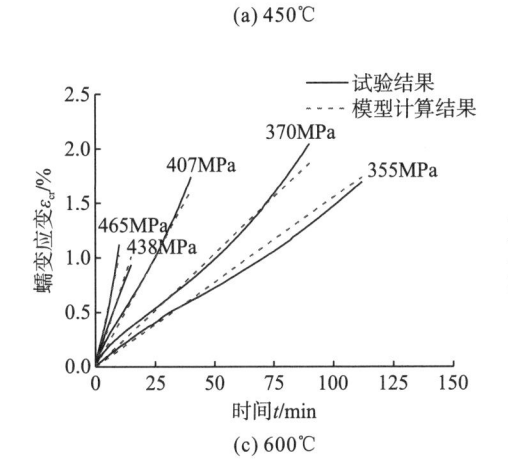

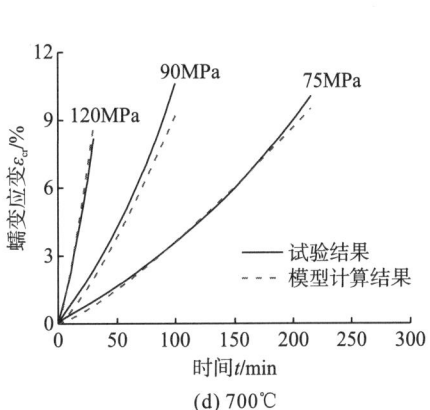

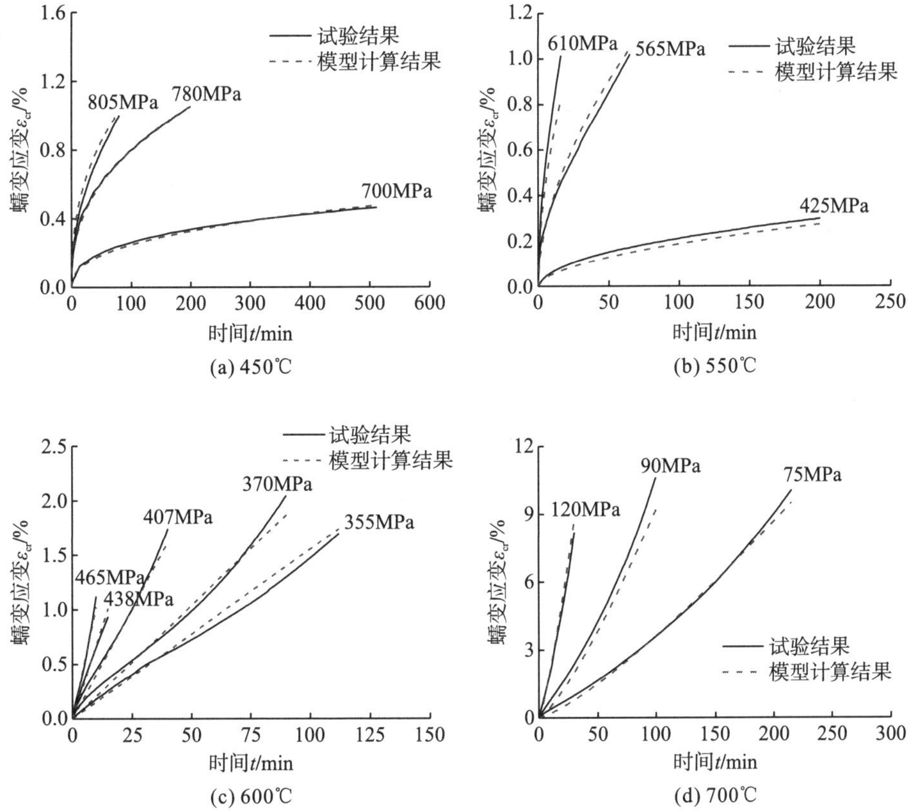

(a) 450℃

(b) 550℃

(c) 600℃

(d) 700℃

(e) 800℃

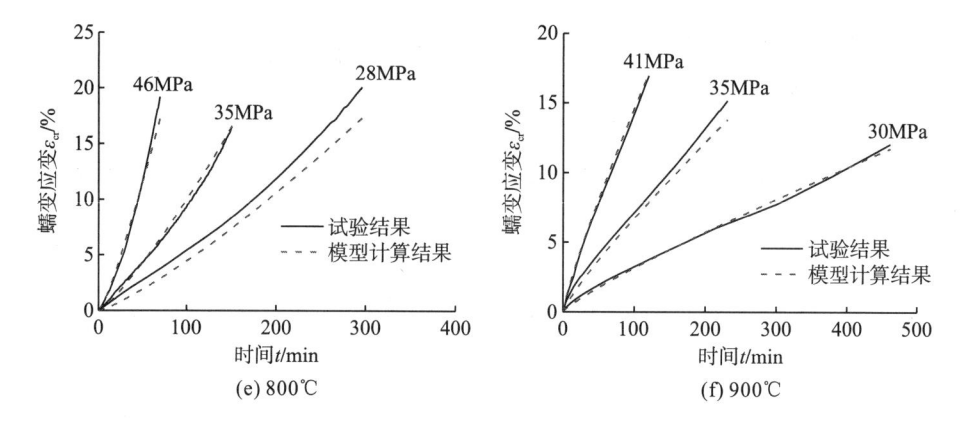

(f) 900℃

图 8-7 Q960 钢 Fields & Fields 蠕变模型计算结果与试验结果对比

8.8 小　　结

本章根据 Q460、Q690 和 Q960 三种高强钢高温下拉伸试验结果，采用数学方法对高强钢高温下应力-应变关系进行拟合，提出适用于高强钢的高温下应力-应变关系模型。根据 Q460、Q690 和 Q960 钢蠕变试验结果，基于 Fields & Fields 蠕变模型对高强钢蠕变应变-时间关系曲线进行拟合，提出适用于高强钢的蠕变模型。

参 考 文 献

[1] 贾良玖, 董洋. 高性能钢在结构工程中的研究和应用进展[J]. 工业建筑, 2016, 46(7): 1-9.

[2] Günther H P, Raoul J. Use and Application of High-performance Steels for Steel Structures[M]. Zürich: IABSE, 2005.

[3] Pocock G. High strength steel use in Australia, Japan and the US[J]. Structural Engineer, 2006, 84(21): 27-30.

[4] 张金斗. 上海南浦大桥主桥上部结构施工工艺[J]. 土木工程学报, 1992, 25(6): 17-24.

[5] 范重, 刘先明, 范学伟, 等. 国家体育场大跨度钢结构设计与研究[J]. 建筑结构学报, 2007, 28(2): 1-16.

[6] 陈振明, 张耀林, 彭明祥, 等. 国产高强钢及厚板在央视新台址主楼建筑中的应用[J]. 钢结构, 2009, 24(2): 34-38.

[7] 周永明, 钱志忠, 高继领, 等. 凤凰国际传媒中心钢结构制作安装新技术[J]. 建设科技, 2014, (S1): 107-108.

[8] 中华人民共和国住房和城乡建设部. 钢结构设计标准: GB 50017—2017[S]. 北京: 中国建筑工业出版社, 2017.

[9] 中国工程建设标准化协会. 高性能建筑钢结构应用技术规程: T/CECS 599—2019[S]. 北京: 中国建筑工业出版社, 2019.

[10] 中华人民共和国住房和城乡建设部. 高强钢结构设计标准: JGJ/T 483—2020[S]. 北京: 中国建筑工业出版社, 2020.

[11] 国家消防救援局. 2021年消防接处警创新高, 扑救火灾74.5万起[EB/OL]. https://www.119.gov.cn/gk/sjtj/2022/26442.shtml[2022-01-20].

[12] 国家消防救援局. 2022年全国警情与火灾情况[EB/OL]. https://www.119.gov.cn/qmxfxw/xfyw/2023/36210.shtml[2023-03-24].

[13] 中华人民共和国住房和城乡建设部. 建筑钢结构防火技术规范: GB 51249—2017[S]. 北京: 中国计划出版社, 2017.

[14] 李国强, 王卫永. 钢结构抗火安全研究现状与发展趋势[J]. 土木工程学报, 2017, 50(12): 1-8.

[15] 李国强, 吴波, 韩林海. 结构抗火研究进展与趋势[J]. 建筑钢结构进展, 2006, 8(1): 1-13.

[16] Lange J, Wohlfeil N. Examination of the mechanical properties of steel S460 for fire[J]. Journal of Structural Fire Engineering, 2010, 1(3): 189-204.

[17] Qiang X H, Bijlaard F S K, Kolstein H. Deterioration of mechanical properties of high strength structural steel S460N under steady state fire condition[J]. Materials & Design (1980-2015), 2012, 36: 438-442.

[18] Qiang X H, Bijlaard F S K, Kolstein H. Deterioration of mechanical properties of high strength structural steel S460N under transient state fire condition[J]. Materials & Design, 2012, 40: 521-527.

[19] Qiang X H, Bijlaard F S K, Kolstein H. Elevated-temperature mechanical properties of high strength structural steel S460N: Experimental study and recommendations for fire-resistance design[J]. Fire Safety Journal, 2013, 55: 15-21.

[20] Qiang X H, Bijlaard F, Kolstein H. Dependence of mechanical properties of high strength steel S690 on elevated temperatures[J]. Construction and Building Materials, 2012, 30: 73-79.

[21] 王卫永, 刘兵, 李国强. 高强度Q460钢材高温力学性能试验研究[J]. 防灾减灾工程学报, 2012, 32(S1): 30-35.

[22] Wang W Y, Liu B, Kodur V. Effect of temperature on strength and elastic modulus of high-strength steel[J]. Journal of Materials in Civil Engineering, 2013, 25(2): 174-182.

[23] Wang W Y, Yan R, Xu L. Effect of tensile-strain rate on mechanical properties of high-strength Q460 steel at elevated temperatures[J]. Journal of Materials in Civil Engineering, 2020, 32(7): 04020188.

[24] 范圣刚, 刘平, 石可, 等. 高温下与高温后Q550D高强钢材料力学性能试验[J]. 天津大学学报(自然科学与工程技术版), 2019, 52(7): 680-689.

[25] 李国强, 黄雷, 张超. 国产Q550高强钢高温力学性能试验研究[J]. 同济大学学报(自然科学版), 2018, 46(2): 170-176.

[26] 李国强, 黄雷, 张超. 国产Q690高强钢高温下力学性能试验研究[J]. 建筑结构学报, 2020, 41(2): 149-156.

[27] Chen J, Young B, Uy B. Behavior of high strength structural steel at elevated temperatures[J]. Journal of Structural Engineering, 2006, 132(12): 1948-1954.

[28] Chiew S P, Zhao M S, Lee C K. Mechanical properties of heat-treated high strength steel under fire/post-fire conditions[J]. Journal of Constructional Steel Research, 2014, 98: 12-19.

[29] Wang W Y, Wang K, Kodur V, et al. Mechanical properties of high-strength Q690 steel at elevated temperature[J]. Journal of Materials in Civil Engineering, 2018, 30(5): 04018062.

[30] Wang M J, Li Y Z, Li G Q, et al. Comparative experimental studies of high-temperature mechanical properties of HSSs Q460D and Q690D[J]. Journal of Constructional Steel Research, 2022, 189: 107065.

[31] Xiong M X, Liew J Y R. Mechanical properties of heat-treated high tensile structural steel at elevated temperatures[J]. Thin-Walled Structures, 2016, 98: 169-176.

[32] Xiong M X, Liew J Y R. Experimental study to differentiate mechanical behaviours of TMCP and QT high strength steel at elevated temperatures[J]. Construction and Building Materials, 2020, 242: 118105.

[33] 李国强, 黄雷, 张超. 国产超高强钢Q890高温力学性能试验[J]. 建筑科学与工程学报, 2018, 35(3): 1-6.

[34] Qiang X H, Jiang X, Bijlaard F S K, et al. Mechanical properties and design recommendations of very high strength steel S960 in fire[J]. Engineering Structures, 2016, 112: 60-70.

[35] Wang W Y, Zhang Y H, Xu L, et al. Mechanical properties of high-strength Q960 steel at elevated temperature[J]. Fire Safety Journal, 2020, 114: 103010.

[36] Heidarpour A, Tofts N S, Korayem A H, et al. Mechanical properties of very high strength steel at elevated temperatures[J]. Fire Safety Journal, 2014, 64: 27-35.

[37] Li Y Z, Wang M J, Li G Q, et al. Mechanical properties of hot-rolled structural steels at elevated Temperatures: A review[J]. Fire Safety Journal, 2021, 119: 103237.

[38] Ramberg W, Osgood W. Description of stress-strain curves by three parameters: Technical note no. 902[R]. Washington (DC): National Advisory Committee for Aeronautics, 1943.

[39] Hill H N. Determination of stress-strain relations from offset yield strength values: Technical note no. 927[R]. Washington (DC): National Advisory Committee for Aeronautics, 1944.

[40] Mirambell E, Real E. On the calculation of deflections in structural stainless steel beams: An experimental and numerical investigation[J]. Journal of Constructional Steel Research, 2000, 54(1): 109-133.

[41] Gardner L, Nethercot D A. Experiments on stainless steel hollow sections: Part 1: Material and cross-sectional behaviour[J]. Journal of Constructional Steel Research, 2004, 60(9): 1291-1318.

[42] Rasmussen K J R. Full-range stress-strain curves for stainless steel alloys[J]. Journal of Constructional Steel Research, 2003, 59(1): 47-61.

[43] Li H T, Young B. Cold-formed high strength steel SHS and RHS beams at elevated temperatures[J]. Journal of Constructional Steel Research, 2019, 158: 475-485.

[44] Quach W M, Huang J F. Stress-strain models for light gauge steels[J]. Procedia Engineering, 2011, 14: 288-296.

[45] Ma J L, Chan T M, Young B. Material properties and residual stresses of cold-formed high strength steel hollow sections[J]. Journal of Constructional Steel Research, 2015, 109: 152-165.

[46] Shi G, Zhu X, Ban H Y. Material properties and partial factors for resistance of high-strength steels in China[J]. Journal of Constructional Steel Research, 2016, 121: 65-79.

[47] Olawale A O, Plank R J. The collapse analysis of steel columns in fire using a finite strip method[J]. International Journal for Numerical Methods in Engineering, 1988, 26(12): 2755-2764.

[48] Outinen J, Kesti J, Mäkeläinen P. Fire design model for structural steel S355 based upon transient state tensile test results[J]. Journal of Constructional Steel Research, 1997, 42(3): 161-169.

[49] Lee J H, Mahendran M, Makelainen P. Prediction of mechanical properties of light gauge steels at elevated temperatures[J]. Journal of Constructional Steel Research, 2003, 59(12): 1517-1532.

[50] Ranawaka T, Mahendran M. Experimental study of the mechanical properties of light gauge cold-formed steels at elevated temperatures[J]. Fire Safety Journal, 2009, 44(2): 219-229.

[51] Lee J, Engelhardt M D, Choi B J. Constitutive model for ASTM A992 steel at elevated temperature[J]. International Journal of Steel Structures, 2015, 15(3): 733-741.

[52] Jiang B H, Qu Y Q, Wang M J, et al. Mechanical properties and constitutive model of Q460 steel during the fire-cooling stage[J]. Thin-Walled Structures, 2023, 189: 110904.

[53] Jiang B H, Qu Y Q, Wang M J, et al. Mechanical properties of Q355 hot-rolled steel during the entire fire process[J]. Journal of Constructional Steel Research, 2024, 215: 108565.

[54] Wang M J, Lou G B, Li G Q, et al. Experimental study on mechanical properties of Q690D high strength steel during the cooling stage of fire[J]. Fire Safety Journal, 2022, 132: 103639.

[55] Wang M J, Lou G B, Li G Q, et al. Mechanical properties and constitutive model of Q690 steel in the fire-cooling stage[J]. Fire Safety Journal, 2023, 141: 103994.

[56] Ban H Y, Zhou G H, Yu H Q, et al. Mechanical properties and modelling of superior high-performance steel at elevated temperatures[J]. Journal of Constructional Steel Research, 2021, 176: 106407.

[57] 丁发兴, 余志武, 温海林. 高温后Q235钢材力学性能试验研究[J]. 建筑材料学报, 2006, 9(2): 245-249.

[58] 曾杰, 张春涛, 张誉. 高温后 Q235 钢材浸水冷却后的残余力学性能试验研究[J]. 建筑结构, 2024, 54(12): 43-49.

[59] 张有桔, 朱跃, 赵升, 等. 高温后不同冷却条件下钢材力学性能试验研究[J]. 结构工程师, 2009, 25(5): 104-109.

[60] Qiang X H, Bijlaard F S K, Kolstein H. Post-fire mechanical properties of high strength structural steels S460 and S690[J]. Engineering Structures, 2012, 35: 1-10.

[61] Qiang X H, Bijlaard F S K, Kolstein H. Post-fire performance of very high strength steel S960[J]. Journal of Constructional Steel Research, 2013, 80: 235-242.

[62] Gunalan S, Mahendran M. Experimental investigation of post-fire mechanical properties of cold-formed steels[J]. Thin-Walled Structures, 2014, 84: 241-254.

[63] Wang W Y, Liu T Z, Liu J P. Experimental study on post-fire mechanical properties of high strength Q460 steel[J]. Journal of Constructional Steel Research, 2015, 114: 100-109.

[64] Li G Q, Lyu H B, Zhang C. Post-fire mechanical properties of high strength Q690 structural steel[J]. Journal of Constructional Steel Research, 2017, 132: 108-116.

[65] Zhou H T, Wang W Y, Wang K, et al. Mechanical properties deterioration of high strength steels after high temperature exposure[J]. Construction and Building Materials, 2019, 199: 664-675.

[66] Li H T, Young B. Residual mechanical properties of high strength steels after exposure to fire[J]. Journal of Constructional Steel Research, 2018, 148: 562-571.

[67] 张佳慧, 盛孝耀. 双相冷成型钢高温后力学性能试验研究[J]. 建筑钢结构进展, 2020, 22(5): 26-34.

[68] 王卫永, 张艳红, 李翔. 高强 Q960 钢高温后力学性能试验研究[J]. 建筑材料学报, 2022, 25(1): 102-110.

[69] 李国强. 钢结构及钢-混凝土组合结构抗火设计[M]. 北京: 中国建筑工业出版社, 2006.

[70] 平修二. 金属材料的高温强度: 理论·设计[M]. 郭廷玮, 等译. 北京: 科学出版社, 1983.

[71] Dorn J E. Some fundamental experiments on high temperature creep[J]. Journal of the Mechanics and Physics of Solids, 1955, 3(2): 85-116.

[72] Harmathy T Z, Stanzak W W. Elevated-temperature tensile and creep properties of some structural and prestressing steels[J]. National Research Council of Canada. Division of Building Research, 1970, 464: 186-208.

[73] Harmathy T Z. A comprehensive creep model[J]. Journal of Basic Engineering, 1967, 89(3): 496-502.

[74] Findley W N, Lai J S, Onaran K. Creep and Relaxation of Nonlinear Viscoelastic Materials: With an Introduction to Linear Viscoelasticity[M]. Amsterdam: North-Holland, 1976.

[75] Fields B A, Fields R J. The prediction of elevated temperature deformation of structural steel under anisothermal conditions[R]. Gaithersburg: Departement of Commerce National Institute of Standards and Technology, 1991.

[76] Kodur V K, Aziz E M. Effect of temperature on creep in ASTM A572 high-strength low-alloy steels[J]. Materials and Structures, 2015, 48(6): 1669-1677.

[77] Schneider R, Lange J. Constitutive equations and empirical creep law of structural steel S460 at high temperatures[J]. Journal of Structural Fire Engineering, 2011, 2(3): 217-230.

参考文献

[78] Brnic J, Turkalj G, Canadija M, et al. Creep behavior of high-strength low-alloy steel at elevated temperatures[J]. Materials Science and Engineering: A, 2009, 499(1-2): 23-27.

[79] Brnic J, Canadija M, Turkalj G, et al. Behaviour o S355 JO steel subjected to uniaxial stress at lowered and elevated temperatures and creep[J]. Bulletin of Materials Science, 2010, 33(4): 475-481.

[80] Morovat M, Engelhardt M, Helwig T, et al. High-temperature creep buckling phenomenon of steel columns subjected to fire[J]. Journal of Structural Fire Engineering, 2014, 5(3): 189-202.

[81] Wang W Y, Yan S H, Liu J P. Studies on temperature induced creep in high strength Q460 steel[J]. Materials and Structures, 2016, 50(1): 68.

[82] Liu K, Chen W, Ye J H, et al. Experimental investigation on the creep behavior of G550 cold-formed steel at elevated temperatures[J]. Structures, 2021, 31: 49-56.

[83] 王欣欣, 李国强, 张超. 超500 MPa高强钢高温蠕变性能试验研究[J]. 建筑结构学报, 2021, 42(1): 159-168.

[84] Jiang J, Bao W, Peng Z Y, et al. Creep property of TMCP high-strength steel Q690CFD at elevated temperatures[J]. Journal of Materials in Civil Engineering, 2020, 32(2): 04019364.

[85] 李翔, 王卫永, 张艳红. 国产高强度Q960钢高温蠕变及其对钢柱抗火性能影响[J]. 土木工程学报, 2021, 54(6): 26-34.

[86] 国家市场监督管理总局, 国家标准化管理委员会. 金属材料 拉伸试验 第1部分: 室温试验方法: GB/T 228.1—2021[S]. 北京: 中国标准出版社, 2021.

[87] 国家质量监督检验检疫总局, 中国国家标准化管理委员会. 金属材料 拉伸试验 第2部分: 高温试验方法: GB/T 228.2—2015[S]. 北京: 中国标准出版社, 2015.

[88] 国家质量监督检验检疫总局, 中国国家标准化管理委员会. 金属材料 弹性模量和泊松比试验方法: GB/T 22315—2008[S]. 北京: 中国标准出版社, 2008.

[89] Eurocode 3. ENV 1993-1-2. Design of steel structure-Part 1.2: Structure fire design [S]. European Committee for Standardization, Brussels, 2005.

[90] 国家市场监督管理总局, 中国国家标准化管理委员会. 钢及钢产品 力学性能试验取样位置及试样制备: GB/T 2975—2018[S]. 北京: 中国标准出版社, 2018.

[91] 国家质量监督检验检疫总局, 中国国家标准化管理委员会. 高强度结构用调质钢板: GB/T 16270—2009[S]. 北京: 中国标准出版社, 2009.

[92] 余志武, 王中强, 史召锋. 高温后新III级钢筋力学性能的试验研究[J]. 建筑结构学报, 2005, 26(2): 112-116.

[93] 国家市场监督管理总局, 中国国家标准化管理委员会. 低合金高强度结构钢: GB/T 1591—2018[S]. 北京: 中国质检出版社, 2018.

[94] 段争涛, 李艳梅, 朱伏先, 等. 淬火温度对Q690D高强钢组织和力学性能的影响[J]. 金属热处理, 2012, 37(2): 81-85.

[95] 惠卫军, 董瀚, 王毛球, 等. 淬火温度对Cr-Mo-V系低合金高强度钢力学性能的影响[J]. 金属热处理, 2002, 27(3): 14-16.

[96] 王卫永, 闫守海, 张琳博, 等. Q345钢高温蠕变试验及考虑蠕变后钢柱抗火性能研究[J]. 建筑结构学报, 2016, 37(11): 47-54.

[97] Aziz E M, Kodur V K. Effect of temperature and cooling regime on mechanical properties of high-strength low-alloy steel[J]. Fire and Materials, 2016, 40(7): 926-939.

[98] Li G Q, Song L X. Mechanical properties of TMCP Q690 high strength structural steel at elevated temperatures[J]. Fire Safety Journal, 2020, 116: 103190.

[99] 李国强, 黄雷, 张超. 国产高强钢高温动态弹性模量试验研究[J]. 钢结构, 2017, 32(4): 109-112.

[100] 许诗朦. Q460GJ 钢 H 型截面梁抗火性能分析[D]. 重庆: 重庆大学, 2016.

[101] 钟波, 刘琼荪, 刘朝林. 应用数理统计[M]. 北京: 科学出版社, 2017.

[102] 李国强, 吕慧宝, 张超. Q690 钢材高温后的力学性能试验研究[J]. 建筑结构学报, 2017, 38(5): 109-116.

[103] Song L X, Li G Q. Processing and cooling effects on post-fire mechanical properties of high strength structural steels[J]. Fire Safety Journal, 2021, 122: 103346.

[104] Wang H, Hu Y, Wang X Q, et al. Behaviour of austenitic stainless steel bolts at elevated temperatures[J]. Engineering Structures, 2021, 235: 111973.

[105] Zienkiewicz O C, Cormeau I C. Visco-plasticity-plasticity and creep in elastic solids-a unified numerical solution approach[J]. International Journal for Numerical Methods in Engineering, 1974, 8(4): 821-845.